中国近海底栖动物多样性丛书

丛书主编 王春生

南海底栖动物常见种形态分类图谱

下册

刘 坤 王建军 主编

科学出版社

北京

内 容 简 介

《南海底栖动物常见种形态分类图谱》(下册)共收录了5门15纲36目116科204属275种底栖生物,包括节肢动物(3纲7目53科104属157种)、苔藓动物(1纲2目4科4属4种)、腕足动物(1纲1目1科1属2种)、棘皮动物(5纲13目26科45属56种)、脊索动物(5纲13目32科50属56种)。本书对各物种的形态特征、生态习性及地理分布等进行了简要描述,并配以原色彩色照片图和部分线条图。

本书可供海洋监测科研工作者、高校教师和研究生参考使用。

图书在版编目(CIP)数据

南海底栖动物常见种形态分类图谱. 下册 / 刘坤, 王建军主编. -- 北京: 科学出版社, 2024.12.
(中国近海底栖动物多样性丛书 / 王春生主编).
ISBN 978-7-03-079899-2
Ⅰ. Q958.8-64
中国国家版本馆CIP数据核字第2024N931N4号

责任编辑:李 悦 赵小林 / 责任校对:郑金红
责任印制:肖 兴 / 装帧设计:北京美光设计制版有限公司

科学出版社 出版
北京东黄城根北街16号
邮政编码:100717
http://www.sciencep.com

北京华联印刷有限公司印刷
科学出版社发行 各地新华书店经销

*

2024年12月第 一 版 开本:787×1092 1/16
2024年12月第一次印刷 印张:34 1/4
字数:812 000

定价(下册):498.00元
(如有印装质量问题,我社负责调换)

"中国近海底栖动物多样性丛书"
编辑委员会

丛 书 主 编 王春生

丛书副主编（以姓氏笔画为序）

王建军　寿　鹿　李新正　张东声　张学雷　周　红
蔡立哲

编　　　委（以姓氏笔画为序）

王小谷　王宗兴　王建军　王春生　王跃云　甘志彬
史本泽　刘　坤　刘材材　刘清河　汤雁滨　许　鹏
孙　栋　孙世春　寿　鹿　李　阳　李新正　邱建文
沈程程　宋希坤　张东声　张学雷　张睿妍　林施泉
周　红　周亚东　倪　智　徐勤增　郭玉清　黄　勇
黄雅琴　龚　琳　鹿　博　葛美玲　蒋　维　傅素晶
曾晓起　温若冰　蔡立哲　廖一波　翟红昌

审 稿 专 家 张志南　蔡如星　林　茂　徐奎栋　江锦祥　刘镇盛
张敬怀　肖　宁　郑凤武　李荣冠　陈　宏　张均龙

《南海底栖动物常见种形态分类图谱》（下册）编辑委员会

主　　编　刘　坤　王建军

副 主 编（以姓氏笔画为序）

　　　　　　孙世春　李新正　黄雅琴

编　　委（以姓氏笔画为序）

马　林	王亚琴	王春生	王跃云	甘志彬	曲寒雪
刘昕明	刘清河	闫　嘉	江锦祥	孙世春	牟剑锋
李　众	李　阳	李　渊	李一璇	李荣冠	李新正
杨德援	肖家光	何雪宝	宋希坤	初雁凌	张　然
张心科	张学雷	张舒怡	陈丙温	陈昕韡	林龙山
林和山	林俊辉	周细平	郑新庆	饶义勇	赵小雨
耿晓强	徐勤增	郭玉清	龚　琳	寇　琦	隋吉星
彭文晴	葛美玲	董　栋	傅素晶	曾晓起	谢伟杰
蔡立哲					

丛书序

海洋底栖动物是海洋生物中种类最多、生态学关系最复杂的生态类群，包括大多数的海洋动物门类，在已有记录的海洋动物种类中，60%以上是底栖动物。它们大多生活在有氧和有机质丰富的沉积物表层，是组成海洋食物网的重要环节。底栖动物对海底的生物扰动作用在沉积物 – 水界面生物地球化学过程研究中具有十分重要的科学意义。

海洋底栖动物区域性强，迁移能力弱，且可通过生物富集或生物降解等作用调节体内的污染物浓度，有些种类对污染物反应极为敏感，而有些种类则对污染物具有很强的耐受能力。因此，海洋底栖动物在海洋污染监测等方面具有良好的指示作用，是海洋环境监测和生态系统健康评估体系的重要指标。

海洋底栖动物与人类的关系也十分密切，一些底栖动物是重要的水产资源，经济价值高；有些种类又是医药和多种工业原料的宝贵资源；有些种类能促进污染物降解与转化，发挥环境修复作用；还有一些污损生物破坏水下设施，严重危害港务建设、交通航运等。因此，海洋底栖动物在海洋科学研究、环境监测与保护、保障海洋经济和社会发展中具有重要的地位与作用。

但目前对我国海洋底栖动物的研究步伐远跟不上我国社会经济的发展速度。尤其是近些年来，从事分类研究的老专家陆续退休或离世，生物分类研究队伍不断萎缩，人才青黄不接，严重影响了海洋底栖动物物种的准确鉴定。另外，缺乏规范的分类体系，无系统的底栖动物形态鉴定图谱和检索表等分类工具书，也造成种类鉴定不准确，甚至混乱。

在海洋公益性行业科研专项"我国近海常见底栖动物分类鉴定与信息提取及应用研究"的资助下，结合形态分类和分子生物学最新研究成果，我们组织专家开展了我国近海常见底栖动物分类体系研究，并采用新鲜样品进行图像等信息的采集，编制完成了"中国近海底栖动物多样性丛书"，共10册，其中《中国近海底栖动物分类体系》1册包含18个动物门771个科；《中国近海底栖动物常见种名录》1册共收录了18个动物门4585个种；渤海、黄海（上、下册）、东海（上、下册）和南海（上、中、下册）形态分类图谱分别包含了12门151科260种、13门219科484种、13门229科522种和13门282科680种。

在本丛书编写过程中，得到了项目咨询专家中国海洋大学张志南教授、浙江大学蔡如星教授和自然资源部第三海洋研究所林茂研究员的指导。中国科学院海洋研究所徐奎栋研究员、肖宁博士和张均龙博士，自然资源部第二海洋研究所刘镇盛研究员，自然资源部第三海洋研究所江锦祥研究员、郑凤武研究员和李荣冠研究员，自然资源部南海局张敬怀研究员，海南南海热带海洋研究所陈宏研究员审阅了书稿，并提出了宝贵意见，在此一并表示感谢。

南海底栖动物常见种形态分类图谱（下册）

　　同时本丛书得以出版与原国家海洋局科学技术司雷波司长和辛红梅副司长的支持分不开。在实施方案论证过程中，原国家海洋局相关业务司领导及评审专家提出了很多有益的意见和建议，笔者深表谢意！

　　在丛书编写过程中我们尽可能采用了 WoRMS 等最新资料，但由于有些门类的分类系统在不断更新，有些成果还未被吸纳进来，为了弥补不足，项目组注册并开通了"中国近海底栖动物数据库"，将不定期对相关研究成果进行在线更新。

　　虽然我们采取了十分严谨的态度，但限于业务水平和现有技术，书中仍不免会出现一些疏漏和不妥之处，诚恳希望得到国内外同行的批评指正，并请将相关意见与建议上传至"中国近海底栖动物数据库"，便于编写组及时更正。

"中国近海底栖动物多样性丛书"编辑委员会
2021 年 8 月 15 日于杭州

前　言

南海是我国四大海区之一，位于我国大陆南方，地理位置独特，东与太平洋相连，西与印度洋相通，是西北太平洋最大的半封闭热带边缘海。作为我国四大海区中气候最暖和的海域，海洋生物资源丰富，拥有多种典型海洋生态系统，如珊瑚礁、海草床和红树林等。独特的地理环境和多样的海洋生态系统，使南海成为全球生物多样性最为丰富的海域之一，为各类海洋生物提供了理想的栖息地。

海洋底栖动物是由生活在海洋底部表面和沉积物中的各种动物组成。底栖动物在沿海海洋生态系统中扮演着重要的生态角色，海域位置的不同和基底类型的差异，造就了底栖动物生境的多样化，形成了各种各样的呈斑块化分布的群落类型。它们不仅直接参与沉积物 – 水界面的生物地球化学过程，而且在海洋食物网中发挥着承上启下的重要作用。目前南海底栖动物的分类工作面临诸多挑战。由于底栖动物的物种多样性高，再加上传统形态学与新兴分子生物学技术的接轨尚不完善，精确鉴定和系统归类工作亟待进一步加强。较全面实用的分类鉴定图谱，可以为南海海洋生态系统健康评估、生物多样性研究及环境监测提供精准的物种信息支持，同时也可为海洋资源的合理开发、环境保护政策的制定及实施奠定数据基础。

本册图谱是作者对中国科学院海洋研究所、自然资源部第三海洋研究所和中国海洋大学等多家单位历年来在南海采集的底栖动物标本进行了重新整理和分类的基础上，依据《中国近海底栖动物分类体系》撰写而成。本册共对 5 个门类 275 种南海常见底栖动物进行了汇编，分别为节肢动物 53 科 157 种、苔藓动物 4 科 4 种、腕足动物 1 科 2 种、棘皮动物 26 科 56 种、脊索动物 32 科 56 种，每一种内容涵盖了分类地位、主要特征、生态习性及地理分布等，并配以高分辨率的原色彩色照片。

参与本册编写的单位和团队为自然资源部第三海洋研究所王建军团队、中国科学院海洋研究所李新正团队和中国海洋大学孙世春团队等。本册图谱的出版得到了海洋公益性行业科研专项"我国近海常见底栖动物分类鉴定与信息提取及应用研究"项目（201505004）的资助。本册图谱还参考了国内众多分类学前辈编写的资料，在此一并致谢。

本书旨在为从事海洋生态、环境监测及海洋管理相关工作者提供一部直观的分类鉴定工具。欢迎读者提出宝贵意见和建议，以助于不断完善图谱内容，共同推动南海底栖动物分类研究向更高水平发展。

编　者

2024 年 12 月于厦门

目 录

节肢动物门 Arthropoda

肢口纲 Merostomata
剑尾目 Xiphosurida
鲎科 Limulidae Leach, 1819
鲎属 *Tachypleus* Leach, 1819
中国鲎 *Tachypleus tridentatus* (Leach, 1819) 2

鞘甲纲 Thecostraca
铠茗荷目 Scalpellomorpha
茗荷科 Lepadidae Darwin, 1852
茗荷属 *Lepas* Linnaeus, 1758
茗荷 *Lepas (Anatifa) anatifera* Linnaeus, 1758 4
花茗荷科 Poecilasmatidae Annandale, 1909
板茗荷属 *Octolasmis* Gray, 1825
斧板茗荷 *Octolasmis warwickii* Gray, 1825 5
藤壶目 Balanomorpha
藤壶科 Balanidae Leach, 1806
纹藤壶属 *Amphibalanus* Pitombo, 2004
纹藤壶 *Amphibalanus amphitrite amphitrite* (Darwin, 1854) 6
网纹纹藤壶 *Amphibalanus reticulatus* (Utinomi, 1967) 8
藤壶属 *Balanus* Costa, 1778
三角藤壶 *Balanus trigonus* Darwin, 1854 10
笠藤壶科 Tetraclitidae Gruvel, 1903
笠藤壶属 *Tetraclita* Schumacher, 1817
鳞笠藤壶 *Tetraclita squamosa* (Bruguière, 1789) 12

软甲纲 Malacostraca
口足目 Stomatopoda
琴虾蛄科 Lysiosquillidae Giesbrecht, 1910
琴虾蛄属 *Lysiosquilla* Dana, 1852
十三齿琴虾蛄 *Lysiosquilla tredecimdentata* Holthuis, 1941 14
齿指虾蛄科 Odontodactylidae Manning, 1980
齿指虾蛄属 *Odontodactylus* Bigelow, 1893
日本齿指虾蛄 *Odontodactylus japonicus* (De Haan, 1844) 16

虾蛄科 Squillidae Latreille, 1802
　近虾蛄属 *Anchisquilla* Manning, 1968
　　条尾近虾蛄 *Anchisquilla fasciata* (De Haan, 1844) 18
　脊虾蛄属 *Carinosquilla* Manning, 1968
　　多脊虾蛄 *Carinosquilla multicarinata* (White, 1848) 20
　绿虾蛄属 *Clorida* Eydoux & Souleyet, 1842
　　拉氏绿虾蛄 *Clorida latreillei* Eydoux & Souleyet, 1842 22
　拟绿虾蛄属 *Cloridopsis* Manning, 1968
　　蝎形拟绿虾蛄 *Cloridopsis scorpio* (Latreille, 1828) 24
　纹虾蛄属 *Dictyosquilla* Manning, 1968
　　窝纹虾蛄 *Dictyosquilla foveolata* (Wood-Mason, 1895) 26
　平虾蛄属 *Erugosquilla* Manning, 1995
　　伍氏平虾蛄 *Erugosquilla woodmasoni* (Kemp, 1911) 28
　猛虾蛄属 *Harpiosquilla* Holthuis, 1964
　　黑尾猛虾蛄 *Harpiosquilla melanoura* Manning, 1968 30
　滑虾蛄属 *Lenisquilla* Manning, 1977
　　窄额滑虾蛄 *Lenisquilla lata* (Brooks, 1886) 32
　褶虾蛄属 *Lophosquilla* Manning, 1968
　　脊条褶虾蛄 *Lophosquilla costata* (De Haan, 1844) 34
　口虾蛄属 *Oratosquilla* Manning, 1968
　　口虾蛄 *Oratosquilla oratoria* (De Haan, 1844) 36
　沃氏虾蛄属 *Vossquilla* Van Der Wal & Ahyong, 2017
　　黑斑沃氏虾蛄 *Vossquilla kempi* (Schmitt, 1931) 38

端足目 Amphipoda
　细身钩虾科 Maeridae Krapp-Schickel, 2008
　　细小钩虾属 *Mallacoota* Barnard, 1972
　　　单齿细小钩虾 *Mallacoota unidentata* Ren, 1998 41
　尖头钩虾科 Phoxocephalidae G. O. Sars, 1891
　　湿尖头钩虾属 *Mandibulophoxus* Barnard, 1957
　　　沟额湿尖头钩虾 *Mandibulophoxus uncirostratus* (Giles, 1890) 42
　　拟猛钩虾属 *Harpiniopsis* Stephensen, 1925
　　　海氏拟猛钩虾 *Harpiniopsis hayashisanae* Hirayama, 1992 43

等足目 Isopoda
　浪漂水虱科 Cirolanidae Dana, 1852
　　外浪漂水虱属 *Excirolana* Richardson, 1912
　　　企氏外浪漂水虱 *Excirolana chiltoni* (Richardson, 1905) 44

目 录

东方外浪漂水虱 *Excirolana orientalis* (Dana, 1853) 45
盖鳃水虱科 Idoteidae Samouelle, 1819
  拟棒鞭水虱属 *Cleantiella* Richardson, 1912
    近似拟棒鞭水虱 *Cleantiella isopus* (Miers, 1881) 46
海蟑螂科 Ligiidae Leach, 1814
  海蟑螂属 *Ligia* Fabricius, 1798
    海蟑螂 *Ligia* (*Megaligia*) *exotica* Roux, 1828 47

十足目 Decapoda

对虾科 Penaeidae Rafinesque, 1815
  赤虾属 *Metapenaeopsis* Bouvier, 1905
    须赤虾 *Metapenaeopsis barbata* (De Haan, 1844) 48
    高脊赤虾 *Metapenaeopsis lamellata* (De Haan, 1844) 50
  对虾属 *Penaeus* Fabricius, 1798
    印度对虾 *Penaeus indicus* H. Milne Edwards, 1837 52
    日本对虾 *Penaeus japonicus* Spence Bate, 1888 54
    斑节对虾 *Penaeus monodon* Fabricius, 1798 56
    长毛对虾 *Penaeus penicillatus* Alcock, 1905 58
管鞭虾科 Solenoceridae Wood-Mason in Wood-Mason & Alcock, 1891
  管鞭虾属 *Solenocera* Lucas, 1849
    高脊管鞭虾 *Solenocera alticarinata* Kubo, 1949 60
    大管鞭虾 *Solenocera melantho* De Man, 1907 61
鼓虾科 Alpheidae Rafinesque, 1815
  鼓虾属 *Alpheus* Fabricius, 1798
    双凹鼓虾 *Alpheus bisincisus* De Haan, 1849 62
    艾德华鼓虾 *Alpheus edwardsii* (Audouin, 1826) 64
    艾勒鼓虾 *Alpheus ehlersii* De Man, 1909 66
    纤细鼓虾 *Alpheus gracilis* Heller, 1861 68
    快马鼓虾 *Alpheus hippothoe* De Man, 1888 70
    叶齿鼓虾 *Alpheus lobidens* De Haan, 1849 72
    珊瑚鼓虾 *Alpheus lottini* Guérin, 1829 74
    太平鼓虾 *Alpheus pacificus* Dana, 1852 76
    细角鼓虾 *Alpheus parvirostris* Dana, 1852 78
    蓝螯鼓虾 *Alpheus serenei* Tiwari, 1964 80
  合鼓虾属 *Synalpheus* Spence Bate, 1888
    幂河合鼓虾 *Synalpheus charon* (Heller, 1861) 82
    冠掌合鼓虾 *Synalpheus lophodactylus* Coutière, 1908 84

vii

次新合鼓虾 *Synalpheus paraneomeris* Coutière, 1905 86
瘤掌合鼓虾 *Synalpheus tumidomanus* (Paulson, 1875) 88

藻虾科 Hippolytidae Spence Bate, 1888
 藻虾属 *Hippolyte* Leach, 1814
  褐藻虾 *Hippolyte ventricosa* H. Milne Edwards, 1837 90
 深额虾属 *Latreutes* Stimpson, 1860
  水母深额虾 *Latreutes anoplonyx* Kemp, 1914 92
  铲形深额虾 *Latreutes mucronatus* (Stimpson, 1860) 94
 扫帚虾属 *Saron* Thallwitz, 1891
  乳斑扫帚虾 *Saron marmoratus* (Olivier, 1811) 96
  隐密扫帚虾 *Saron neglectus* De Man, 1902 98
 船形虾属 *Tozeuma* Stimpson, 1860
  多齿船形虾 *Tozeuma lanceolatum* Stimpson, 1860 100

鞭腕虾科 Lysmatidae Dana, 1852
 鞭腕虾属 *Lysmata* Risso, 1816
  红条鞭腕虾 *Lysmata vittata* (Stimpson, 1860) 102

托虾科 Thoridae Kingsley, 1879
 拟托虾属 *Thinora* Bruce, 1998
  马岛拟托虾 *Thinora maldivensis* (Borradaile, 1915) 104
 托虾属 *Thor* Kingsley, 1878
  安波托虾 *Thor amboinensis* (De Man, 1888) 106

长臂虾科 Palaemonidae Rafinesque, 1815
 贝隐虾属 *Anchistus* Borradaile, 1898
  葫芦贝隐虾 *Anchistus custos* (Forskål, 1775) 108
  德曼贝隐虾 *Anchistus demani* Kemp, 1922 110
  米尔斯贝隐虾 *Anchistus miersi* (De Man, 1888) 112
 弯隐虾属 *Ancylocaris* Schenkel, 1902
  短腕弯隐虾 *Ancylocaris brevicarpalis* Schenkel, 1902 114
 江瑶虾属 *Conchodytes* Peters, 1852
  斑点江瑶虾 *Conchodytes meleagrinae* Peters, 1852 116
 珊瑚虾属 *Coralliocaris* Stimpson, 1860
  翠条珊瑚虾 *Coralliocaris graminea* (Dana, 1852) 118
  褐点珊瑚虾 *Coralliocaris superba* (Dana, 1852) 120
 拟钩岩虾属 *Harpiliopsis* Borradaile, 1917
  包氏拟钩岩虾 *Harpiliopsis beaupresii* (Audouin, 1826) 122
 沼虾属 *Macrobrachium* Spence Bate, 1868

目 录

等齿沼虾 *Macrobrachium equidens* (Dana, 1852) 124
长臂虾属 *Palaemon* Weber, 1795
    巨指长臂虾 *Palaemon macrodactylus* Rathbun, 1902 126
    太平长臂虾 *Palaemon pacificus* (Stimpson, 1860) 128
    锯齿长臂虾 *Palaemon serrifer* (Stimpson, 1860) 130
    白背长臂虾 *Palaemon sewelli* (Kemp, 1925) 132
拟长臂虾属 *Palaemonella* Dana, 1852
    圆掌拟长臂虾 *Palaemonella rotumana* (Borradaile, 1898) 134
玻璃虾科 Pasiphaeidae Dana, 1852
    细螯虾属 *Leptochela* Stimpson, 1860
    细螯虾 *Leptochela gracilis* Stimpson, 1860 136
俪虾科 Spongicolidae Schram, 1986
    微肢猬虾属 *Microprosthema* Stimpson, 1860
    强壮微肢猬虾 *Microprosthema validum* Stimpson, 1860 138
猬虾科 Stenopodidae Claus, 1872
    猬虾属 *Stenopus* Latreille, 1819
    多刺猬虾 *Stenopus hispidus* (Olivier, 1811) 140
龙虾科 Palinuridae Latreille, 1802
    龙虾属 *Panulirus* White, 1847
    波纹龙虾 *Panulirus homarus* (Linnaeus, 1758) 142
蝉虾科 Scyllaridae Latreille, 1825
    扇虾属 *Ibacus* Leach, 1815
    毛缘扇虾 *Ibacus ciliatus* (von Siebold, 1824) 144
    九齿扇虾 *Ibacus novemdentatus* Gibbes, 1850 146
瓷蟹科 Porcellanidae Haworth, 1825
    拟豆瓷蟹属 *Enosteoides* Johnson, 1970
    装饰拟豆瓷蟹 *Enosteoides ornatus* (Stimpson, 1858) 148
    厚螯瓷蟹属 *Pachycheles* Stimpson, 1858
    雕刻厚螯瓷蟹 *Pachycheles sculptus* (H. Milne Edwards, 1837) 150
    岩瓷蟹属 *Petrolisthes* Stimpson, 1858
    鳞鸭岩瓷蟹 *Petrolisthes boscii* (Audouin, 1826) 152
    哈氏岩瓷蟹 *Petrolisthes haswelli* Miers, 1884 154
    日本岩瓷蟹 *Petrolisthes japonicus* (De Haan, 1849) 156
    豆瓷蟹属 *Pisidia* Leach, 1820
    异形豆瓷蟹 *Pisidia dispar* (Stimpson, 1858) 158
    戈氏豆瓷蟹 *Pisidia gordoni* (Johnson, 1970) 160

小瓷蟹属 *Porcellanella* White, 1851
　　三叶小瓷蟹 *Porcellanella triloba* White, 1851 162
管须蟹科 Albuneidae Stimpson, 1858
　管须蟹属 *Albunea* Weber, 1795
　　隐匿管须蟹 *Albunea occulta* Boyko, 2002 164
活额寄居蟹科 Diogenidae Ortmann, 1892
　硬壳寄居蟹属 *Calcinus* Dana, 1851
　　精致硬壳寄居蟹 *Calcinus gaimardii* (H. Milne Edwards, 1848) 166
　　光螯硬壳寄居蟹 *Calcinus laevimanus* (Randall, 1840) 168
　　隐白硬壳寄居蟹 *Calcinus latens* (Randall, 1840) 170
　　美丽硬壳寄居蟹 *Calcinus pulcher* Forest, 1958 172
　　瓦氏硬壳寄居蟹 *Calcinus vachoni* Forest, 1958 174
　细螯寄居蟹属 *Clibanarius* Dana, 1852
　　下齿细螯寄居蟹 *Clibanarius infraspinatus* (Hilgendorf, 1869) 176
　　兰绿细螯寄居蟹 *Clibanarius virescens* (Krauss, 1843) 178
　真寄居蟹属 *Dardanus* Paulson, 1875
　　兔足真寄居蟹 *Dardanus lagopodes* (Forskål, 1775) 180
　活额寄居蟹属 *Diogenes* Dana, 1851
　　弯螯活额寄居蟹 *Diogenes deflectomanus* Wang & Tung, 1980 182
　　宽带活额寄居蟹 *Diogenes fasciatus* Rahayu & Forest, 1995 184
　　毛掌活额寄居蟹 *Diogenes penicillatus* Stimpson, 1858 186
寄居蟹科 Paguridae Latreille, 1802
　寄居蟹属 *Pagurus* Fabricius, 1775
　　窄小寄居蟹 *Pagurus angustus* (Stimpson, 1858) 188
　　同形寄居蟹 *Pagurus conformis* De Haan, 1849 190
　　库氏寄居蟹 *Pagurus kulkarnii* Sankolli, 1961 192
　　小形寄居蟹 *Pagurus minutus* Hess, 1865 194
绵蟹科 Dromiidae De Haan, 1833
　劳绵蟹属 *Lauridromia* McLay, 1993
　　德汉劳绵蟹 *Lauridromia dehaani* (Rathbun, 1923) 196
馒头蟹科 Calappidae De Haan, 1833
　馒头蟹属 *Calappa* Weber, 1795
　　逍遥馒头蟹 *Calappa philargius* (Linnaeus, 1758) 198
盔蟹科 Corystidae Samouelle, 1819
　卵蟹属 *Gomeza* Gray, 1831
　　双角卵蟹 *Gomeza bicornis* Gray, 1831 200

目 录

关公蟹科 Dorippidae MacLeay, 1838
- 关公蟹属 *Dorippe* Weber, 1795
  - 四齿关公蟹 *Dorippe quadridens* (Fabricius, 1793) 202
- 仿关公蟹属 *Dorippoides* Serène & Romimohtarto, 1969
  - 伪装仿关公蟹 *Dorippoides facchino* (Herbst, 1785) 204
- 拟关公蟹属 *Paradorippe* Serène & Romimohtarto, 1969
  - 颗粒拟关公蟹 *Paradorippe granulata* (De Haan, 1841) 206

酋蟹科 Eriphiidae MacLeay, 1838
- 酋蟹属 *Eriphia* Latreille, 1817
  - 司氏酋妇蟹 *Eriphia smithii* MacLeay, 1838 208

团扇蟹科 Oziidae Dana, 1851
- 石扇蟹属 *Epixanthus* Heller, 1861
  - 平额石扇蟹 *Epixanthus frontalis* (H. Milne Edwards, 1834) 210
- 金沙蟹属 *Lydia* Gistel, 1848
  - 环纹金沙蟹 *Lydia annulipes* (H. Milne Edwards, 1834) 212

宽背蟹科 Euryplacidae Stimpson, 1871
- 强蟹属 *Eucrate* De Haan, 1835
  - 阿氏强蟹 *Eucrate alcocki* Serène in Serène & Lohavanijaya, 1973 214
  - 隆线强蟹 *Eucrate crenata* (De Haan, 1835) 216

长脚蟹科 Goneplacidae MacLeay, 1838
- 隆背蟹属 *Carcinoplax* H. Milne Edwards, 1852
  - 中华隆背蟹 *Carcinoplax sinica* Chen, 1984 218

掘沙蟹科 Scalopidiidae Stevcic, 2005
- 掘沙蟹属 *Scalopidia* Stimpson, 1858
  - 刺足掘沙蟹 *Scalopidia spinosipes* Stimpson, 1858 220

玉蟹科 Leucosiidae Samouelle, 1819
- 易玉蟹属 *Coleusia* Galil, 2006
  - 弓背易玉蟹 *Coleusia urania* (Herbst, 1801) 222

卧蜘蛛蟹科 Epialtidae MacLeay, 1838
- 绒球蟹属 *Doclea* Leach, 1815
  - 羊毛绒球蟹 *Doclea ovis* (Fabricius, 1787) 224

菱蟹科 Parthenopidae Macleay, 1838
- 隐足蟹属 *Cryptopodia* H. Milne Edwards, 1834
  - 环状隐足蟹 *Cryptopodia fornicata* (Fabricius, 1781) 226
- 武装紧握蟹属 *Enoplolambrus* A. Milne-Edwards, 1878
  - 强壮武装紧握蟹 *Enoplolambrus validus* (De Haan, 1837) 228

静蟹科 Galenidae Alcock, 1898
　暴蟹属 *Halimede* De Haan, 1835
　　五角暴蟹 *Halimede ochtodes* (Herbst, 1783) 230
　静蟹属 *Galene* De Haan, 1833
　　双刺静蟹 *Galene bispinosa* (Herbst, 1783) 232
毛刺蟹科 Pilumnidae Samouelle, 1819
　杨梅蟹属 *Actumnus* Dana, 1851
　　疏毛杨梅蟹 *Actumnus setifer* (De Haan, 1835) 234
　异装蟹属 *Heteropanope* Stimpson, 1858
　　光滑异装蟹 *Heteropanope glabra* Stimpson, 1858 236
梭子蟹科 Portunidae Rafinesque, 1815
　单梭蟹属 *Monomia* Gistel, 1848
　　拥剑单梭蟹 *Monomia gladiator* (Fabricius, 1798) 238
　梭子蟹属 *Portunus* Weber, 1795
　　远海梭子蟹 *Portunus pelagicus* (Linnaeus, 1758) 240
　　红星梭子蟹 *Portunus sanguinolentus* (Herbst, 1783) 242
　　三疣梭子蟹 *Portunus trituberculatus* (Miers, 1876) 244
　剑梭蟹属 *Xiphonectes* A. Milne-Edwards, 1873
　　矛形剑梭蟹 *Xiphonectes hastatoides* (Fabricius, 1798) 246
　蟳属 *Charybdis* De Haan, 1833
　　近亲蟳 *Charybdis* (*Charybdis*) *affinis* Dana, 1852 248
　　锈斑蟳 *Charybdis* (*Charybdis*) *feriata* (Linnaeus, 1758) 250
　　晶莹蟳 *Charybdis* (*Charybdis*) *lucifera* (Fabricius, 1798) 252
　　善泳蟳 *Charybdis* (*Charybdis*) *natator* (Herbst, 1794) 254
　　直额蟳 *Charybdis* (*Archias*) *truncata* (Fabricius, 1798) 256
　短桨蟹属 *Thalamita* Latreille, 1829
　　钝齿短桨蟹 *Thalamita crenata* Rüppell, 1830 258
　　双额短桨蟹 *Thalamita sima* H. Milne Edwards, 1834 260
梯形蟹科 Trapeziidae Miers, 1886
　梯形蟹属 *Trapezia* Latreille, 1828
　　双齿梯形蟹 *Trapezia bidentata* (Forskål, 1775) 262
　　指梯形蟹 *Trapezia digitalis* Latreille, 1828 264
　　幽暗梯形蟹 *Trapezia septata* Dana, 1852 266
扇蟹科 Xanthidae MacLeay, 1838
　仿银杏蟹属 *Actaeodes* Dana, 1851
　　绒毛仿银杏蟹 *Actaeodes tomentosus* (H. Milne Edwards, 1834) 268

盖氏蟹属 *Gaillardiellus* Guinot, 1976
    高睑盖氏蟹 *Gaillardiellus superciliaris* (Odhner, 1925) 270
绿蟹属 *Chlorodiella* Rathbun, 1897
    黑指绿蟹 *Chlorodiella nigra* (Forskål, 1775) 272
波纹蟹属 *Cymo* De Haan, 1833
    黑指波纹蟹 *Cymo melanodactylus* Dana, 1852 274
花瓣蟹属 *Liomera* Dana, 1851
    脉花瓣蟹 *Liomera venosa* (H. Milne Edwards, 1834) 276
皱蟹属 *Leptodius* A. Milne-Edwards, 1863
    火红皱蟹 *Leptodius exaratus* (H. Milne Edwards, 1834) 278
斗蟹属 *Liagore* De Haan, 1833
    红斑斗蟹 *Liagore rubromaculata* (De Haan, 1835) 280
拟扇蟹属 *Paraxanthias* Odhner, 1925
    显赫拟扇蟹 *Paraxanthias notatus* (Dana, 1852) 282
    华美拟扇蟹 *Paraxanthias elegans* (Stimpson, 1858) 284
爱洁蟹属 *Atergatis* De Haan, 1833
    花纹爱洁蟹 *Atergatis floridus* (Linnaeus, 1767) 286
    正直爱洁蟹 *Atergatis integerrimus* (Lamarck, 1818) 288
隐螯蟹科 Cryptochiridae Paulson, 1875
    珊隐蟹属 *Hapalocarcinus* Stimpson, 1859
        袋腹珊隐蟹 *Hapalocarcinus marsupialis* Stimpson, 1859 290
毛带蟹科 Dotillidae Stimpson, 1858
    股窗蟹属 *Scopimera* De Haan, 1833
        长趾股窗蟹 *Scopimera longidactyla* Shen, 1932 292
大眼蟹科 Macrophthalmidae Dana, 1851
    原大眼蟹属 *Venitus* Barnes, 1967
        拉氏原大眼蟹 *Venitus latreillei* (Desmarest, 1822) 294
和尚蟹科 Mictyridae Dana, 1851
    和尚蟹属 *Mictyris* Latreille, 1806
        短指和尚蟹 *Mictyris longicarpus* Latreille, 1806 296
沙蟹科 Ocypodidae Rafinesque, 1815
    管招潮属 *Tubuca* Bott, 1973
        弧边管招潮 *Tubuca arcuata* (De Haan, 1835) 298
方蟹科 Grapsidae MacLeay, 1838
    大额蟹属 *Metopograpsus* H. Milne Edwards, 1853
        宽额大额蟹 *Metopograpsus frontalis* Miers, 1880 300

斜纹蟹科 Plagusiidae Dana, 1851
 盾牌蟹属 *Percnon* Gistel, 1848
  中华盾牌蟹 *Percnon sinense* Chen, 1977 302
 斜纹蟹属 *Plagusia* Latreille, 1804
  鳞突斜纹蟹 *Plagusia squamosa* (Herbst, 1790) 304

节肢动物门参考文献 306

苔藓动物门 Bryozoa

裸唇纲 Gymnolaemata
栉口目 Ctenostomatida
 袋胞苔虫科 Vesiculariidae Hincks, 1880
  愚苔虫属 *Amathia* Lamouroux, 1812
   分离愚苔虫 *Amathia distans* Busk, 1886 310
唇口目 Cheilostomatida
 膜孔苔虫科 Membraniporidae Busk, 1852
  别藻苔虫属 *Biflustra* d'Orbigny, 1852
   大室别藻苔虫 *Biflustra grandicella* (Canu & Bassler, 1929) 312
 草苔虫科 Bugulidae Gray, 1848
  草苔虫属 *Bugula* Oken, 1815
   多室草苔虫 *Bugula neritina* (Linnaeus, 1758) 314
 血苔虫科 Watersiporidae Vigneaux, 1949
  血苔虫属 *Watersipora* Neviani, 1896
   颈链血苔虫 *Watersipora subtorquata* (d'Orbigny, 1852) 316

苔藓动物门参考文献 316

腕足动物门 Brachiopoda

海豆芽纲 Lingulata
海豆芽目 Lingulida
 海豆芽科 Lingulidae Menke, 1828
  海豆芽属 *Lingula* Bruguière, 1791

目 录

　　鸭嘴海豆芽 *Lingula anatina* Lamarck, 1801 320
　　亚氏海豆芽 *Lingula adamsi* Dall, 1873 321

腕足动物门参考文献 321

棘皮动物门 Echinodermata

海百合纲 Crinoidea
栉羽枝目 Comatulida
栉羽枝科 Comatulidae Fleming, 1828
栉羽星属 *Comaster* L. Agassiz, 1836
　　许氏栉羽星 *Comaster schlegelii* (Carpenter, 1881) 324
海齿花属 *Comanthus* A. H. Clark, 1908
　　小卷海齿花 *Comanthus parvicirrus* (Müller, 1841) 326
海羊齿科 Antedonidae Norman, 1865
海羊齿属 *Antedon* de Fréminville, 1811
　　锯羽丽海羊齿 *Antedon serrata* A. H. Clark, 1908 328

海星纲 Asteroidea
柱体目 Paxillosida
砂海星科 Luidiidae Sladen, 1889
砂海星属 *Luidia* Forbes, 1839
　　斑砂海星 *Luidia maculata* Müller & Troschel, 1842 330
　　砂海星 *Luidia quinaria* von Martens, 1865 332
槭海星科 Astropectinidae Gray, 1840
槭海星属 *Astropecten* Gray, 1840
　　单棘槭海星 *Astropecten monacanthus* Sladen, 1883 334
瓣棘目 Valvatida
瘤海星科 Oreasteridae Fisher, 1908
五角海星属 *Anthenea* Gray, 1840
　　中华五角海星 *Anthenea pentagonula* (Lamarck, 1816) 336
粒皮海星属 *Choriaster* Lütken, 1869
　　粒皮海星 *Choriaster granulatus* Lütken, 1869 338
面包海星属 *Culcita* Agassiz, 1836
　　面包海星 *Culcita novaeguineae* Müller & Troschel, 1842 340

XV

蛇海星科 Ophidiasteridae Verrill, 1870
 指海星属 *Linckia* Nardo, 1834
  蓝指海星 *Linckia laevigata* (Linnaeus, 1758) 342
长棘海星科 Acanthasteridae Sladen, 1889
 长棘海星属 *Acanthaster* Gervais, 1841
  长棘海星 *Acanthaster planci* (Linnaeus, 1758) 344

有棘目 Spinulosida
棘海星科 Echinasteridae Verrill, 1867
 棘海星属 *Echinaster* Müller & Troschel, 1840
  吕宋棘海星 *Echinaster luzonicus* (Gray, 1840) 346

蛇尾纲 Ophiuroidea
真蛇尾目 Ophiurida
阳遂足科 Amphiuridae Ljungman, 1867
 三齿蛇尾属 *Amphiodia* Verrill, 1899
  细板三齿蛇尾 *Amphiodia* (*Amphispina*) *microplax* Burfield, 1924 348
 倍棘蛇尾属 *Amphioplus* Verrill, 1899
  洼颚倍棘蛇尾 *Amphioplus* (*Lymanella*) *depressus* (Ljungman, 1867) 350
  光滑倍棘蛇尾 *Amphioplus* (*Lymanella*) *laevis* (Lyman, 1874) 352
  中华倍棘蛇尾 *Amphioplus sinicus* Liao, 2004 354
 阳遂足属 *Amphiura* Forbes, 1843
  滩栖阳遂足 *Amphiura* (*Fellaria*) *vadicola* Matsumoto, 1915 356
 盘棘蛇尾属 *Ophiocentrus* Ljungman, 1867
  异常盘棘蛇尾 *Ophiocentrus anomalus* Liao, 1983 358
 女神蛇尾属 *Ophionephthys* Lütken, 1869
  女神蛇尾 *Ophionephthys difficilis* (Duncan, 1887) 360
 四齿蛇尾属 *Paramphichondrius* Guille & Wolff, 1984
  四齿蛇尾 *Paramphichondrius tetradontus* Guille & Wolff, 1984 362
辐蛇尾科 Ophiactidae Matsumoto, 1915
 辐蛇尾属 *Ophiactis* Lütken, 1856
  近辐蛇尾 *Ophiactis affinis* Duncan, 1879 364
  辐蛇尾 *Ophiactis savignyi* (Müller & Troschel, 1842) 366
刺蛇尾科 Ophiotrichidae Ljungman, 1867
 大刺蛇尾属 *Macrophiothrix* H. L. Clark, 1938
  细大刺蛇尾 *Macrophiothrix lorioli* A. M. Clark, 1968 368
  条纹大刺蛇尾 *Macrophiothrix striolata* (Grube, 1868) 370

瘤蛇尾属 *Ophiocnemis* Müller & Troschel, 1842
　斑瘤蛇尾 *Ophiocnemis marmorata* (Lamarck, 1816) 372
板蛇尾属 *Ophiomaza* Lyman, 1871
　棕板蛇尾 *Ophiomaza cacaotica* Lyman, 1871 374
刺蛇尾属 *Ophiothrix* Müller & Troschel, 1840
　小刺蛇尾 *Ophiothrix* (*Ophiothrix*) *exigua* Lyman, 1874 376
　朝鲜刺蛇尾 *Ophiothrix* (*Ophiothrix*) *koreana* Duncan, 1879 378
栉蛇尾科 Ophiocomidae Ljungman, 1867
　栉蛇尾属 *Ophiocoma* L. Agassiz, 1836
　　蜈蚣栉蛇尾 *Ophiocoma scolopendrina* (Lamarck, 1816) 380
蜒蛇尾科 Ophionereididae Ljungman, 1867
　蜒蛇尾属 *Ophionereis* Lütken, 1859
　　厦门蜒蛇尾 *Ophionereis dubia amoyensis* A. M. Clark, 1953 382
　　蜒蛇尾 *Ophionereis dubia dubia* (Müller & Troschel, 1842) 384
真蛇尾科 Ophiuridae Müller & Troschel, 1840
　真蛇尾属 *Ophiura* Lamarck, 1801
　　金氏真蛇尾 *Ophiura kinbergi* (Ljungman, 1866) 386
　　小棘真蛇尾 *Ophiura micracantha* H. L. Clark, 1911 388

海胆纲 Echinoidea
管齿目 Aulodontanoidea
冠海胆科 Diadematidae Gray, 1855
　冠海胆属 *Diadema* Gray, 1825
　　刺冠海胆 *Diadema setosum* (Leske, 1778) 390
拱齿目 Camarodonta
刻肋海胆科 Temnopleuridae A. Agassiz, 1872
　刻肋海胆属 *Temnopleurus* L. Agassiz, 1841
　　芮氏刻肋海胆 *Temnopleurus reevesii* (Gray, 1855) 392
长海胆科 Echinometridae Gray, 1855
　紫海胆属 *Heliocidaris* L. Agassiz & Desor, 1846
　　紫海胆 *Heliocidaris crassispina* (A. Agassiz, 1864) 393
　石笔海胆属 *Heterocentrotus* Brandt, 1835
　　石笔海胆 *Heterocentrotus mamillatus* (Linnaeus, 1758) 394
盾形目 Clypeasteroida
饼干海胆科 Laganidae Desor, 1857
　饼干海胆属 *Laganum* Link, 1807

十角饼干海胆 *Laganum decagonale* (Blainville, 1827) 396
 饼海胆属 *Peronella* Gray, 1855
  雷氏饼海胆 *Peronella lesueuri* (L. Agassiz, 1841) 398
孔盾海胆科 Astriclypeidae Stefanini, 1912
 孔盾海胆属 *Astriclyenus* Verrill, 1867
  曼氏孔盾海胆 *Astriclypeus mannii* Verrill, 1867 400

猥团目 Spatangoida
 裂星海胆科 Schizasteridae Lambert, 1905
  裂星海胆属 *Schizaster* L. Agassiz, 1835
   凹裂星海胆 *Schizaster lacunosus* (Linnaeus, 1758) 402

海参纲 Holothuroidea

楯手目 Holothuriida
海参科 Holothuriidae Burmeister, 1837
 白尼参属 *Bohadschia* Jaeger, 1833
  蛇目白尼参 *Bohadschia argus* Jaeger, 1833 404
 海参属 *Holothuria* Linnaeus, 1767
  黑海参 *Holothuria* (*Halodeima*) *atra* Jaeger, 1833 405
  独特海参 *Holothuria* (*Lessonothuria*) *insignis* Ludwig, 1875 406

枝手目 Dendrochirotida
瓜参科 Cucumariidae Ludwig, 1894
 翼手参属 *Colochirus* Troschel, 1846
  方柱翼手参 *Colochirus quadrangularis* Troschel, 1846 408
  可疑翼手参 *Colochirus anceps* Selenka, 1867 410
 细五角瓜参属 *Leptopentacta* Clark, 1938
  细五角瓜参 *Leptopentacta imbricata* (Semper, 1867) 412
 伪翼手参属 *Pseudocolochirus* Pearson, 1910
  紫伪翼手参 *Pseudocolochirus violaceus* (Théel, 1886) 414
 辐瓜参属 *Actinocucumis* Ludwig, 1875
  模式辐瓜参 *Actinocucumis typica* Ludwig, 1875 416
 桌片参属 *Mensamaria* Clark, 1946
  二色桌片参 *Mensamaria intercedens* (Lampert, 1885) 418
沙鸡子科 Phyllophoridae Östergren, 1907
 囊皮参属 *Stolus* Selenka, 1867
  黑囊皮参 *Stolus buccalis* (Stimpson, 1855) 420
 赛瓜参属 *Thyone* Oken, 1815

　　　　巴布赛瓜参 *Thyone papuensis* Théel, 1886 422
芋参目 Molpadiida
　　芋参科 Molpadiidae J. Müller, 1850
　　　　芋参属 *Molpadia* Cuvier, 1817
　　　　　　张氏芋参 *Molpadia changi* Pawson & Liao, 1992 423
　　尻参科 Caudinidae Heding, 1931
　　　　海地瓜属 *Acaudina* Clark, 1908
　　　　　　海地瓜 *Acaudina molpadioides* (Semper, 1867) 424
无足目 Apodida
　　锚参科 Synaptidae Burmeister, 1837
　　　　刺锚参属 *Protankyra* Östergren, 1898
　　　　　　伪指刺锚参 *Protankyra pseudodigitata* (Semper, 1867) 426
　　　　　　苏氏刺锚参 *Protankyra suensoni* Heding, 1928 428

棘皮动物门参考文献 428

脊索动物门 Chordata

海鞘纲 Ascidiacea
扁鳃目 Phlebobranchia
　　玻璃海鞘科 Cionidae Lahille, 1887
　　　　玻璃海鞘属 *Ciona* Fleming, 1822
　　　　　　玻璃海鞘 *Ciona intestinalis* (Linnaeus, 1767) 432
复鳃目 Stolidobranchia
　　柄海鞘科 Styelidae Sluiter, 1895
　　　　菊海鞘属 *Botryllus* Gaertner, 1774
　　　　　　史氏菊海鞘 *Botryllus schlosseri* (Pallas, 1766) 434

狭心纲 Leptocardii
　　文昌鱼科 Branchiostomatidae Bonaparte, 1846
　　　　文昌鱼属 *Branchiostoma* Costa, 1834
　　　　　　日本文昌鱼 *Branchiostoma japonicum* (Willey, 1897) 436
　　　　　　白氏文昌鱼 *Branchiostoma belcheri* (Gray, 1847) 438
　　　　侧殖文昌鱼属 *Epigonichthys* Peters, 1876
　　　　　　短刀侧殖文昌鱼 *Epigonichthys cultellus* Peters, 1877 440

软骨鱼纲 Chondrichthyes
真鲨目 Carcharhiniformes
猫鲨科 Scyliorhinidae Gill, 1862
绒毛鲨属 *Cephaloscyllium* Gill, 1862
阴影绒毛鲨 *Cephaloscyllium umbratile* Jordan & Fowler, 1903 442

板鳃纲 Elasmobranchii
电鳐目 Torpediniformes
双鳍电鳐科 Narcinidae Gill, 1862
双鳍电鳐属 *Narcine* Henle, 1834
舌形双鳍电鳐 *Narcine lingula* Richardson, 1846 443
单鳍电鳐科 Narkidae Fowler, 1934
单鳍电鳐属 *Narke* Kaup, 1826
日本单鳍电鳐 *Narke japonica* (Temminck & Schlegel, 1850) 444
鳐形目 Rajiformes
犁头鳐科 Rhinobatidae Bon aparte, 1835
犁头鳐属 *Rhinobatos* Linck, 1790
许氏犁头鳐 *Rhinobatos schlegelii* Müller & Henle, 1841 446
团扇鳐属 *Platyrhina* Müller & Henle, 1838
林氏团扇鳐 *Platyrhina limboonkengi* Tang, 1933 447
鳐科 Rajidae de Blainville, 1816
瓮鳐属 *Okamejei* Ishiyama, 1958
何氏瓮鳐 *Okamejei hollandi* (Jordan & Richardson, 1909) 448
麦氏瓮鳐 *Okamejei meerdervoortii* (Bleeker, 1860) 450
鲼目 Myliobatiformes
魟科 Dasyatidae Jordan & Gilbert, 1879
魟属 *Hemitrygon* Müller & Henle, 1838
光魟 *Hemitrygon laevigata* (Chu, 1960) 452
扁魟科 Urolophidae Müller & Henle, 1841
扁魟属 *Urolophus* Müller & Henle, 1837
褐黄扁魟 *Urolophus aurantiacus* Müller & Henle, 1841 454

辐鳍鱼纲 Actinopterygii
鳗鲡目 Anguilliformes
蛇鳗科 Ophichthidae Günther, 1870
蛇鳗属 *Ophichthus* Ahl, 1789
斑纹蛇鳗 *Ophichthus erabo* (Jordan & Snyder, 1901) 455
海鳝科 Muraenidae Rafinesque, 1815

目 录

裸胸鳝属 *Gymnothorax* Bloch, 1795
  雪花斑裸胸鳝 *Gymnothorax niphostigmus* Chen, Shao & Chen, 1996 456
  小裸胸鳝 *Gymnothorax minor* (Temminck & Schlegel, 1846) 457

鳕形目 Gadiformes

深海鳕科 Moridae Moreau, 1881
 小褐鳕属 *Physiculus* Kaup, 1858
  灰小褐鳕 *Physiculus nigrescens* Smith & Radcliffe, 1912............................ 458

鮟鱇目 Lophiiformes

鮟鱇科 Lophiidae Rafinesque, 1810
 黄鮟鱇属 *Lophius* Linnaeus, 1758
  黄鮟鱇 *Lophius litulon* (Jordan, 1902) 459
 黑鮟鱇属 *Lophiomus* Gill, 1883
  黑鮟鱇 *Lophiomus setigerus* (Vahl, 1797) 460

躄鱼科 Antennariidae Jarocki, 1822
 躄鱼属 *Antennarius* Daudin, 1816
  带纹躄鱼 *Antennarius striatus* (Shaw, 1794) 462

蝙蝠鱼科 Ogcocephalidae Gill, 1893
 棘茄鱼属 *Halieutaea* Valenciennes, 1837
  费氏棘茄鱼 *Halieutaea fitzsimonsi* (Gilchrist & Thompson, 1916)............................ 464

鲉形目 Scorpaeniformes

绒皮鲉科 Aploactinidae Jordan & Starks, 1904
 虻鲉属 *Erisphex* Jordan & Starks, 1904
  虻鲉 *Erisphex pottii* (Steindachner, 1896) 466

鲉科 Sebastidae Kaup, 1873
 短鳍蓑鲉属 *Dendrochirus* Swainson, 1839
  美丽短鳍蓑鲉 *Dendrochirus bellus* (Jordan & Hubbs, 1925)............................ 467
 拟蓑鲉属 *Parapterois* Bleeker, 1876
  拟蓑鲉 *Parapterois heterura* (Bleeker, 1856)............................ 468
 平鲉属 *Sebastes* Cuvier, 1829
  许氏平鲉 *Sebastes schlegelii* Hilgendorf, 1880 469
 菖鲉属 *Sebastiscus* Jordan & Starks, 1904
  褐菖鲉 *Sebastiscus marmoratus* (Cuvier, 1829) 470

毒鲉科 Synanceiidae Gill, 1904
 虎鲉属 *Minous* Cuvier, 1829
  单指虎鲉 *Minous monodactylus* (Bloch & Schneider, 1801)............................ 472

鲬科 Platycephalidae Swainson, 1839
 鳄鲬属 *Cociella* Whitley, 1940
  鳄鲬 *Cociella crocodilus* (Cuvier, 1829) 473

xxi

凹鳍鲬属 *Kumococius* Matsubara & Ochiai, 1955
　　凹鳍鲬 *Kumococius rodericensis* (Cuvier, 1829) 474
黄鲂鮄科 Peristediidae Jordan & Gilbert, 1883
　红鲂鮄属 *Satyrichthys* Kaup, 1873
　　瑞氏红鲂鮄 *Satyrichthys rieffeli* (Kaup, 1859) 476

海龙目 Syngnathiformes
海龙科 Syngnathidae Bonaparte, 1831
　海龙属 *Syngnathus* Linnaeus, 1758
　　舒氏海龙 *Syngnathus schlegeli* Kaup, 1856 477
　海马属 *Hippocampus* Rafinesque, 1810
　　日本海马 *Hippocampus mohnikei* Bleeker, 1853 478

鲈形目 Perciformes
䲢科 Uranoscopidae Bonaparte, 1831
　䲢属 *Uranoscopus* Linnaeus, 1758
　　项鳞䲢 *Uranoscopus tosae* (Jordan & Hubbs, 1925) 479
　披肩䲢属 *Ichthyscopus* Swainson, 1839
　　披肩䲢 *Ichthyscopus sannio* Whitley, 1936 480
鲔科 Callionymidae Bonaparte, 1831
　鲔属 *Callionymus* Linnaeus, 1758
　　斑鳍鲔 *Callionymus octostigmatus* Fricke, 1981 481
虾虎鱼科 Gobiidae Cuvier, 1816
　刺虾虎鱼属 *Acanthogobius* Gill, 1859
　　矛尾刺虾虎鱼 *Acanthogobius hasta* (Temminck & Schlegel, 1845) 482
　细棘虾虎鱼属 *Acentrogobius* Bleeker, 1874
　　普氏细棘虾虎鱼 *Acentrogobius pflaumii* (Bleeker, 1853) 483
　矛尾虾虎鱼属 *Chaeturichthys* Richardson, 1844
　　矛尾虾虎鱼 *Chaeturichthys stigmatias* Richardson, 1844 484
　缟虾虎鱼属 *Tridentiger* Gill, 1859
　　髭缟虾虎鱼 *Tridentiger barbatus* (Günther, 1861) 485
　　纹缟虾虎鱼 *Tridentiger trigonocephalus* (Gill, 1859) 486
　竿虾虎鱼属 *Luciogobius* Gill, 1859
　　竿虾虎鱼 *Luciogobius guttatus* Gill, 1859 487
　大弹涂鱼属 *Boleophthalmus* Valenciennes, 1837
　　大弹涂鱼 *Boleophthalmus pectinirostris* (Linnaeus, 1758) 488
　弹涂鱼属 *Periophthalmus* Bloch & Schneider, 1801
　　大鳍弹涂鱼 *Periophthalmus magnuspinnatus* Lee, Choi & Ryu, 1995 489
　蜂巢虾虎鱼属 *Favonigobius* Whitley, 1930
　　裸项蜂巢虾虎鱼 *Favonigobius gymnauchen* (Bleeker, 1860) 490

狼牙虾虎鱼属 *Odontamblyopus* Bleeker, 1874
　　　　拉氏狼牙虾虎鱼 *Odontamblyopus lacepedii* (Temminck & Schlegel, 1845)..............491
鲽形目 Pleuronectiformes
　棘鲆科 Citharidae de Buen, 1935
　　拟棘鲆属 *Citharoides* Hubbs, 1915
　　　大鳞拟棘鲆 *Citharoides macrolepidotus* Hubbs, 1915..............493
　牙鲆科 Paralichthyidae Regan, 1910
　　斑鲆属 *Pseudorhombus* Bleeker, 1862
　　　桂皮斑鲆 *Pseudorhombus cinnamoneus* (Temminck & Schlegel, 1846)..............494
　　　高体斑鲆 *Pseudorhombus elevatus* Ogilby, 1912..............496
　鲆科 Bothidae Smitt, 1892
　　鲆属 *Bothus* Rafinesque, 1810
　　　凹吻鲆 *Bothus mancus* (Broussonet, 1782)..............497
　鲽科 Pleuronectidae Rafinesque, 1815
　　瓦鲽属 *Poecilopsetta* Günther, 1880
　　　双斑瓦鲽 *Poecilopsetta plinthus* (Jordan & Starks, 1904)..............498
　冠鲽科 Samaridae Jordan & Goss, 1889
　　沙鲽属 *Samariscus* Gilbert, 1905
　　　长臂沙鲽 *Samariscus longimanus* Norman, 1927..............499
　鳎科 Soleidae Bonaparte, 1833
　　豹鳎属 *Pardachirus* Günther, 1862
　　　眼斑豹鳎 *Pardachirus pavoninus* (Lacepède, 1802)..............500
　舌鳎科 Cynoglossidae Jordan, 1888
　　须鳎属 *Paraplagusia* Bleeker, 1865
　　　短钩须鳎 *Paraplagusia blochii* (Bleeker, 1851)..............502
　　舌鳎属 *Cynoglossus* Hamilton, 1822
　　　斑头舌鳎 *Cynoglossus puncticeps* (Richardson, 1846)..............504
　　　短吻红舌鳎 *Cynoglossus joyneri* Günther, 1878..............506

脊索动物门参考文献..............507

中文名索引..............509

拉丁名索引..............515

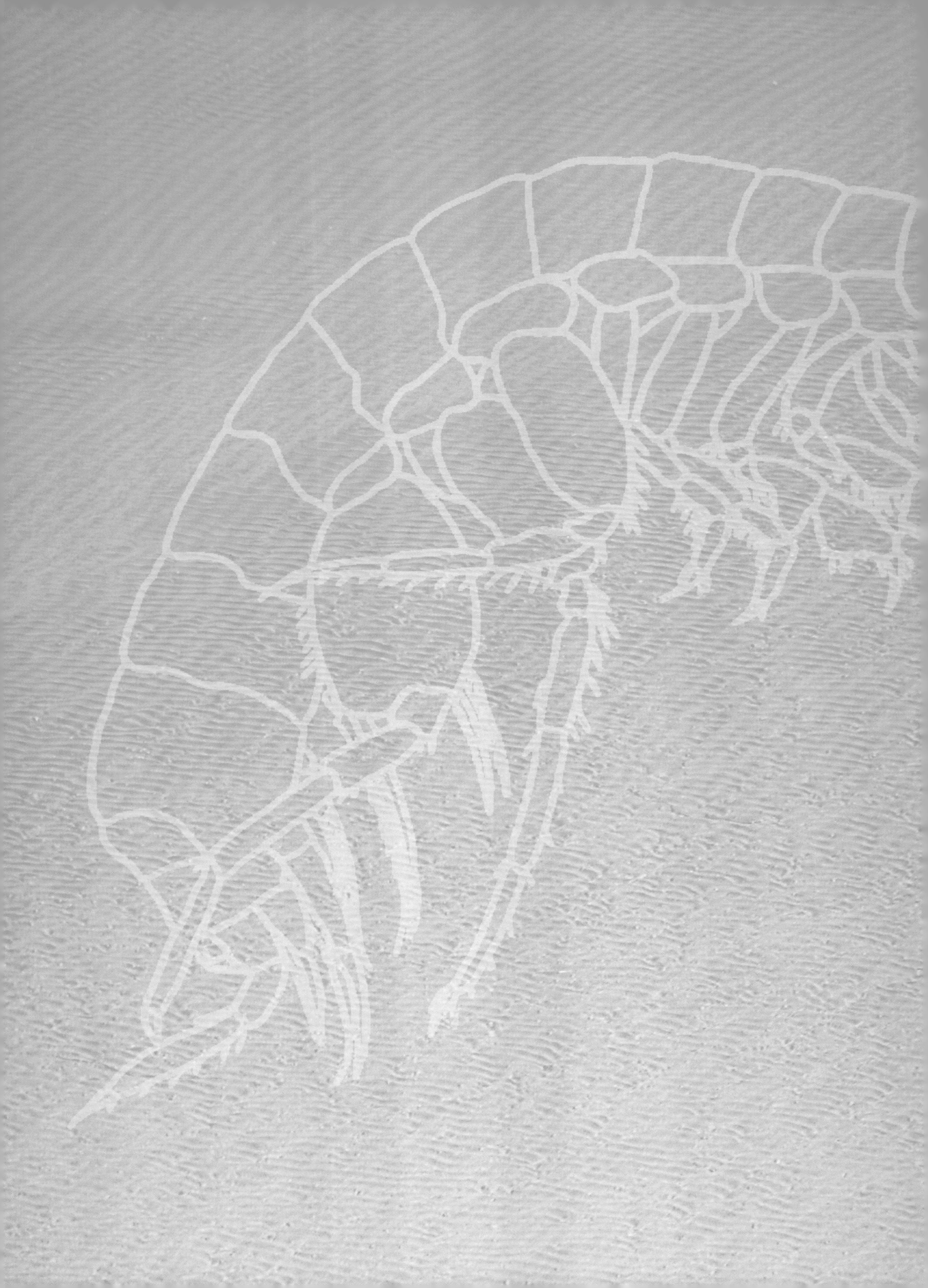

节肢动物门
Arthropoda

剑尾目 Xiphosurida
鲎科 Limulidae Leach, 1819
鲎属 *Tachypleus* Leach, 1819

肢口纲 Merostomata

中国鲎
Tachypleus tridentatus (Leach, 1819)

同物异名： Limulus longispina van der Hoeven, 1838；Limulus tridentatus Leach, 1819

标本采集地： 海南三亚。

形态特征： 体背腹扁平，分为头胸部和腹部；头胸部背面被覆宽大半圆形厚甲，特称遁甲；腹部又称后体，末端具长而强壮的尾节；遁甲前方背面中央具1对单眼，其后方两侧各具1对较大的复眼。头胸部腹面有6对附肢，其中第1对螯肢较小，其后5对均较大；腹部呈三角形，边缘两侧有6个缺刻，缺刻处各具1强壮刺；生殖盖板3叶，中央叶两叶，明显短于侧叶；腹甲末端尾上具3个棘突；腹部末端有细长能自由转动的尾节，尾节延长如剑，特称尾剑，生有锯齿，横截面为三角形。

生态习性： 热带和温带种。产卵季节常集群出现于潮间带海滩。

地理分布： 东海，南海；主要分布于印度-西太平洋热带及亚热带海域。

经济意义： 血液可用作鲎试剂。

参考文献： 廖永岩，2002。

图 1　中国鲎 *Tachypleus tridentatus* (Leach, 1819)

铠茗荷目 Scalpellomorpha
茗荷科 Lepadidae Darwin, 1852
茗荷属 *Lepas* Linnaeus, 1758

茗荷
Lepas (*Anatifa*) *anatifera* Linnaeus, 1758

标本采集地：海南三亚。

形态特征：头部饱满，侧扁，宽阔叶形。具 5 片紧密相接的壳板，均坚厚白色，其上具微弱放射沟纹或生长线，开闭缘橘黄色，向外突起，峰缘拱形。楯板不规则四边形，开闭缘凸，从壳顶到上顶端有 1 低脊，仅右楯板具壳顶齿。背板不规则梯形，长远大于高。峰板弓形弯曲，基部分叉，埋藏于膜内。柄部圆柱状，暗橙色或紫褐色，粗壮，略短于头部。

生态习性：热带和温带种。通常附着于木材、浮标、船底等漂浮物体表面。

地理分布：从渤海至南海北部沿岸；世界性分布，印度洋、太平洋和大西洋的浅海海域均有分布。

参考文献：刘瑞玉和任先秋，2007；Chan et al.，2009。

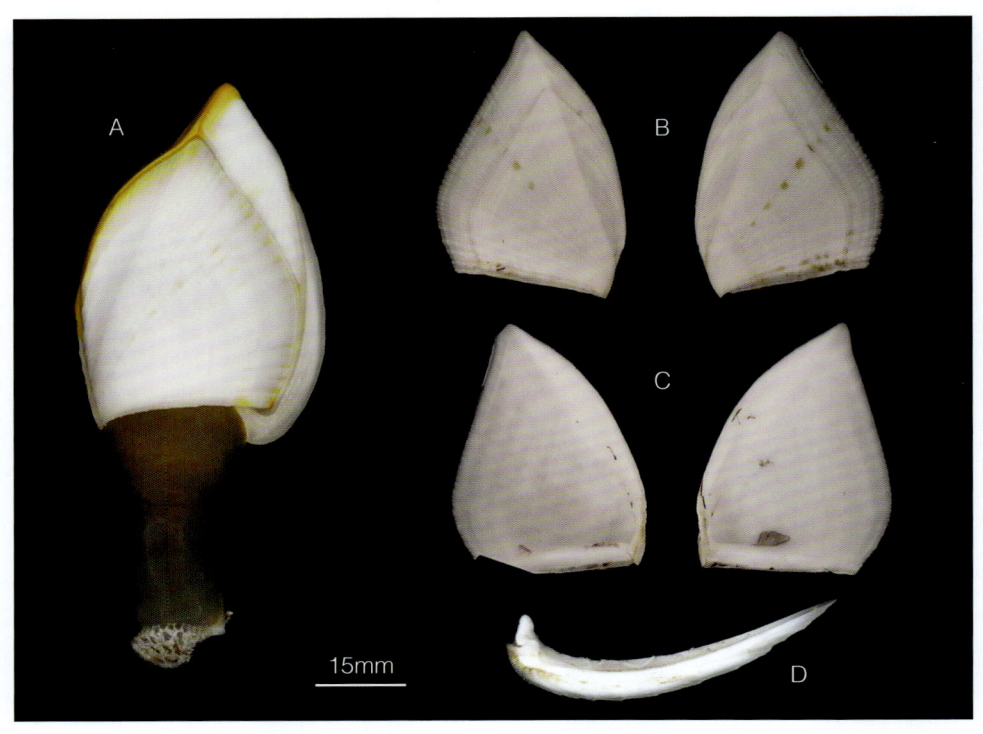

图 2　茗荷 *Lepas* (*Anatifa*) *anatifera* Linnaeus, 1758
A. 整体；B. 楯板外表面；C. 楯板内表面；D. 峰板

花茗荷科 Poecilasmatidae Annandale, 1909
板茗荷属 Octolasmis Gray, 1825

斧板茗荷
Octolasmis warwickii Gray, 1825

标本采集地： 海南三亚。

形态特征： 头部侧扁，叶状，壳板 5 片，亮白色，各板间隔较远，外表包被透明薄膜。头部开闭缘平直，峰缘拱形。楯板具 2 叶，间隔明显，靠近开闭缘的一叶细长倒三角形，另外一叶翻转"L"形。背板一般为斧形或马头颈形，基缘具缺刻。峰板弓形弯曲，上端可达背板中部，下端 1/4 处具裂缝，基底部不规则铲形，壳顶突出。柄部长，等长或稍短于头部，柱状，表面具小颗粒和横褶皱。

生态习性： 热带和温带种。主要附着于热带和温带水域甲壳类的头胸甲上，栖息于潮下带到 100m 深的水域。

地理分布： 东海南部，南海；日本，菲律宾，印度尼西亚，印度，斯里兰卡，南非等印度 - 西太平洋浅海海域。

参考文献： 刘瑞玉和任先秋，2007；Chan et al., 2009。

图 3　斧板茗荷 *Octolasmis warwickii* Gray, 1825

藤壶目 Balanomorpha
藤壶科 Balanidae Leach, 1806
纹藤壶属 *Amphibalanus* Pitombo, 2004

纹藤壶
Amphibalanus amphitrite amphitrite (Darwin, 1854)

同物异名：*Amphibalanus amphitrite communis* (Darwin, 1854)；*Amphibalanus amphitrite denticulata* (Broch, 1927)；*Balanus amphitrite amphitrite* Darwin, 1854

标本采集地：海南文昌。

形态特征：整体圆锥形，较敦实；表面光滑，一般底色为白色或奶白色，具成束纵向紫色或灰褐色相间的放射条纹；壳口大，呈不规则菱形，口缘略微锯齿状；幅部宽，顶缘不很斜，翼部大部被相邻幅部覆盖。鞘部稍短，其上放射条纹颜色较深，底缘略悬垂，无泡状结构；鞘下具纵肋，肋的基部为齿状。壁板内面具纵管，管内一般无横隔片；吻板管数多为12～18个。盖板具3对对称的黑紫色斑，其前后端各有1个大斑。楯板平坦，生长脊粗糙；关节脊突出，长度约为背缘的一半；闭壳肌脊粗短。背板宽阔，外面平坦，生长脊清晰；中央沟宽阔开放，伸至矩末；关节脊突出。基底具放射管，管内无横隔片。

生态习性：温带和热带种。常栖息于沿海港湾潮下带和潮间带，一般附着于船底、浮标、码头、木桩、养殖架、岩石及贝壳上。常成群聚集，拥挤时壳形多是筒状，壳口大而呈方形，孤立时呈圆锥形，紫色条纹鲜艳。

地理分布：从渤海至南海北部沿岸；世界性分布，在热带和温带各浅海海域都有发现。

参考文献：刘瑞玉和任先秋，2007；Chan et al., 2009。

图4 纹藤壶 Amphibalanus amphitrite amphitrite (Darwin, 1854)
A. 整体；B. 背板内外表面；C. 楯板内外表面

网纹纹藤壶
Amphibalanus reticulatus (Utinomi, 1967)

同物异名：*Balanus reticulatus* Utinomi, 1967

标本采集地：海南三亚。

形态特征：一般整体呈圆锥形，表面具光泽，底色一般为白色、奶白色或淡粉红色，壳表面具纵向紫色或红褐色放射沟纹，与横向白色条纹交错成斑。壳口较大、不规则菱形或五角形，顶缘倾斜。翼部宽，幅部窄。盖板具 2～3 对紫红色对称斑。楯板窄，生长脊边缘具成排短毛；闭壳肌脊粗短，闭壳肌窝深，侧压肌窝清晰。背板生长脊清晰，中央沟开放；侧压肌脊短，常突出于基缘之外。壁板鞘部较短。

生态习性：温带和热带种。一般附着于浮标、船底、木材或养殖架等物体上，亦可附着于低潮线的岩石或贝壳上。

地理分布：东海，南海；日本，菲律宾，夏威夷群岛，泰国湾，印度尼西亚，印度，波斯湾，非洲西南部等印度 - 西太平洋浅水海域，地中海，美国南部到西印度群岛近岸水域。

参考文献：刘瑞玉和任先秋，2007；Chan et al., 2009。

图5　网纹纹藤壶 *Amphibalanus reticulatus* (Utinomi, 1967)
A. 整体；B. 背板内外表面；C. 楯板内外表面

藤壶属 *Balanus* Costa, 1778

三角藤壶
Balanus trigonus Darwin, 1854

标本采集地： 海南三亚。

形态特征： 整体不规则圆锥形或筒锥形，白色或粉红色，间或具紫红斑点。壳口大，一般呈不规则三角形或不规则五角形。壳板表面具细纵肋。吻板和侧板顶部略内弯。幅部宽，顶缘斜，白底有粉色或紫色斑纹，侧缘呈齿状。翼部薄而宽，顶缘稍斜或几乎平行于基底，边缘光滑。盖板内膜一般紫色。楯板窄，厚实，中部内凹，生长脊突出。关节脊不发达；闭壳肌脊短，闭壳肌窝深，侧压肌窝深且较窄。背板宽阔，薄而平坦，生长脊明显。壁板内面鞘部较短，鞘下到基底有细密的强肋；壁板内有纵管。基底白色，有从中央向四周放射的管。

生态习性： 温带和热带种。一般附着于木材等漂浮物上，亦可附着于贝壳、甲壳类的附肢、头胸甲上；主要栖息于潮下带及浅海水域中。

地理分布： 东海，南海；印度洋，大西洋和太平洋的热带、亚热带海域均有分布。

参考文献： 刘瑞玉和任先秋，2007；Chan et al.，2009。

图 6　三角藤壶 *Balanus trigonus* Darwin, 1854
A. 整体；B. 背板内表面；C. 楯板内外表面

笠藤壶科 Tetraclitidae Gruvel, 1903

笠藤壶属 *Tetraclita* Schumacher, 1817

鳞笠藤壶
Tetraclita squamosa (Bruguière, 1789)

同物异名：Tetraclita milleporosa Pilsbry, 1916； Tetraclita squamosa milleporosa Pilsbry, 1916； Tetraclita squamosa patellaris Darwin, 1854； Tetraclita squamosa perfecta Nilsson-Cantell, 1931； Tetraclita squamosa squamosa (Bruguière, 1789)

标本采集地：海南三亚。

形态特征：壳圆锥形，形似火山，壳口小。壳具密集纵肋和脊，表面暗灰色或灰褐色。外膜生长线处具角质毛。幅部窄，甚至全无，关节缘具蠕虫状突起。翼部窄且薄，白色。壁板坚厚，接合紧密，板内壁具很多小的纵管，板外壁内具呈网状的低肋；鞘部常黑绿色，其下部常为白色。基底为膜质。楯板窄，生长脊细密，其开闭缘具1排小齿；闭壳肌脊和肌窝均非常发达，侧压肌窝具4～5条压肌脊。背板窄，顶端尖且弯曲，喙状，具很浅的中央沟。

生态习性：热带和温带种。一般栖息于潮间带和潮下带，常常附着于岩石、码头或浮标上。

地理分布：东海，南海；印度-西太平洋近岸海域，西非和巴西的大西洋沿岸。

参考文献：刘瑞玉和任先秋，2007；Chan et al.，2009。

图 7　鳞笠藤壶 *Tetraclita squamosa* (Bruguière, 1789)
A. 整体；B. 背板内外表面；C. 楯板内外表面

口足目 Stomatopoda
琴虾蛄科 Lysiosquillidae Giesbrecht, 1910
琴虾蛄属 *Lysiosquilla* Dana, 1852

十三齿琴虾蛄
Lysiosquilla tredecimdentata Holthuis, 1941

同物异名： *Lysiosquilla maculata* var. *tredecimdentata* Holthuis, 1941

标本采集地： 南海北部。

形态特征： 大型虾蛄，体长可达 27cm。身体背面具黄色和黑色交替的横带。头胸甲具 3 条宽的、黑黄交替的横带。尾肢外肢第 1 节末端 1/2 处和末节前端 2/3 处黑色。第 2 触角鳞片外缘黑棕色。眼鳞三角形。额角心形，基部宽，前端具中央脊，不具沟。捕肢指节具 9～13 齿。大颚具颚须。第 8 胸节腹板中央突成 1 向后方延伸的尖刺。尾肢原肢与内肢连接处前端具小刺。

生态习性： 热带种。常栖息于潮间带沙底和浅海潮下带泥底，水深不超过 30m。

地理分布： 南海；从西印度洋到印度沿岸，泰国，越南，澳大利亚和太平洋中部。

经济意义： 可食用。

参考文献： Ahyong et al., 2008。

图 8　十三齿琴虾蛄 *Lysiosquilla tredecimdentata* Holthuis, 1941

齿指虾蛄科 Odontodactylidae Manning, 1980
齿指虾蛄属 Odontodactylus Bigelow, 1893

日本齿指虾蛄
Odontodactylus japonicus (De Haan, 1844)

同物异名：*Gonodactylus edwardsi* Berthold, 1845；*Gonodactylus japonicus* De Haan, 1844

标本采集地：广西北海。

形态特征：成体长可达 20cm。体呈粉橙色，头胸甲前部具褐色斑块。额角三角形，背面呈梯形，顶端向腹面弯折。眼倾斜于身体，中部内凹。第 2 触角鳞片光滑，成体无刚毛，末端呈紫色。捕肢指节具 5 齿或更多小齿。第 1～5 腹节后侧角圆，成体表面光滑无脊起。尾节背面具间隔的中央脊和 4 条纵行脊起。尾肢呈橙黄色；外肢第 1 节长于第 2 节，第 1 节外侧具橙黄色的扁平活动刺，第 2 节末端呈紫色，末端带蓝色斑块。

生态习性：热带种。营底栖生活，多分布在泥沙、砂质和贝壳底质中，捕食小型贝类等，主要在水深 30～200m 的海域活动。

地理分布：南海，台湾海域；从印度 - 西太平洋到澳大利亚均有分布。

经济意义：可食用。

参考文献：Ahyong et al., 2008。

图 9　日本齿指虾蛄 *Odontodactylus japonicus* (De Haan, 1844)

虾蛄科 Squillidae Latreille, 1802

近虾蛄属 *Anchisquilla* Manning, 1968

条尾近虾蛄
Anchisquilla fasciata (De Haan, 1844)

同物异名： Squilla fasciata De Haan, 1844

标本采集地： 南海北部。

形态特征： 体长可达 10cm。身体呈灰绿色，尾节末端的刺呈红色。身体中部光滑。头胸甲狭长，无中央脊，前侧角成锐刺。第 5～8 胸节和第 1～5 腹节无亚中央脊。额角呈三角形，长大于宽。第 5～7 胸节均具单侧突，第 5 胸节单侧突向前延伸成 1 尖齿，第 6、7 胸节单侧突末端圆。尾节外侧叶顶端钝；中央纵脊末端尖，两侧具长短不等的数对脊起；中间刺长，末缘具小齿，亚中央刺末端亦有小齿。尾肢基节突起的内叉内缘具数刺，外缘有 1 凹。

生态习性： 温带和热带种。常栖息于砂质、泥质及贝壳质的近海，水深不超过 50m。

地理分布： 东海，南海，台湾海域；从安达曼海到马来西亚均有分布，新加坡、菲律宾、日本沿岸均有记录。

参考文献： 董聿茂等，1991；Ahyong et al., 2008。

图 10　条尾近虾蛄 *Anchisquilla fasciata* (De Haan, 1844)

脊虾蛄属 *Carinosquilla* Manning, 1968

多脊虾蛄
Carinosquilla multicarinata (White, 1848)

同物异名： *Squilla multicarinata* White, 1848

标本采集地： 广西北海。

形态特征： 体长约92mm。身体呈浅灰棕色。第2腹节具1长方形的斑块，第5腹节的1对亚中央脊各具1黑色斑。尾节中下部呈黑色，末端刺呈粉红色。尾肢内肢浅蓝色，距末端1/3处黑色。捕肢白色，长节末端黄色；腕节侧缘有浅粉色斑点；掌节与指节连接处黄色，指节具5齿。头胸甲具中央脊和数列纵向脊起，前侧角成锐刺。额角近梯形，末端平直。眼柄无脊起。大颚具颚须。第5腹节中线两侧具横向脊起。尾节具中央脊和数列纵脊，外侧叶短，末端刺状。尾肢外肢第1节末端具1列粉色刺。

生态习性： 温带和热带种。栖息于软泥、珊瑚砂和有孔虫砂质底的海底，水深不超过64m。

地理分布： 南海，东海；印度南部，印度尼西亚，越南，菲律宾，日本沿岸。

经济意义： 可食用。

参考文献： Ahyong et al.，2008。

图 11　多脊虾蛄 *Carinosquilla multicarinata* (White, 1848)

绿虾蛄属 *Clorida* Eydoux & Souleyet, 1842

拉氏绿虾蛄
Clorida latreillei Eydoux & Souleyet, 1842

同物异名： *Clorida juxtadecorata* Makarov, 1979；*Squilla latreillei* (Eydoux & Souleyet, 1842)

标本采集地： 南海北部。

形态特征： 成体约5cm。身体背部光滑。眼小，呈梨形，柄膨大。额角略呈广三角形，顶端圆钝。头胸甲后部无中央脊，前侧角成锐刺。第5胸节单侧突，向侧后方成1尖刺。第1～5腹节具亚中央脊。第6腹节具发达的4对纵脊，末端具锐刺。捕肢指节具齿。尾节宽大于长，具发达的中央脊，末端成短刺，中央脊两侧具连续的斜列颗粒，边缘齿具发达的隆起。尾肢基节突起的内缘具5～8长锐刺，外缘具1凹陷。肛门后光滑，仅具微弱的纵隆起。

生态习性： 温带和热带种。栖息于潮间带和浅海海域（35～66m）。

地理分布： 南海；印度-西太平洋热带海域。

经济意义： 可食用。

参考文献： 董聿茂等，1991。

图 12　拉氏绿虾蛄 *Clorida latreillei* Eydoux & Souleyet, 1842

拟绿虾蛄属 *Cloridopsis* Manning, 1968

蝎形拟绿虾蛄
Cloridopsis scorpio (Latreille, 1828)

同物异名：*Squilla scorpio* Latreille, 1828；*Cloridopsis aquilonaris* Manning, 1978

标本采集地：海南三亚。

形态特征：体长 95mm。身体呈浅灰棕色，背脊呈橙红色。眼小而长，角膜微斜，眼宽比眼柄稍大。额角近梯形，顶端圆钝。头胸甲具中央脊，前侧角成锐刺。大颚无颚须。第 5 胸节单侧突基部具黑斑，向前侧方弯曲成 1 尖刺。第 6～8 胸节具圆钝的单侧突。第 1～5 腹节具亚中央脊。第 6 腹节具 3 对脊，末端均具刺。捕肢指节具 5 齿，腕节背缘无瘤突。尾节宽大于长，末端具短刺。尾肢基节突起的内缘具 5～8 长锐刺，外缘具 1 凹陷。肛门后光滑，仅具微弱的纵隆起。

生态习性：温带和热带种。常栖息于潮间带海涂中。

地理分布：黄海，东海，南海，台湾海域；西印度洋，印度尼西亚，新加坡，马来西亚，日本近岸水域。

经济意义：可鲜食或做虾酱。

参考文献：董聿茂等，1991；刘瑞玉等，2008；Ahyong，2001；Ahyong et al.，2008。

图 13　蝎形拟绿虾蛄 *Cloridopsis scorpio* (Latreille, 1828)

纹虾蛄属 *Dictyosquilla* Manning, 1968

窝纹虾蛄
Dictyosquilla foveolata (Wood-Mason, 1895)

同物异名： *Squilla foveolata* Wood-Mason, 1895
标本采集地： 广西北海。
形态特征： 体呈灰紫色。体长 105mm。头胸甲、胸节背面中部及腹部均密布小的凹陷的粗糙网状纹。第 5 胸节具小的双侧突，末端略尖；第 6 胸节侧突的前后瓣粗大，末端圆；第 7 胸节侧突前瓣短尖，后瓣粗钝；第 8 胸节侧突仅为 1 短尖齿。捕肢长节下缘远端圆而不尖。尾肢内叉外缘具 1 凹，内缘前部有微齿。肛门后有 1 纵脊。
生态习性： 热带和温带种。栖息于 10～20m 的近岸软泥中。
地理分布： 东海，南海；缅甸，越南近海。
经济意义： 可食用。
参考文献： 董聿茂等，1991。

图 14　窝纹虾蛄 *Dictyosquilla foveolata* (Wood-Mason, 1895)

平虾蛄属 *Erugosquilla* Manning, 1995

伍氏平虾蛄
Erugosquilla woodmasoni (Kemp, 1911)

同物异名：*Oratosquilla jakartensis* Moosa, 1975；*Oratosquilla tweediei* Manning, 1971；*Oratosquilla woodmasoni* (Kemp, 1911)；*Squilla woodmasoni* Kemp, 1911

标本采集地：海南陵水。

形态特征：体长达15cm。体半圆筒状，上下扁平，呈浅灰绿色，有的背部略带斑点。头胸甲中央脊前端分叉的基部间断。尾节背面中央脊两侧呈栗色。尾肢外肢呈蓝色，背面中部略黑或呈浅蓝色。眼大，具双角膜。眼节前端宽圆，通常具中央刺。额角短，梯形，侧缘直。捕肢（掠肢）指节具6齿，长节有尖锐的长节刺。第6、第7胸节的双侧突向外伸展，第8胸节只有单侧突。腹部7节，尾节中央脊两侧不具结节列。步足较纤细，双肢形。尾肢外肢侧缘有7～10条可动刺。

生态习性：温带和热带种。营底栖生活，穴居于海底泥或泥沙中，游泳能力强，肉食性，可捕食小型虾类等。主要在水深5～50m的水域活动，对栖息深度及温盐度的适应范围较广。

地理分布：东海，南海近岸海域；印度尼西亚，越南，菲律宾，澳大利亚，日本近岸海域。

经济意义：可食用。

参考文献：Ahyong et al., 2008。

图 15　伍氏平虾蛄 *Erugosquilla woodmasoni* (Kemp, 1911)

猛虾蛄属 *Harpiosquilla* Holthuis, 1964

黑尾猛虾蛄
Harpiosquilla melanoura Manning, 1968

标本采集地： 海南东方。

形态特征： 体长最长约17cm。体呈暗棕褐色。头胸甲无中央脊，背面沟和脊呈黑色，中央具黑色斑块。各胸节和第1～5腹节无亚中央脊，各胸节和腹节后缘呈黑褐色。第2腹节具狭窄的黑色横条。捕肢（掠肢）指节具8齿，外缘弯曲。尾节末缘齿黄色，中央脊两侧具1对红褐色斑点。尾肢原肢的端刺黄色。尾肢外肢第1节外缘黄色，外侧具7～10个可动刺；末节末端黑色；内肢内侧黑色。

生态习性： 热带种。营底栖生活，多分布在泥沙底质中。11月至次年3月是繁殖高峰期。主要在水深10～80m的海域活动。

地理分布： 南海，台湾海域；印度-西太平洋到安达曼海均有分布，如泰国，越南，菲律宾，日本，澳大利亚。

经济意义： 可食用。

参考文献： Ahyong et al.，2008。

图 16　黑尾猛虾蛄 *Harpiosquilla melanoura* Manning, 1968

滑虾蛄属 *Lenisquilla* Manning, 1977

窄额滑虾蛄
Lenisquilla lata (Brooks, 1886)

同物异名： *Lenisquilla pentadactyla* Moosa, 1991；*Squilla lata* Brooks, 1886；*Squilloides espinosus* Blumstein, 1974；*Squilloides latus spinosus* Blumstein, 1970

标本采集地： 南海北部。

形态特征： 体呈浅黄棕色。体长可达88mm。头胸甲无中央脊，前侧角成尖刺。额角长大于宽，前端圆钝无脊起。第5胸节单侧突起成1尖刺，前端斜向前方，下面有扁平三角形棘。第6~8胸节的侧突起圆。第2~4腹节无亚中央脊。第5胸节有微弱的亚中央脊。眼角膜部狭，比眼柄宽度大。尾肢基节突起的内叉粗壮，具1列长刺，外侧有1凹陷和圆突。捕肢指节具6齿，基部外侧因具1凹陷而成1钝齿；腕节背缘末端具2齿。

生态习性： 温带和热带种。生活在泥沙海底，水深44~183m处。

地理分布： 东海，南海，台湾海峡；西印度洋，日本，新喀里多尼亚，澳大利亚。

经济意义： 可食用。

参考文献： 董聿茂等，1991；刘瑞玉等，2008；Ahyong et al., 2008。

图 17　窄额滑虾蛄 *Lenisquilla lata* (Brooks, 1886)

褶虾蛄属 *Lophosquilla* Manning, 1968

脊条褶虾蛄
Lophosquilla costata (De Haan, 1844)

同物异名： *Lophosquilla makarovi* Manning, 1995；*Squilla costata* De Haan, 1844

标本采集地： 海南海口。

形态特征： 体呈浅灰褐色。额顶圆，额角长大于宽，两侧缘隆起。头胸甲后部多颗粒状隆起，中央脊在前端分叉处不中断，前侧角成锐刺。第5～8胸节和各腹节及尾节都密布纵行脊起及长短不等的颗粒状突起，捕肢指节6～7齿。尾节中部具黑色斑块，侧缘具外叶。尾肢原肢内侧刺的外缘具圆叶。

生态习性： 温带和热带种。营底栖生活，多栖息于软泥底质中。主要在水深0～30m的海域活动。

地理分布： 东海，南海，台湾海域；越南，菲律宾，日本，澳大利亚。

经济意义： 可食用，产量小。

参考文献： 董聿茂等，1991；Ahyong et al., 2008。

图 18　脊条褶虾蛄 *Lophosquilla costata* (De Haan, 1844)

口虾蛄属 *Oratosquilla* Manning, 1968

口虾蛄
Oratosquilla oratoria (De Haan, 1844)

同物异名：*Squilla affinis* Berthold, 1845；*Squilla oratoria* De Haan, 1844

标本采集地：广东珠海。

形态特征：身体背面浅灰或浅褐色，头胸甲的脊和沟，以及亚中央脊和间脊深红色；体节的后缘深绿色。头胸甲背面中央脊前端分叉部明显，基部不中断，额板长方形，宽大于长，背面中央具三角形或近圆形突起。眼大。第1触角发达，第2触角鳞片大。胸部各节亚中央脊、间脊明显，第5～7节侧缘皆具2个侧突：第5节前侧突尖锐，向前侧方斜伸，后侧突较钝，侧伸；第6节前侧突狭而微弯，末端钝，后侧突钝，侧伸。第2胸肢强大，称为掠肢，其长节下角具1刺，腕节背缘具3～5个不规则的齿状突，掌节基部有3个可动齿，指节具6齿。腹部第2～5节中线上具甚短而中断的小脊。尾节宽大于长，中央脊、边缘刺和瘤突背隆线深褐绿色，边缘刺末端红色，中央脊及腹面肛门后脊皆具十分隆起的脊。尾肢原肢的端刺红色，外肢基节末端深蓝色，末节黄色且内缘黑色。

生态习性：温带和热带种；营底栖生活，穴居于海底泥沙砾的洞中，游泳能力强，肉食性，多捕食小型无脊椎动物，如贝类、螃蟹、海胆等。一般栖息于水深5～60m处。

地理分布：渤海至南海北部沿岸；俄罗斯到夏威夷群岛沿岸海域。

经济意义：经济种，味鲜美，可食用。

参考文献：董聿茂等，1991；杨德渐等，1996；Ahyong et al., 2008。

图 19　口虾蛄 *Oratosquilla oratoria* (De Haan, 1844)

沃氏虾蛄属 *Vossquilla* Van Der Wal & Ahyong, 2017

黑斑沃氏虾蛄
Vossquilla kempi (Schmitt, 1931)

同物异名： *Chloridella kempi* Schmitt, 1931；*Oratosquilla kempi* (Schmitt, 1931)

标本采集地： 南海北部。

形态特征： 成体体长大于 10cm。体较宽阔、强壮，第 2 及第 5 腹节背中部各有 1 黑斑；尾肢外肢末节后部也有黑斑。第 5 胸节的前部侧突狭而曲向前方，第 7 胸节的侧突双叶不发达；第 8 胸节的前侧突比较短。捕肢（掠肢）腕节背缘有 2～3 疣状齿，长节前下角无刺。尾节腹面肛门后具微弱的纵脊。

生态习性： 温带和热带种。与口虾蛄相似，营底栖生活，穴居于潮间带和潮下带泥沙砾的洞中。

地理分布： 从渤海至南海北部沿岸；日本，越南近岸水域。

经济意义： 可食用。

参考文献： 董聿茂等，1991；Ahyong et al., 2008；Van Der and Ahyong，2017。

图 20　黑斑沃氏虾蛄 *Vossquilla kempi* (Schmitt, 1931)

虾蛄科分属检索表

1. 捕肢掌节不具栉状齿 .... 猛虾蛄属 *Harpiosquilla*
 - 捕肢掌节具栉状齿 2
2. 第 5 胸节侧突起单一或退化 3
 - 第 5 胸节侧突起分前后两瓣 6
3. 头胸甲具中央脊 .... 拟绿虾蛄属 *Cloridopsis*
 - 头胸甲无中央脊 4
4. 眼的角膜比眼柄窄或与眼柄同宽；眼柄膨胀 .... 绿虾蛄属 *Clorida*
 - 眼的角膜比眼柄宽；眼柄不膨胀 5
5. 尾节中央纵脊的两侧有数对纵行脊 .... 近虾蛄属 *Anchisquilla*
 - 尾节中央纵脊的两侧无纵行脊 .... 滑虾蛄属 *Lenisquilla*
6. 身体背面具网状脊起或颗粒状突起 7
 - 身体背面不具网状脊起或颗粒状突起 9
7. 头胸甲、胸节背面中部及腹部密布粗糙的网状纹；雄性第 1 腹肢不具后叶 ....
 .... 纹虾蛄属 *Dictyosquilla*
 - 头胸甲及身体表面密布颗粒状突起或纵行脊；雄性第 1 腹肢具后叶 8
8. 头胸甲中央脊前端分叉的基部连续；头胸甲、胸部、腹部和尾节密布纵行脊 ....
 .... 脊虾蛄属 *Carinosquilla*
 - 头胸甲中央脊前端分叉的基部间断；头胸甲和腹部具粗糙的颗粒状突起 .... 褶虾蛄属 *Lophosquilla*
9. 头胸甲中央脊前端分叉的基部间断 .... 平虾蛄属 *Erugosquilla*
 - 头胸甲中央脊前端分叉的基部连续 10
10. 捕肢长节外侧不具刺；第 2 及第 5 腹节背面各具 1 黑斑 .... 沃氏虾蛄属 *Vossquilla*
 - 捕肢长节外侧具 1 刺；第 2 及第 5 腹节背面不具黑斑 .... 口虾蛄属 *Oratosquilla*

端足目 Amphipoda

细身钩虾科 Maeridae Krapp-Schickel, 2008

细小钩虾属 *Mallacoota* Barnard, 1972

单齿细小钩虾
Mallacoota unidentata Ren, 1998

标本采集地： 南海北部。

形态特征： 体躯强壮，额角小，侧叶圆，具眼下小缺刻；眼圆形，黑褐色。第1、2腹节具有小背齿，后腹角尖突；第3腹节后背缘稍内凹，后腹角尖而弯，第4腹节具1对后背齿。尾节长度几乎等于宽度，裂隙较长。第1、2柄节几乎等长。上唇前缘圆，具短刚毛。大颚切齿具2齿。下唇具内叶，末端具短毛，外叶顶端具短毛和2对圆锥刺。小颚内板窄长，具短毛。第2小颚较窄长，末端具长刚毛。第1～3底节板长度小于深度，雄体第1鳃足较小，亚螯状，第2鳃足强壮，掌节卵圆形。雌体第1鳃足与雄体者相似。雌体第2鳃足较窄长。第3、4步足简单，指节腹缘具1丛刚毛。第5～7步足强壮。第5、6步足基节后缘较直，具圆的后叶。第7步足基节卵圆，后缘圆拱，锯齿明显。第1尾肢柄长于分肢，具基侧刺和末侧刺，外肢略短于内肢，具缘刺和末端刺。第2尾肢分肢稍长于柄，外肢稍短于内肢。第3尾肢外肢稍长，具缘刺。

生态习性： 热带种。栖息于热带海域珊瑚礁石中。

地理分布： 南海。

参考文献： 任先秋，2012。

图21 单齿细小钩虾 *Mallacoota unidentata* Ren, 1998（引自任先秋，2012）
A. 外形（♂）；B. 触角（♂）；C. 第1鳃足（♂）；D、E. 第2鳃足（♂）；F. 第1鳃足（♀）；G. 第2鳃足（♀）；H. 第3步足；I. 第4步足；J. 第5步足；K. 第6步足；L. 第7步足；M. 第1～3腹节后腹角；N. 第1尾肢；O. 第2尾肢；P. 第3尾肢；Q. 尾节；R. 上唇；S、T. 大颚；U. 下唇；V. 小颚；W. 第2小颚；X. 颚足
比例尺：A = 0.5mm；B～P = 0.2mm；Q～X = 0.1mm

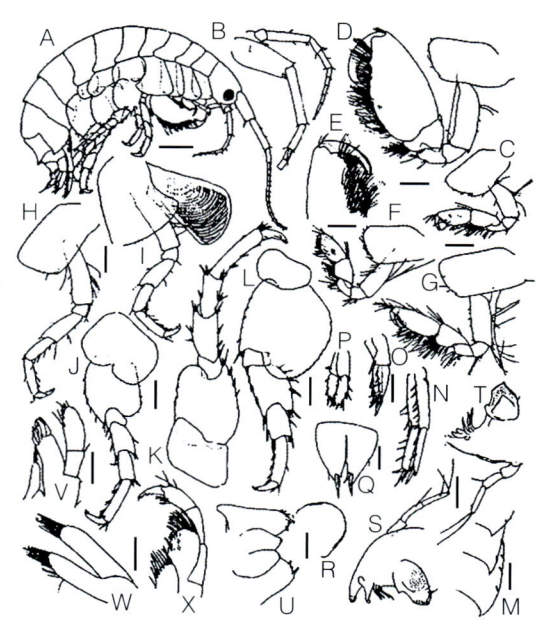

尖头钩虾科 Phoxocephalidae G. O. Sars, 1891
湿尖头钩虾属 Mandibulophoxus Barnard, 1957

沟额湿尖头钩虾
Mandibulophoxus uncirostratus (Giles, 1890)

同物异名： *Phoxus uncirostratus* Giles, 1890
标本采集地： 南海北部。
形态特征： 体躯较纤弱，头部与额角尖而前延，末端弯成小钩状，眼卵圆。第1、2腹节后腹角略钝尖，第3腹节后腹角钝圆，后缘及侧缘具刺。尾节末端稍宽于基部，两叶末端钝圆。第1触角的第1柄节长而强壮，第2柄节短，第3柄节呈三角形。第2触角较短。上唇圆，前末端稍尖。大颚切齿呈小突出状。下唇具内叶，外叶峰末端具1齿，侧叶短而圆。小颚内板较小。第2小颚小，内板末端圆，外板末端具长刚毛。颚足内外板都很小，末端具长刚毛，触须发达。第1、2鳃足相似。第1鳃足较细，底节板末端宽阔，第2鳃足较强壮，底节板长方形，后末角圆突。第3、4步足简单。第5步足底节板具后叶，基节末端宽阔。第6步足基节宽阔，卵圆。第7步足基节宽阔，具发达的后叶。第1尾肢柄与分肢几乎等长。第2尾肢柄略短于分肢。第3尾肢柄短。鳃囊状，无副叶。
生态习性： 温带和热带种。常栖息于沙质、碎石底或海藻中。
地理分布： 黄海，东海，南海；印度，斯里兰卡近岸海域。
参考文献： 任先秋，2012。

图22 沟额湿尖头钩虾 *Mandibulophoxus uncirostratus* (Giles, 1890)（引自任先秋，2012）
A. 外形（♀）；B、C. 头部（♂）；D. 第1～3腹节后腹角；E. 尾部（♂）；F. 第1触角（♂）；G. 第2触角（♂）；H. 第1鳃足（♂）；I. 第2鳃足（♂）；J. 第3步足；K. 第4步足；L. 第5步足；M. 第6步足；N. 第7步足；O. 尾节与第3尾肢；P. 上唇；Q. 大颚；R. 下唇与第2小颚；S. 小颚；T. 颚足
比例尺：A = 1mm；B～D = 0.5mm；E～O = 0.2mm；P～T = 0.1mm

拟猛钩虾属 *Harpiniopsis* Stephensen, 1925

海氏拟猛钩虾
Harpiniopsis hayashisanae Hirayama, 1992

标本采集地： 南海北部。

形态特征： 体躯梭形，无眼。额角延伸超过第 1 触角柄，侧头缘前腹缘具尖齿，缺乏前中齿和瘤。尾节裂刻深。第 2～6 胸节具鳃，第 3～5 胸节具附卵片。第 2 触角不为剑状，第 3 柄节短于第 4 柄节。上唇和下唇为通常的猛钩虾形。大颚切齿不宽，8 小齿，动颚片 2～4 小齿。小颚内板具强壮羽状刚毛。第 2 小颚两板相似，颚足内板小，外板较窄长。两鳃足相似，亚螯状。第 1、2 底节板具后末齿，掌节长方形。第 3、4 步足相似。第 5 步足基节细长，无后扩展，不超过底节板之后叶，掌节具连锁刺。第 6 步足很发达，基节后扩展较窄，第 7 步足基节后叶长方形，锯齿明显。第 1～3 腹肢相似，柄短而强壮。第 1 尾肢分肢等长。第 2 尾肢 2 分肢等长，末节相当于基节长度之半，具长顶端刚毛，内肢短于外肢基部节，具顶端刚毛。

生态习性： 温带和热带种。栖息于暖水浅海海域。

地理分布： 南海。

参考文献： 任先秋，2012。

图 23　海氏拟猛钩虾 *Harpiniopsis hayashisanae* Hirayama, 1992（引自任先秋，2012）
A. 外形（♀）；B. 头部（♀）；C. 第 1～3 腹节（♀）；D. 尾节；E. 第 1 触角（♀）；F. 第 2 触角（♀）；G. 第 1 鳃足（♀）；H. 第 2 鳃足（♀）；I. 第 3 步足；J. 第 4 步足；K. 第 5 步足；L. 第 6 步足；M. 第 7 步足；N. 第 1 腹肢；O. 第 1 尾肢（♀）；P. 第 2 尾肢（♀）；Q. 第 3 尾肢（♀）；R. 上唇；S. 大颚；T. 下唇；U. 小颚；V. 第 2 小颚；W. 颚足
比例尺：A = 1mm；B、C = 0.5mm；D～Q、S = 0.2mm；R、T～W = 0.1mm

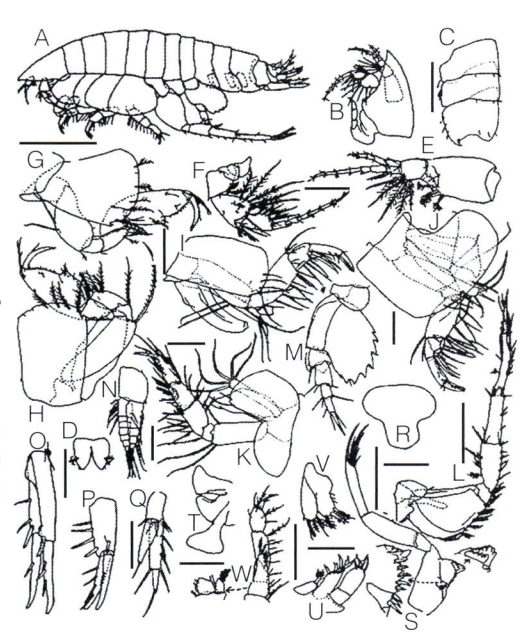

等足目 Isopoda
浪漂水虱科 Cirolanidae Dana, 1852
外浪漂水虱属 *Excirolana* Richardson, 1912

企氏外浪漂水虱
Excirolana chiltoni (Richardson, 1905)

同物异名：*Cirolana chiltoni* Richardson, 1905；*Cirolana chiltoni japonica* Thielemann, 1910

标本采集地：海南琼海。

形态特征：体表光滑，额突明显，将第1触角基部分开，并与额叶连接。第2~7胸节具底节板，其中第4~7底节板后缘圆滑，略向后延伸；第4~7胸节侧缘具凹线，但底节板上无隆线。第1腹节大部分被第7胸节覆盖，第5腹节侧缘不被第4腹节覆盖，腹尾节具波浪状隆线，将尾节分为透明和不透明两部分。大颚触须2节，布有少量刚毛。颚足触须5节，内叶具2个弯曲的小钩。第1~3胸肢短，第4~7胸肢长，为步行足。腹肢膜状，基部外侧具叶状突起，雄性附肢自第2腹肢内肢基端发出，短、宽且弯曲。尾肢基节侧缘具2个刺，下角处具4个刺；内、外肢均超过腹尾节末端，外肢略长于内肢，外肢外侧具2个刺；内肢形似倾斜的三角形，内、外侧均具刚毛。

生态习性：广布种，从寒带到热带均可生存。常栖息于泥沙质底浅海，有时在潮间带附近活动。

地理分布：从渤海至南海北部沿岸；日本，美国海域。

参考文献：于海燕，2002。

图24　企氏外浪漂水虱 *Excirolana chiltoni* (Richardson, 1905)

东方外浪漂水虱
Excirolana orientalis (Dana, 1853)

同物异名：*Cirolana bombayensis* Joshi & Bal, 1959；*Cirolana orientalis* Dana, 1853

标本采集地：海南三亚。

形态特征：身体背部光滑，密布黑褐色斑纹。头部额角显著突出，将第 1 触角柄部分开。第 2～7 胸节底节板具隆线，第 2 胸节底节板后角圆滑，第 3 胸节底节板类似矩形，第 4～7 胸节底节板后角逐渐尖锐。第 1 腹节被第 7 胸节覆盖，第 3、4 腹节侧缘尖，第 5 腹节侧缘圆。腹尾节近中线处各有 1 大椭圆状凹陷，侧缘略向外凸起，无刚毛，腹尾节末端具刚毛，并有 2 个刺。大颚触须 3 节，切齿部具 3 个不等的齿。第 1 腹肢两肢细长，外肢略长于内肢，内、外肢均被有羽状刚毛，雄性附肢着生于第 2 腹肢内肢的亚基端，细长，略低于外肢。尾肢超出腹尾节末端，且外肢长于内肢，外肢外缘无刚毛或刺，内缘及内缘顶端被有刚毛及刺，内肢内缘布有刺和刚毛，外缘只有刚毛。

生态习性：热带种。栖息于热带和亚热带泥沙质底浅海及潮间带。

地理分布：海南岛；印度 - 西太平洋，马达加斯加，肯尼亚，菲律宾，马来西亚，昆士兰。

参考文献：于海燕，2002。

图 25　东方外浪漂水虱 *Excirolana orientalis* (Dana, 1853)

盖鳃水虱科 Idoteidae Samouelle, 1819
拟棒鞭水虱属 Cleantiella Richardson, 1912

近似拟棒鞭水虱
Cleantiella isopus (Miers, 1881)

同物异名： *Cleantis isopus* Miers, 1881
标本采集地： 海南东方。
形态特征： 体长 2～3cm。体扁平。前后宽度几乎相等。头部前缘中凹。底节板明显。腹部第 1 节分离，第 2、3 节在中央愈合，末端突出，呈钝三角形。第 1 触角柄短小，3 节；第 2 触角柄 5 节，棒状，向后可伸达第 3 胸节。步足 7 对，相似，末端具爪。体呈淡黄褐色，背面常有白斑。
生态习性： 广布种，从寒带到热带均可生存。一般在潮间带石块下或海藻间爬行生活。
地理分布： 从渤海至南海北部沿岸；世界性分布。
参考文献： 于海燕，2002。

图 26　近似拟棒鞭水虱 *Cleantiella isopus* (Miers, 1881)

海蟑螂科 Ligiidae Leach, 1814
海蟑螂属 *Ligia* Fabricius, 1798

海蟑螂
Ligia (*Megaligia*) *exotica* Roux, 1828

同物异名： *Ligia exotica* Roux, 1828；*Ligia olfersii* Brandt, 1833；*Ligia grandis* Perty, 1834；*Ligia gaudichaudii* Milne Edwards, 1840

标本采集地： 广东。

形态特征： 体椭圆形，头部短小。体宽约为长的1/2。复眼1对，黑色，斜向列生于头部前缘外侧。第1对触角不发达，第2对触角长鞭35～45节。胸部7节，第1～7的左、右后侧角渐次加强而尖削。每节有1对胸肢，适于爬行。腹部6节，第1、第2腹节小，第3～5腹节的后侧角尖削，腹肢叶片状。尾节后缘中央呈钝三角形。身体呈黑褐色或黄褐色，胸肢指节橘红色，末端爪黑色。

生态习性： 温带和热带种。生活于潮上带及高潮线附近，躲藏在岩石缝隙间，爬行迅速，以藻类及动物尸体为食。

地理分布： 从渤海至南海北部沿岸；世界性分布。

经济意义： 可入药。

参考文献： 董聿茂等，1991。

图27　海蟑螂 *Ligia* (*Megaligia*) *exotica* Roux, 1828

十足目 Decapoda
对虾科 Penaeidae Rafinesque, 1815

赤虾属 *Metapenaeopsis* Bouvier, 1905

须赤虾
Metapenaeopsis barbata (De Haan, 1844)

同物异名： *Parapenaeus akayebi* Rathbun, 1902；*Penaeus barbatus* De Haan, 1844

标本采集地： 南海北部。

形态特征： 眼大，眼柄短。体表被短毛。额角达或略超过第1触角柄的末端，头胸甲后缘附近有20～22个小脊排列成新月形的发音器。额角上缘6～7齿，下缘无齿。头胸甲具触角刺、颊刺、胃上刺和肝刺，眼上刺甚小。第1、第2步足具基节刺，5对步足均具外肢。第2～6腹节背面具纵脊，第5～6腹节末端突出成刺。尾节两侧具1对固定刺和3对活动刺。

生态习性： 温带和热带种。栖息于水深40m以上的外侧海区，底质为粉沙质软泥和黏土质软泥。5～8月出现较多。

地理分布： 东海，南海近岸海域；日本东南部，朝鲜半岛，马来西亚，印度尼西亚，菲律宾附近沿海。

经济意义： 肉质鲜美，经济种类。

参考文献： 董聿茂等，1991。

图 28　须赤虾 *Metapenaeopsis barbata* (De Haan, 1844)

高脊赤虾
Metapenaeopsis lamellata (De Haan, 1844)

同物异名： *Penaeus lamellatus* De Haan, 1844

标本采集地： 海南三亚。

形态特征： 身体有赤褐色的不规则斑纹，胸肢及腹肢呈红色。坚硬，体表密被短粗毛。眼大，眼柄短。额角短，头胸甲前方及额角背缘呈鸡冠状隆起。胃上刺和触角刺发达；眼眶刺、颊刺和肝刺较小。除触角脊外，其余沟脊不明显。第1、第2步足具基节刺，第4步足底节内侧具1个突起，5对步足均具外肢。第3～6腹节背面具明显纵脊，尾节两侧具1对固定刺和3对活动刺。

生态习性： 暖水性种类。栖息于硬底质海区30～200m的水域。

地理分布： 东海，南海近岸海域；日本南部，马来西亚，澳大利亚北部沿海。

经济意义： 可食用。

参考文献： 董聿茂等，1991。

图 29　高脊赤虾 *Metapenaeopsis lamellata* (De Haan, 1844)

对虾属 *Penaeus* Fabricius, 1798

印度对虾
Penaeus indicus H. Milne Edwards, 1837

同物异名： *Fenneropenaeus indicus* (H. Milne Edwards, 1837)；*Palaemon longicornis* Olivier, 1811；*Penaeus indicus longirostris* De Man, 1892

标本采集地： 广西北海。

形态特征： 体长约 12cm。甲壳表面较厚而坚硬，体表光滑。额角超过第 1 触角柄末端，上缘具 6 齿，其中 3 齿位于头胸甲上，下缘具 4 齿，额角基部不隆起成三角形。额角后脊延伸至头胸甲后缘附近，具胃上刺、触角刺和肝刺。尾节背面具中央沟，两侧缘无刺。体青色，尾肢末端红褐色，腹肢末端淡红色。

生态习性： 暖水种。栖息于水深 90m 左右的泥沙质海底。

地理分布： 东海，南海；印度，新加坡，印度尼西亚，斯里兰卡，东非，澳大利亚北部等附近海域及孟加拉湾、阿拉伯海等。

经济意义： 可食用。

参考文献： 董聿茂等，1991。

图 30　印度对虾 *Penaeus indicus* H. Milne Edwards, 1837

日本对虾
Penaeus japonicus Spence Bate, 1888

同物异名： *Marsupenaeus japonicus* (Spence Bate, 1888)；*Penaeus canaliculatus* var. *japonicus* Spence Bate, 1888

标本采集地： 广西北海。

形态特征： 身体具鲜明的暗棕色和土黄色相间的横斑纹，附肢黄色，尾肢末端为鲜艳的蓝色，缘毛红色。额角侧沟长，伸至头胸甲后缘附近；额角后脊伸至头胸甲后缘，具中央沟。第1、第2对步足具基节刺。第4～6腹节具背脊；尾节长于第6腹节，具中央沟。

生态习性： 温带和热带种。少量养殖，生活于砂、泥沙质底。摄食底栖生物，如双壳类、多毛类、小型甲壳动物等，兼食底层浮游生物和游泳动物。栖息于100m水深范围内的海域。

地理分布： 黄海南部到南海近岸海域；日本北海道以南，朝鲜半岛，菲律宾，泰国，印度尼西亚，新加坡，马来西亚，非洲东部，马达加斯加，红海，澳大利亚北部，斐济附近海域。

经济意义： 养殖经济种，肉鲜美，鲜食或做虾仁。

参考文献： 董聿茂等，1991。

图 31　日本对虾 *Penaeus japonicus* Spence Bate, 1888

斑节对虾
Penaeus monodon Fabricius, 1798

同物异名： *Penaeus bubulus* Kubo, 1949；*Penaeus caeruleus* Stebbing, 1905；*Penaeus carinatus* Dana, 1852；*Penaeus durbani* Stebbing, 1917；*Penaeus manilensis* Marion de Procé, 1822；*Penaeus semisulcatus* var. *exsulcatus* Hilgendorf, 1879

标本采集地： 广东湛江。

形态特征： 体长约30cm。体表光滑，壳稍厚。额角伸至第1触角柄末端，末端稍向上弯曲，上缘具6～8齿，下缘具2～4齿，额角后脊延伸至头胸甲后缘附近，额角侧沟伸至胃上刺下方，额角侧脊低而钝。腹部第4～6节背面中央具纵脊。尾节长于第6节，背面具中央沟，两侧缘无刺。体色由暗绿色、棕色横斑相间排列，腹肢基部外侧呈黄色。

生态习性： 温带和热带种。栖息于泥沙质海底，白天潜于泥沙内，夜间活动。幼虾喜生活在草丛中，成体在较深海中生活。食性广泛。

地理分布： 东海，南海，台湾海峡；非洲，印度，巴基斯坦，斯里兰卡，马来西亚，印度尼西亚，菲律宾，日本，澳大利亚北部等附近海域。

经济意义： 可食用。

参考文献： 宋海棠等，2006。

图 32　斑节对虾 *Penaeus monodon* Fabricius, 1798

长毛对虾
Penaeus penicillatus Alcock, 1905

同物异名：*Fenneropenaeus penicillatus* (Alcock, 1905)；*Penaeus indicus* var. *penicillatus* Alcock, 1905

标本采集地：海南三亚。

形态特征：体长 13～20cm。甲壳表面较薄，体表光滑。额角超过第 1 触角柄末端，上缘具 7～8 齿，下缘具 4～6 齿，额角基部显著隆起。额角后脊延伸至头胸甲后缘附近，具胃上刺、触角刺和肝刺，无肝脊。尾节背面具中央沟，两侧缘无刺。体蓝灰色，有棕色斑点，尾肢末端红褐色，腹肢末端淡红色。

生态习性：暖水种。栖息于水深 40m 以内的沙质海底。

地理分布：东海，南海近岸海域；印度，巴基斯坦，印度尼西亚，菲律宾附近海域及阿拉伯海等。

经济意义：可食用。

参考文献：宋海棠等，2006。

对虾属分种检索表

1. 额角侧沟浅，伸至胃上刺下方；无中央沟，无肝脊；生活时身体不具颜色斑纹 2
- 额角侧沟深，伸至胃上刺下方或向后方延伸；具中央沟，具肝脊；生活时身体具颜色斑纹 3
2. 额角基部背面隆起较低；雄性第 3 颚足指节为掌节的 1.5～2.7 倍 .... 长毛对虾 *P. penicillatus*
- 额角基部背面隆起较高；雄性第 3 颚足指节约与掌节等长 .... 印度对虾 *P. indicus*
3. 额角侧沟向后延伸至头胸甲后缘附近；具明显的额胃脊 .... 日本对虾 *P. japonicus*
- 额角侧沟向后延伸至胃上刺下方；不具额胃脊 .... 斑节对虾 *P. monodon*

图 33　长毛对虾 *Penaeus penicillatus* Alcock, 1905

管鞭虾科 Solenoceridae Wood-Mason in Wood-Mason & Alcock, 1891
管鞭虾属 *Solenocera* Lucas, 1849

高脊管鞭虾
Solenocera alticarinata Kubo, 1949

标本采集地： 海南三亚。

形态特征： 体长 7～11cm。甲壳表面光滑。额角短，平直，不达眼的末端。额角齿式 7～8/0。额角后脊显著突起，呈薄片状，延伸至头胸甲后缘，近末端处向下弯曲。额角后脊与颈沟交会处有 1 缺刻。尾节背面中央具纵沟，侧缘近末端有 1 对固定刺。身体呈橙红色，腹肢基部白色，第 2 触角鞭红白相间。

生态习性： 高温高盐种。栖息于水深 50～100m 的海底。

地理分布： 东海，南海，台湾海域等；日本，菲律宾附近海域。

经济意义： 肉质鲜美，经济种。

参考文献： 宋海棠等，2006。

图 34　高脊管鞭虾 *Solenocera alticarinata* Kubo, 1949

大管鞭虾
Solenocera melantho De Man, 1907

同物异名： *Solenocera prominentis* Kubo, 1949

标本采集地： 广西北海。

形态特征： 体长 6 ～ 12cm。甲壳表面光滑。额角较短，不达眼的末端。额角齿式 8/0。额角后脊明显，延伸至头胸甲后缘，额角后脊与颈沟交会处无缺刻。尾节背面中央具纵沟，侧缘近末端有 1 对固定刺。身体呈橙红色，腹肢基部白色，第 2 触角鞭红白相间。

生态习性： 高温高盐种。栖息于水深 60 ～ 250m 的海底。

地理分布： 东海，南海，台湾海域等；日本，印度尼西亚，菲律宾，韩国等附近海域。

经济意义： 可食用。

参考文献： 宋海棠等，2006。

图 35　大管鞭虾 *Solenocera melantho* De Man, 1907

鼓虾科 Alpheidae Rafinesque, 1815
鼓虾属 *Alpheus* Fabricius, 1798

双凹鼓虾
Alpheus bisincisus De Haan, 1849

同物异名： *Alpheus bis-incisus* De Haan, 1849；*Alpheus bisincisus malensis* Coutière, 1905；*Alpheus bis-incisus* var. *malensis* Coutière, 1905；*Alpheus bis-incisus* var. *stylirostris* Coutière, 1905；*Alpheus bisincisus* var. *variabilis* De Man, 1909

标本采集地： 海南三亚。

形态特征： 头胸甲光滑，具眼罩，具心侧缺刻；额角较大，锐三角形，几乎伸至第1触角柄第1节近末缘，额角背面平扁，两侧具明显沟，背面观额角悬于沟上。第1触角柄长，几乎伸至触角鳞片侧刺末端，柄刺宽阔，末端尖锐，伸至第1节末端。第1步足左右不对称；大螯长为宽的2.4～2.5倍，指节长于掌节的1/3，短于其1/2，掌部上缘具浅横沟，横沟向两侧延伸分别形成浅的近三角形和近四边形凹陷；掌上缘近侧的肩稍尖而突出，远侧的肩不突出，圆润；掌下缘具明显缺刻，稍向两侧延伸，其肩部尖；长节末端具1齿。小螯雌雄异形；雄性小螯细长，长度约为宽的4倍，指节约为掌节的1/2。雌性小螯指节稍长于掌节的1/2，不具刚毛环。第2步足腕节具5亚节，近身第1亚节长度最长。后3对步足形态相似；第3步足座节具1刺，长节无刺，指节简单，单爪状，约为掌节长度的1/3。尾节具2对背侧刺，2对后缘刺，末缘稍圆润。

生态习性： 热带和温带种。常栖息于潮间带到潮下带的浅海海域，较常发现于珊瑚砾石中。

地理分布： 黄海，东海，南海近岸海域；马尔代夫，拉克代夫群岛，斯里兰卡，印度尼西亚，新加坡，日本等印度-西太平洋海域。

参考文献： 崔冬玲，2015。

图 36 双凹鼓虾 *Alpheus bisincisus* De Haan, 1849

艾德华鼓虾
Alpheus edwardsii (Audouin, 1826)

同物异名： *Alpheus audouini* Coutière, 1905；*Athanas edwardsii* Audouin, 1826

标本采集地： 海南三亚。

形态特征： 头胸甲光滑，具眼罩，具心侧缺刻；额角刺状，几乎伸至第 1 触角柄第 1 节末缘；额脊短，额角基部不具浅沟。第 1 触角柄不超过触角鳞片末缘，柄刺尖锐，伸至但未超出第 1 节末端。触角鳞片侧刺发达，超出触角鳞片叶片部分；柄腕长，明显超过第 1 触角柄末端。第 3 颚足具外肢。第 1 步足左右不对称。大螯长为宽的 2.1～2.3 倍，指节约为掌节长的 1/3；掌上缘具 1 横沟，其近端的肩明显突出，其远端的肩不突出；横沟向两面延伸分别形成三角形和四边形的凹陷；掌下缘具缺刻，缺刻近端的肩稍突出；大螯长节内下缘末端具 1 齿。小螯雌雄异形。雄性小螯细长，长为宽的 4 倍左右，指节约为掌节长的 4/5，掌上缘具 1 浅横沟，指节具刚毛环；长节内下缘末端具 1 齿。雌性小螯细长，指节约为掌节的 1/2，掌上缘仅具极浅的凹陷，指节不具刚毛环。第 2 步足腕节具 5 亚节，近身第 1 亚节最长。后 3 对步足相似；第 3 步足座节具 1 刺；长节无刺；指节简单，单爪状，长度约为掌节的 1/3。尾节具 2 对背侧刺，2 对后缘刺，末缘圆润。

生态习性： 热带和温带种。常栖息于潮间带到潮下带的浅海海域。

地理分布： 南海，台湾近岸海域；红海，澳大利亚，泰国等印度 - 西太平洋海域。

参考文献： 崔冬玲，2015。

图 37　艾德华鼓虾 *Alpheus edwardsii* (Audouin, 1826)

艾勒鼓虾
Alpheus ehlersii De Man, 1909

标本采集地： 海南三亚。

形态特征： 头胸甲光滑，具眼罩，具心侧缺刻；额角刺状，末端尖锐，未伸至第 1 触角柄第 1 节末缘；额脊较圆润，额角基部浅沟不明显。第 1 触角柄稍超过触角鳞片叶片末端，但未超出触角鳞片侧刺末缘，柄刺末端尖锐，稍超出第 1 触角柄第 1 节末端。触角鳞片侧刺发达，超出触角鳞片叶片部分；柄腕长，超过第 1 触角柄末端。第 3 颚足具外肢，近身第 1 节腹侧具纵脊。第 1 步足左右不对称。大螯较平扁，长为宽的 2.6～2.8 倍，指节约为掌节长的 1/4；掌上缘具 1 很浅的横沟，掌下缘横沟对侧具轻微缢缩，掌部侧面外下缘具纵凹陷；大螯长节内下缘具 3～7 刺，其末端具 1 小齿。小螯雌雄同形，长度为宽度的 4 倍左右，指节约为掌节长度的 1/2，长节内下缘具 3～5 齿，末端具 1 尖锐刺。第 2 步足腕节具 5 亚节，近身第 1 亚节最长。后 3 对步足形态相似；第 3 步足座节、长节及腕节均无刺；指节简单，单爪状，长度约为掌节的 1/3。尾节具 2 对背侧刺，2 对后缘刺，末缘圆润。

生态习性： 热带种。常栖息于潮间带到潮下带的浅海海域。

地理分布： 南海近岸海域；菲律宾，泰国，马绍尔群岛，雅加达湾，汤加，萨摩亚群岛，以色列，菲尼克斯等海域。

参考文献： 崔冬玲，2015。

图 38　艾勒鼓虾 *Alpheus ehlersii* De Man, 1909

纤细鼓虾
Alpheus gracilis Heller, 1861

同物异名：*Alpheus gracilis* var. *alluaudi* Coutière, 1905；*Alpheus gracilis* var. *luciparensis* De Man, 1911；*Crangon gracilis* (Heller, 1861)；*Crangon gracilis* var. *simplex* Banner, 1953

标本采集地：海南三亚。

形态特征：头胸甲光滑，具眼罩，具心侧缺刻。额角无额脊，尖锐，末端稍超出第1触角柄第1节中部。眼罩具眼刺。第1触角柄柄刺伸至第1触角柄第2节中部。触角鳞片侧刺超过第1触角柄末端。第3颚足末节顶端有小的刷状毛。第1步足左右不对称；大螯平扁，长为宽的2.3～2.6倍，可动指约为螯长的1/3；上缘具浅的横凹陷；掌下缘与该凹陷相对，具浅的缢缩，指节末端圆；长节上缘末端突出，下缘具3～5刺，末端具1尖齿。小螯雌雄同形，长为宽的4.4～4.7倍，掌部指关节基部有1齿。第2步足腕节具5亚节，近身第1亚节最长；后3对步足相似；第3步足座节与长节无刺，指节细长，约为掌节长的1/3，末端有时具缺刻而呈双爪状。尾节长约为后宽的2.5倍，具2对背侧刺，2对后缘刺，末缘平直。

生态习性：热带种。常常生活于珊瑚礁和海藻床区域。

地理分布：南海近岸海域；红海，南非东部，印度尼西亚，泰国，越南，菲律宾，澳大利亚，日本，夏威夷群岛，社会群岛等海域。

参考文献：崔冬玲，2015。

图 39　纤细鼓虾 *Alpheus gracilis* Heller, 1861

快马鼓虾
Alpheus hippothoe De Man, 1888

标本采集地： 海南三亚。

形态特征： 头胸甲光滑，具眼罩，具心侧缺刻；额角锐三角形，不超出第 1 触角柄第 1 节末端。第 1 触角柄长，稍超出触角鳞片叶片末缘；柄刺尖锐，伸至或稍超出第 1 触角第 1 节末端。触角鳞片外缘向内弯曲，侧刺发达，超出第 1 触角柄末端。第 3 颚足正常，外肢长，超出第 3 颚足近身第 1 节末缘。第 1 步足左右不对称。大螯长为宽的 2.2～2.4 倍，指节约为掌节长度的 1/3；掌部上缘具横沟，横沟向两侧延伸分别形成近三角形和四边形凹陷，横沟近端的肩明显突出，远端的肩圆不突出；掌下缘的肩不突出，与掌部形成直角，下缘具缺刻。小螯长约为宽的 3 倍，指节约为掌节长度的 1/2。第 2 步足腕节具 5 亚节，近身第 1 亚节长度最长。后 3 对步足形态相似；第 3 步足座节具 1 刺，长节下缘近末端具 1 齿，指节简单，单爪状。尾节具 2 对背侧刺，2 对后缘刺，末缘稍圆润。

生态习性： 热带种。一般栖息于珊瑚礁石的空隙内。

地理分布： 南海近岸海域；马来西亚，印度尼西亚，缅甸，菲律宾，斐济，汤加等印度 - 西太平洋热带及亚热带浅海和红海海域。

参考文献： 崔冬玲，2015。

图 40 快马鼓虾 *Alpheus hippothoe* De Man, 1888

叶齿鼓虾
Alpheus lobidens De Haan, 1849

同物异名：*Alpheus crassimanus* Heller, 1862；*Alpheus lobidens polynesica* Banner & Banner, 1975

标本采集地：海南东方。

形态特征：头胸甲光滑，具眼罩，具心侧缺刻；额角较小，三角形，超出第 1 触角柄第 1 节中部，额角两侧具浅沟，额脊不明显。第 1 触角柄几乎伸至触角鳞片叶片部分末缘；柄刺末端尖锐，稍微超出第 1 触角柄第 1 节末缘。触角鳞片外侧缘稍微内凹，侧刺发达。第 3 颚足具外肢，外肢明显超出近身第 1 节末缘。第 1 步足左右对称；大螯长为宽的 2.3～2.5 倍，指节稍短于掌节长度的 1/2，掌上缘具横沟，横沟近端和远端的肩均不突出，横沟向两侧延伸分别形成三角形和四边形凹陷；掌下缘具缺刻，稍向两侧延伸，其肩部圆润；长节近末端具 1 齿。小螯雌雄异形。雄性小螯长为宽的 3.3～3.5 倍，指节约为掌节长度的 1/2，掌部缺刻、沟纹与大螯类似，但较浅。雌性小螯长为宽的 4.3～4.5 倍，指节不具刚毛环，掌部的缺刻仅具痕迹。第 2 步足腕节具 5 亚节，近身第 1 亚节长度最长。后 3 对步足形态相似；第 3 步足座节具 1 刺，长节无刺，指节简单，单爪状，长度约为掌节长度的 1/3。尾节具 2 对背侧刺，2 对后缘刺，末缘稍圆润。

生态习性：热带和温带种。常栖息于潮间带到潮下带的浅海海域，较常发现于潮间带及红树林泥水洼中。

地理分布：从渤海至南海沿岸海域；从红海到夏威夷群岛的印度 - 西太平洋海域。

参考文献：崔冬玲，2015。

图 41　叶齿鼓虾 *Alpheus lobidens* De Haan, 1849

珊瑚鼓虾
Alpheus lottini Guérin, 1829

同物异名：*Alpheus laevis* Randall, 1840；*Alpheus rouxii* Guérin-Méneville, 1857；*Alpheus sublucanus* (Forskål, 1775)；*Alpheus thetis* White, 1847；*Alpheus ventrosus* H. Milne Edwards, 1837；*Cancer sublucanus* Forskål, 1775；*Crangon latipes* Banner, 1953

标本采集地：海南三亚。

形态特征：头胸甲光滑，具眼罩，具心侧缺刻。额角长三角形，刺状，伸至或稍超过第 1 触角柄第 1 节末缘，两侧有深纵沟，向后延伸至眼罩基部。第 1 触角柄柄刺发达，伸至第 2 节中部。触角鳞片宽大，侧刺明显超过第 1 触角柄末端。第 3 颚足第 1 节与第 2 节下缘具刺。第 1 步足左右不对称；大螯光滑侧扁，无沟无脊，长为宽的 2.4～2.6 倍，雄性指节约为掌长的 1/2，末端钝圆；雌性指节约为掌长的 2/5；长节下缘具 4～6 刺，上缘和内下缘末端突出。小螯约与大螯等长，螯长约为宽的 3 倍，掌部内侧具 1 钝齿，指节约与掌等长，末端弯曲，长节上缘末端钝尖，内下缘有 4～5 小刺。第 2 步足腕节粗短，5 亚节，近身第 1 亚节最长。后 3 对步足形态相似；第 3 步足粗壮，座节具 1 刺；长节宽，无刺，指节粗钝，侧扁，内面有粗纵脊延至末端，末端下面有柔软的几丁质，非常独特。尾节具 2 对背侧刺，2 对后缘刺，末缘较平直。

生态习性：热带种。栖息于珊瑚礁。

地理分布：主要分布于南海近岸海域；广泛分布于印度 - 西太平洋海域、印度洋西部，太平洋东部也有分布。

参考文献：崔冬玲，2015。

图 42　珊瑚鼓虾 *Alpheus lottini* Guérin, 1829

太平鼓虾
Alpheus pacificus Dana, 1852

同物异名： *Alpheus gracilidigitus* Miers, 1884

标本采集地： 海南三亚。

形态特征： 头胸甲光滑，具眼罩，具心侧缺刻；额角锐三角形，几乎伸至第 1 触角柄第 1 节末缘，额角两侧具很浅的沟，额脊不明显。第 1 触角柄较长，超出触角鳞片叶片部分末缘，但未超出其侧刺末缘；柄刺圆叶形，末端尖锐，伸至第 1 触角柄第 1 节末缘。触角鳞片外侧缘内凹，侧刺十分发达。第 3 颚足具外肢，外肢伸至近身第 1 节末缘。第 1 步足左右对称；大螯长为宽的 2.1～2.2 倍，指节稍短于掌节长度的 1/2，掌上缘具横沟，横沟近端的肩突出，而远端的肩不突出，横沟向两侧延伸分别形成三角形和四边形凹陷；掌下缘具深缺刻，稍向两侧延伸，其肩部略向前倾斜；长节近末端不具明显齿。小螯雌雄异形。雄性小螯细长，长约为宽的 4 倍，指节约为掌节长度的 2/3，掌部下缘具不明显的肩，可动指与不动指均细长，指节近铰合处切面具 2 个脊状突起，其中靠外侧的突起较大，指节不具刚毛环。雌性小螯较雄性小，指节切面不具突起，散布长刚毛。第 2 步足腕节具 5 亚节，其中近身第 1 亚节长度最长。后 3 对步足形态相似；第 3 步足座节具 1 刺，长节无刺，指节简单，单爪状，长度约为掌节长度的 1/3。尾节具 2 对背侧刺，2 对后缘刺，末缘稍弓。

生态习性： 热带种。较常发现于珊瑚礁及海草床。

地理分布： 南海近岸海域；红海到夏威夷群岛的印度 - 西太平洋地区。

参考文献： 崔冬玲，2015。

图 43 太平鼓虾 *Alpheus pacificus* Dana, 1852

细角鼓虾
Alpheus parvirostris Dana, 1852

同物异名：*Alpheus braschi* Boone, 1935；*Alpheus euchiroides* Nobili, 1906；*Alpheus lineifer* Miers, 1875；*Alpheus parvirostris* Dana, 1852；*Cancer hassoni* Curtiss, 1944

标本采集地：海南三亚。

形态特征：头胸甲光滑，具眼罩，具心侧缺刻；额角长锐刺状，几乎伸至第 1 触角柄第 1 节末缘；额脊明显，伸至眼罩后缘，侧沟浅。第 1 触角柄几乎伸至触角鳞片叶片末缘，柄刺末端尖锐，稍超出第 1 触角柄第 1 节末端。触角鳞片侧刺发达，超出触角鳞片叶片部分，外缘明显内凹，第 2 触角基节侧刺发达，明显超出第 1 触角柄第 1 节；柄腕长，超过第 1 触角柄末端。第 3 颚足具外肢。第 1 步足左右不对称。大螯较侧扁，长为宽的 2.4～2.6 倍，指节约为掌节长的 1/3；掌上缘近指关节基部具 1 窄而深的横沟，掌外侧面具 1 纵向窄沟，独立于掌上缘的横沟，掌下缘肩部陡峭；大螯长节内下缘具 2～3 刺，其中近末端的 1 齿最为强大。小螯长为宽的 3 倍左右，指节稍长于掌节长的 1/2，掌部近指关节处具尖锐刺或齿；腕节杯状，远侧角具 1 强齿。第 2 步足腕节具 5 亚节，近身第 1 亚节最长。后 3 对步足形态相似；第 3 步足座节具 1 刺，长节末端侧缘具 1 或 0 刺；指节简单，单爪状，长约为掌节的 1/4。尾节具 2 对背侧刺，2 对后缘刺，末缘圆润。

生态习性：热带种。常栖息于潮间带到潮下带的浅海海域。

地理分布：南海近岸海域；从红海、南非向东至社会群岛的印度 - 太平洋海域。

参考文献：崔冬玲，2015。

图 44 细角鼓虾 *Alpheus parvirostris* Dana, 1852

蓝螯鼓虾
Alpheus serenei Tiwari, 1964

标本采集地：海南临高。

形态特征：头胸甲光滑，具眼罩，具心侧缺刻；额角锐三角形，超出第 1 触角柄第 1 节中部，额角基部具浅沟，额脊明显，向后伸至头胸甲中部。第 1 触角柄长，长度长于触角鳞片叶片、短于触角鳞片侧刺；柄刺尖锐，伸至或稍微超出第 1 触角柄第 1 节末缘。触角鳞片外侧缘稍微内凹，侧刺发达。第 3 颚足具外肢，外肢伸至近身第 1 节末缘。第 1 步足左右不对称；大螯近长方形，长约为宽的 2.4 倍，指节约为掌节的 1/3，掌部上缘具明显横沟，横沟向两侧延伸分别形成三角形和四边形凹陷，横沟近端的肩明显突出，悬于沟上，远端的肩不突出，圆润；长节内下缘末端具 1 齿。雄性小螯长为宽的 3.5～3.7 倍，指节约为掌长的 1/2，掌部无缺刻，指节具类似刚毛环的 1 列刚毛。雌性小螯与雄性相似，但指节的内侧面不具 1 列刚毛。第 2 步足腕节 5 亚节，近身第 1 亚节最长。后 3 对步足形态相似；第 3 步足座节具 1 刺，长节近末端具 1 尖齿，指节短，单爪状或具细微缺刻。尾节具 2 对背侧刺，2 对后缘刺，末缘近平直。

生态习性：热带种。常栖息于潮间带到潮下带的浅海海域，较常发现于珊瑚砾石中。

地理分布：南海近岸海域；印度尼西亚，新加坡，泰国湾，越南，菲律宾，澳大利亚等印度 - 西太平洋及红海海域。

参考文献：崔冬玲，2015。

图 45　蓝螯鼓虾 *Alpheus serenei* Tiwari, 1964

鼓虾属分种检索表

1. 大螯掌部基部的鞍或横沟扩展至相连的两面，呈三角形或四边形凹陷 2
 - 大螯掌部基部的鞍或横沟未扩展至相连的两面 8
2. 雄性小螯指节切面具 2 个脊 .... 太平鼓虾 *A. pacificus*
 - 雄性小螯指节切面不具 2 个脊 3
3. 第 2 触角鳞片基节腹缘侧刺长，超出第 1 触角柄第 1 节末端 .... 细角鼓虾 *A. parvirostris*
 - 第 2 触角鳞片基节腹缘侧刺短，未超出第 1 触角柄第 1 节末端 4
4. 第 3 步足长节下缘末端具 1 齿 5
 - 第 3 步足长节下缘末端不具齿 6
5. 雄性小螯指节具类似刚毛环的 1 列刚毛；雌性指节的内侧面不具 1 列刚毛，而具 1 倾斜的脊
 .... 蓝螯鼓虾 *A. serenei*
 - 雄性小螯指节不具类似刚毛环的 1 列刚毛；雌性指节不具 1 倾斜的脊 ...... 快马鼓虾 *A. hippothoe*
6. 大螯掌部上缘的肩不突出 .... 叶齿鼓虾 *A. lobidens*
 - 大螯掌部上缘的肩突出 7
7. 额角尖锐，背面扁平，悬于侧沟上 .... 双凹鼓虾 *A. bisincisus*
 - 额角不悬于侧沟上 .... 艾德华鼓虾 *A. edwardsii*
8. 大螯掌部无纵沟 .... 艾勒鼓虾 *A. ehlersii*
 - 大螯掌部无横沟 9
9. 第 3 颚足第 1 节与第 2 节下缘具刺 .... 珊瑚鼓虾 *A. lottini*
 - 第 3 颚足第 1 节与第 2 节下缘不具刺 .... 纤细鼓虾 *A. gracilis*

合鼓虾属 *Synalpheus* Spence Bate, 1888

幂河合鼓虾
Synalpheus charon (Heller, 1861)

同物异名： *Alpheus charon* Heller, 1861；*Alpheus prolificus* Spence Bate, 1888；*Synalpheus charon obscurus* Banner, 1956；*Synalpheus helleri* De Man, 1911

标本采集地： 海南三亚。

形态特征： 头胸甲光滑，具眼罩，具心侧缺刻，具颊刺（或颊角）；额角长锐角状，几乎伸至第1触角柄第1节末缘；眼罩前端突出，近锐角状，明显短于额角，颊角明显突出，末端圆。第1触角柄粗壮，几乎伸至触角鳞片叶片末缘，柄刺长，近长锐三角形，末端尖锐，明显超出第1触角柄第2节中部。触角鳞片叶片较宽，末缘圆润，侧刺发达，末端尖锐；第2触角柄基节不具上刺，侧刺稍短于柄刺。第3颚足具外肢，外肢未伸至近身第3节末缘。第1步足左右不对称；大螯座节短粗；长节上缘末端突出，呈三角形尖齿状；腕节杯状；螯部圆润，近圆锥形，指节约为掌节长度的1/3，掌节近关节处上缘具1小角状突出。小螯小于大螯；掌部不具突起，指节锥形。第2步足腕节具5亚节，其中近身第1亚节最长。后3对步足形态相似；第3步足粗短，指节约为掌节的2/5，双爪状。尾节背缘具2对活动刺，末缘具2对刺，内侧的刺较大，两侧角不突出为尖齿状，末缘中间强烈突出。

生态习性： 热带种。栖息于热带浅海海域的珊瑚礁中。

地理分布： 南海近岸海域；从南非到澳大利亚及太平洋诸岛。

参考文献： 王艳荣，2017。

图 46　幂河合鼓虾 *Synalpheus charon* (Heller, 1861)

冠掌合鼓虾
Synalpheus lophodactylus Coutière, 1908

标本采集地： 海南三亚。

形态特征： 头胸甲光滑，具眼罩，具心侧缺刻，具颊刺（或颊角）；额角细长，末端圆润，几乎伸至第 1 触角柄第 1 节末缘；眼罩前端突出，近锐角状，略短于额角，颊角短钝，末缘尖。第 1 触角柄粗壮，伸至或稍超出触角鳞片侧刺末缘，柄刺近三角形，末端尖锐，伸至第 1 触角柄第 1 节末缘。触角鳞片叶片较窄，侧刺发达，第 2 触角柄基节不具上刺，侧刺长于柄刺。第 3 颚足具外肢，外肢未伸至近身第 3 节末缘。第 1 步足左右不对称；大螯座节粗短；长节上缘末端不突出为三角形尖齿；腕节杯状；螯部近圆锥形，指节稍长于掌节 1/2，掌节近关节处上缘具角状突出。小螯明显小于大螯；掌部不具突起，指节锥形。第 2 步足腕节具 5 亚节，其中近身第 1 亚节最长。后 3 对步足形态相似；第 3 步足粗短，指节约为掌节的 1/5，双爪状。尾节背缘具 2 对活动刺，末缘具 2 对刺，内侧的刺较大，两侧角突出为尖齿状，末缘稍平直，中间较为突出。

生态习性： 热带种。栖息于热带浅海海域的珊瑚礁中。

地理分布： 南海近岸海域；澳大利亚、马尔代夫群岛等海域。

参考文献： 王艳荣，2017。

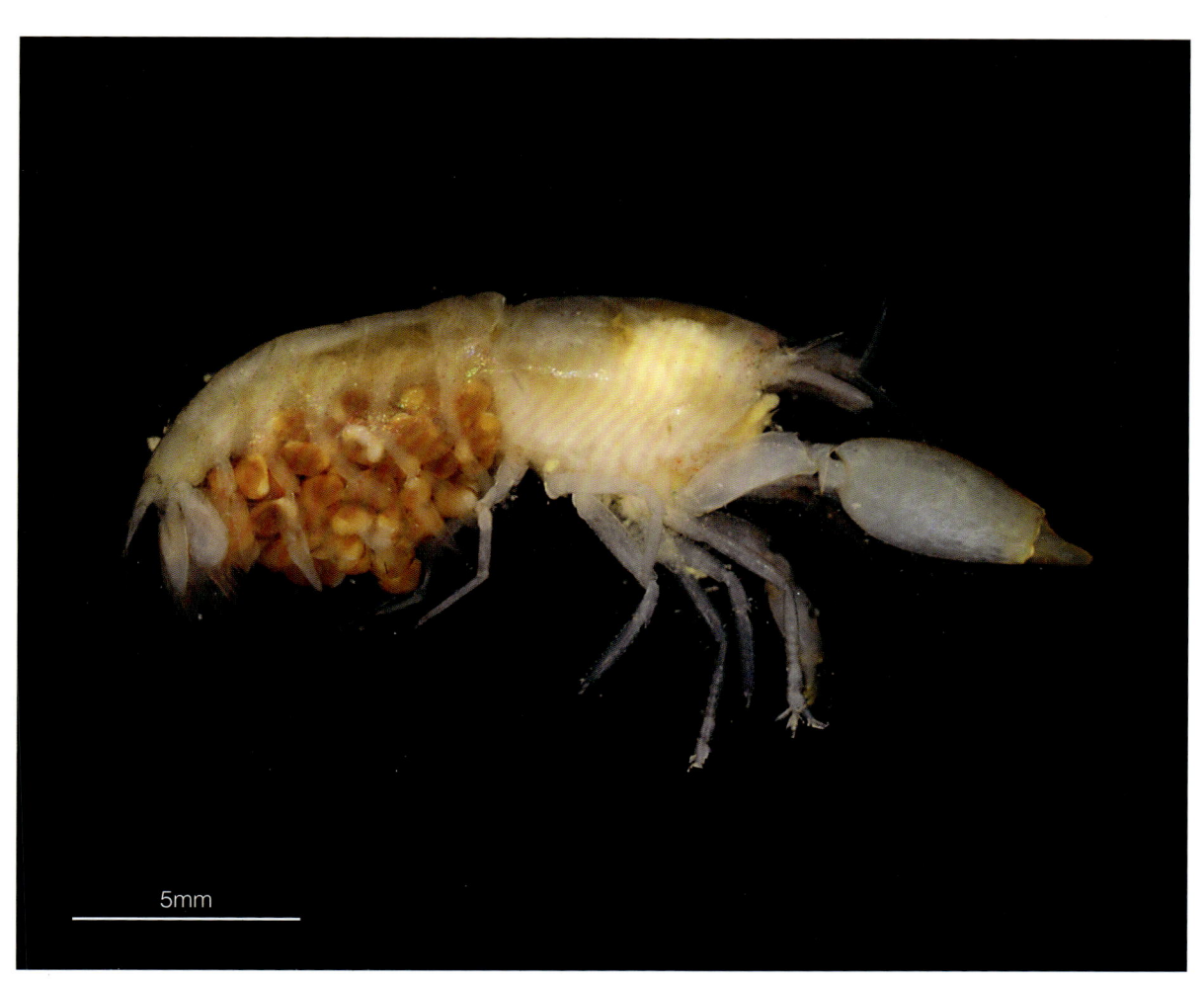

图 47 冠掌合鼓虾 *Synalpheus lophodactylus* Coutière, 1908

次新合鼓虾
Synalpheus paraneomeris Coutière, 1905

同物异名： *Synalpheus paraneomeris* Coutière, 1899；*Synalpheus paraneomeris oxyceros* Coutière, 1909；*Synalpheus paraneomeris prolatus* Coutière, 1909；*Synalpheus paraneomeris* var. *halmaherensis* De Man, 1909；*Synalpheus paraneomeris* var. *praedabunda* De Man, 1909；*Synalpheus paraneomeris* var. *praslini* Coutière, 1921；*Synalpheus paraneomeris* var. *prolatus* De Man, 1911；*Synalpheus paraneomeris* var. *seychellensis* Coutière, 1921；*Synalpheus sluiteri* De Man, 1920

标本采集地： 海南三亚。

形态特征： 头胸甲光滑，具眼罩，具心侧缺刻，具颊刺（或颊角）；额角长锐角状，末伸至第1触角柄第1节末缘；眼罩前端突出，近角状，明显短于额角，颊角突出，末端尖锐。第1触角柄粗壮，稍微超出触角鳞片叶片末缘，柄刺长，近长锐三角形，末端尖锐，稍微超出第1触角柄第2节中部。触角鳞片叶片窄，末缘圆润，侧刺强大，末端尖锐；第2触角柄基节不具上刺，侧刺短于柄刺。第3颚足具外肢，外肢末伸至近身第3节末缘。第1步足左右不对称；大螯座节短粗；长节上缘末端突出，呈三角形尖齿状；腕节杯状；螯部平滑圆润，近圆锥形，指节约为掌节长度的1/4，掌节近指关节处上缘具微弱小角状突起。小螯小于大螯；掌部不具突起，指节锥形。第2步足腕节具5亚节，其中近身第1亚节最长。后3对步足形态相似；第3步足粗短，指节约为掌节的1/4，双爪状。尾节背缘具2对活动刺，末缘具2对刺，内侧的刺较大，两侧角突出为尖齿状，末缘中间强烈突出。

生态习性： 热带种。栖息于热带浅海海域的珊瑚礁中。

地理分布： 南海近岸海域；印度尼西亚，马尔代夫，日本，菲律宾，澳大利亚，斐济群岛，夏威夷群岛等海域。

参考文献： 王艳荣，2017。

图 48　次新合鼓虾 *Synalpheus paraneomeris* Coutière, 1905

瘤掌合鼓虾
Synalpheus tumidomanus (Paulson, 1875)

同物异名： *Alpheus tumidomanus* Paulson, 1875；*Alpheus tumido-manus* Paulson, 1875；*Alpheus tumidomanus* var. *gracilimanus* Paulson, 1875；*Alpheus tumido-manus* var. *gracili-manus* Paulson, 1875；*Synalpheus anisocheir* Stebbing, 1915；*Synalpheus hululensis* Coutière, 1908；*Synalpheus japonicus* Yokoya, 1936；*Synalpheus maccullochi* Coutière, 1908；*Synalpheus mac-cullochi* Coutière, 1908；*Synalpheus Theophane* De Man, 1910；*Synalpheus tumidomanus tumidomanus* (Paulson, 1875)；*Synalpheus tumidomanus* var. *exilimanus* Coutière, 1909

标本采集地： 海南三亚。

形态特征： 头胸甲光滑，具眼罩，具心侧缺刻，具颊角；额角细长，末端稍尖，几乎伸至第 1 触角柄第 1 节末缘；眼罩前端突出，近锐角状，略短于额角，颊角短钝。第 1 触角柄细长，稍超出触角鳞片叶片部分末缘，柄刺锐角状，末端尖，约伸至第 1 触角柄第 2 节中部。第 2 触角柄侧刺短于柄刺，触角鳞片窄，外侧缘平直，侧刺发达。第 3 颚足具外肢，外肢几乎伸至内肢近身第 1 节的末缘。第 1 步足左右不对称；大螯座节粗短；长节上缘末端突出为三角形尖齿；腕节杯状；指节长度约为掌节的 1/3，掌节上缘近指节基部具强齿。小螯明显小于大螯，掌部不具强齿；指节圆锥状，闭合时相互交叉。第 2 步足腕节具 5 亚节，近身第 1 亚节最长。后 3 对步足形态相似；第 3 步足粗短，长节略长于掌节，指节长度约为掌节的 1/4，双爪状。尾节背缘具 2 对活动刺，末缘具 2 对刺，内侧的刺较大，两侧角突出为尖齿状，末缘平直，中间稍微突出。

生态习性： 热带种。栖息于热带浅海海域的珊瑚礁中。

地理分布： 南海近岸海域；印度 - 西太平洋热带浅海海域。

参考文献： 王艳荣，2017。

图 49　瘤掌合鼓虾 *Synalpheus tumidomanus* (Paulson, 1875)

合鼓虾属分种检索表

1. 小螯可动指上缘具成排的长刚毛 .... 冠掌合鼓虾 *S. lophodactylus*
 - 小螯可动指上具刚毛，但非排状 2
2. 尾节后缘两侧不突出为尖齿状 .... 幂河合鼓虾 *S. charon*
 - 尾节后缘两侧突出成尖齿状 3
3. 第 3 步足指节上爪长大于下爪 .... 瘤掌合鼓虾 *S. tumidomanus*
 - 第 3 步足指节上爪约短于或等长于下爪 .... 次新合鼓虾 *S. paraneomeris*

藻虾科 Hippolytidae Spence Bate, 1888
藻虾属 *Hippolyte* Leach, 1814

褐藻虾
Hippolyte ventricosa H. Milne Edwards, 1837

同物异名： Hippolyte ventricosus H. Milne Edwards, 1837; Virbius mossambicus Hilgendorf, 1879

标本采集地： 海南三亚。

形态特征： 额角长度略短于头胸甲长度，背缘中后部着生 0～1 齿，腹缘前半部着生 3～5 齿。头胸甲具尖锐的眼上刺、触角刺和鳃甲刺，不具颊刺。腹部光滑，第 3 腹节膝状弯曲；第 4、第 5 腹节侧甲后下缘圆滑；尾节稍短于尾肢，背面等距离着生 2 对刺，尖端着生 4 对刺。眼长圆筒形，眼角膜短于眼柄。第 1 触角柄未延伸至额角尖端，基节长，末端着生有强壮的外缘侧刺；第 1 触角柄刺长，未延伸至触角柄基节末缘。第 2 触角鳞片延伸至或稍超出额角尖端，长为宽的 3.0～3.5 倍；薄片部分超出外缘末端刺。第 3 颚足延伸至第 1 触角柄末端，具外肢；末节平扁，末端着生 10～12 个尖锐角质刺。第 1 步足短，未延伸至触角柄末端。第 2 步足延伸至或稍超出第 1 触角柄末端，腕节分为 3 亚节，座节稍短于长节。后 3 对步足构造近似，但雌雄个体的指节和掌节表现出明显的性状差异。雌性个体第 3 步足指节超出第 2 触角鳞片末缘；指节具 13～16 刺；腕节近身端外侧具 1 尖锐活动刺；长节长于腕节，外缘具 2 个或 3 个尖锐侧刺。雄性个体后 3 对步足指节和掌节呈现不同程度的"亚螯状"，其中第 3 步足最为明显。全身褐色或亮绿色。

生态习性： 热带种。常栖息于热带及亚热带的海藻床或海草床中。

地理分布： 南海近岸海域；红海和莫桑比克，非洲东南部，马达加斯加，印度南部，安达曼群岛，新加坡，日本，菲律宾，印度尼西亚和大堡礁，新南威尔士和南澳大利亚，以及夏威夷沿岸和近海地区。

参考文献： 许鹏，2014。

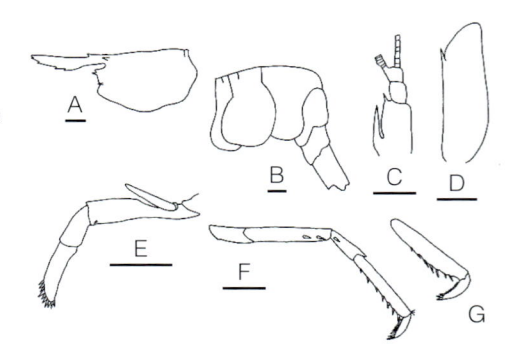

图 50-1　褐藻虾 *Hippolyte ventricosa* H. Milne Edwards, 1837（引自许鹏，2014）
A. 头胸甲及额角，侧视图；B. 腹节侧甲，侧视图；
C. 第 1 触角柄，背视图；D. 第 2 触角鳞片，背视图；
E. 第 3 颚足，侧视图；F. 雌性个体第 3 步足，侧视图；
G. 雄性个体第 3 步足的指节和掌节，侧视图
比例尺：1mm

图 50-2　褐藻虾 *Hippolyte ventricosa* H. Milne Edwards, 1837（引自许鹏，2014）

深额虾属 *Latreutes* Stimpson, 1860

水母深额虾
Latreutes anoplonyx Kemp, 1914

标本采集地： 海南三亚。

形态特征： 额角侧扁，背腹缘之间极宽，侧面略呈三角形；腹缘自眼的前方极度向腹面伸展，向前渐窄，末端呈箭头状。额角的形状雌雄略有不同，雌性个体较短而宽，雄性个体较长而窄；额角的齿数变化较大，通常背缘具7～22齿，腹缘6～11齿，齿比较小，有时不很明显。头胸甲具胃上刺及触角刺，前侧角锯齿状，具小齿8～12个；胃上刺较小，胃上刺之后圆滑，不存在疣状突起。雌性个体腹部较雄性个体粗短，背面圆滑无纵脊；尾节末端较宽，中央突出尖角，尖角两侧有活动小刺2对。眼粗短，眼柄宽于眼角膜。第3颚足具外肢，略微超出第2触角鳞片中点，末端着生角质刺8个或9个。第1步足延伸至第1触角柄第1节末端，指节短于掌节。第2步足细长，螯超出第2触角鳞片中点，指节稍短于掌节；腕节由3节构成，中间一节最长，长度大于第1、第2两节之和。第3步足最长，可延伸至第2触角鳞片末端，掌节约为指节长度的3倍；指节细长，末端单爪状，腹缘具细刺3～5个；掌节腹缘具细刺5个或6个；长节末端外侧有1活动刺。前4对步足具上肢。体色为棕红色间以黑白斑点，头胸部及腹部背面常形成纵斑。

生态习性： 温带和热带种。通常与水母共生，附着于其口腕上。

地理分布： 从渤海至南海北部沿岸；印度，缅甸，日本，菲律宾，印度尼西亚附近海域。

参考文献： 许鹏，2014。

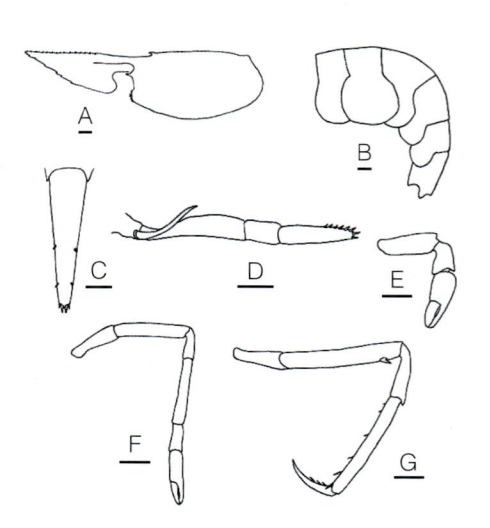

图51-1 水母深额虾 *Latreutes anoplonyx* Kemp, 1914（引自许鹏，2014）
A. 头胸甲及额角，侧视图；B. 腹部各腹节侧甲，侧视图；C. 尾节，背视图；D. 第3颚足，侧视图；E. 第1步足，侧视图；F. 第2步足，侧视图；G. 第3步足，侧视图
比例尺：1mm

图 51-2　水母深额虾 *Latreutes anoplonyx* Kemp, 1914（引自许鹏，2014）

铲形深额虾
Latreutes mucronatus (Stimpson, 1860)

同物异名：*Latreutes gravieri* Nobili, 1904；*Latreutes mucronatus* var. *multidens* Nobili, 1906；*Latreutes natalensis* Lenz in Lenz & Strunck, 1914；*Rhynchocyclus mucronatus* Stimpson, 1860

标本采集地：海南东方。

形态特征：头胸甲光滑。额角极度侧扁，具强烈腹板，额角雌雄二态性，雌性额角宽阔，轮廓圆润铲形，伸至或稍微超出触角鳞片顶端，上缘具 15～20 齿，额角下缘 10～14 刺；雄性稍细长，轮廓锐三角形，上缘具 9～11 齿，下缘具 6～9 齿。头胸甲具触角刺，与眼眶下角融合，具发达胃上刺；颊区齿状，具 8～12 齿。腹部光滑，前 5 对腹节侧板后下缘圆润，第 6 腹节为第 5 腹节长的 1.6～2.0 倍。尾节末端中间尖锐突起，两侧分别具 2 活动刺，尾节背缘具 2 对背齿，位于尾节近中部和近顶端部，尾节边缘后 1/3 具长羽状刚毛。小触角柄稍短于触角鳞片的一半。小触角柄基节最长，稍长于后两节之和，基节末端外缘具 1 大尖锐刺；柄刺卵圆形，一定程度位于垂直面，几乎伸至小触角柄基节中部。第 2 触角鳞片长为宽的 3.9～4.1 倍，渐细至末端，终止于末端侧刺。第 3 颚足伸至或稍超出触角鳞片中部，具纤细外肢，外肢稍超出内肢倒数第 3 节中部。前 4 对步足底节具上肢。第 1 步足粗短，伸至或稍微超出第 2 触角柄。第 2 步足较纤细，末端伸至触角鳞片末 1/4 处，腕节由 3 亚节组成。第 3 步足粗壮，末端伸至或稍超出触角鳞片末缘；指节稍短于掌节的 1/3，末端双爪状，掘肌缘具 4 个依次向基部减小的刺（不含双爪）；掌节后腹缘具 5～6 刺；腕节稍长于掌节的 1/3；长节约等长于掌节，后侧缘具 1 刺。第 4 和第 5 步足与第 3 步足相似；长节末侧缘各具 1 刺。

生态习性：温带和热带种。一般栖息于近岸浅水区域，如珊瑚礁、海草床等生境中。

地理分布：黄海，东海，南海近岸海域；从红海到莫桑比克，包括阿拉伯海、亚丁湾、波斯湾、日本沿岸、澳大利亚、印度尼西亚等印度-西太平洋区域。

参考文献：甘志彬，2016。

图 52　铲形深额虾 *Latreutes mucronatus* (Stimpson, 1860)

扫帚虾属 *Saron* Thallwitz, 1891

乳斑扫帚虾
Saron marmoratus (Olivier, 1811)

同物异名： *Hippolyte gibberosus* H. Milne Edwards, 1837；*Hippolyte hemprichii* Heller, 1861；*Hippolyte leachii* Guérin-Méneville, 1838；*Hippolyte marmoratus* (Olivier, 1811)；*Hyppolite kraussii* Bianconi, 1869；*Nauticaris grandirostris* Pearson, 1905；*Palaemon marmoratus* Olivier, 1811

标本采集地： 海南三亚。

形态特征： 额角背缘着生7齿，其中后3齿着生于头胸甲之上；腹缘着生5～8齿，绝大多数为6齿；额角长于头胸甲的长度，雄性个体相对更长。头胸甲具发达的触角刺、正常的鳃甲刺及小颊刺；头胸甲背缘及腹部背缘着生许多簇的羽状毛发。眼眶正常，眼大，眼点明显，眼角膜短于眼柄。腹部第4、第5腹节侧甲后下缘尖锐刺状；第6腹节侧后角具1个三角状活动薄板；尾节背缘具2对活动刺，末缘具3小2大5个刺。第1触角柄基节大于末两节之和，第3节背缘末端具1尖锐三角刺，其尖端接近第2触角鳞片中点；第1触角柄刺延伸至触角柄第3节（除去尖刺）末缘。第2触角鳞片侧缘刺超出内侧薄片部分。第3颚足延伸至触角鳞片末缘，外肢发达。前4对步足具上肢及关节鳃。第1步足具明显的性别差异，成熟雄性个体第1步足异常强壮，延伸至第2触角鳞片末缘，螯长；雌性个体第1步足正常，延伸至第2触角鳞片中点附近，螯的长度约为腕节的1.5倍。第2步足延伸至第2触角鳞片末缘，腕节分为9～13亚节。后3对步足构造近似，第3、第4步足长节末端侧缘均具2个尖刺，第5步足长节末端侧缘具2个或1个尖刺；指节双爪状。雄性个体第2腹肢内肢上的雄性附肢长度约为内附肢的一半。头胸甲及腹部遍布黑灰色斑点，第2触角鳞片、第3颚足及所有步足具黑色环纹。

生态习性： 热带种。栖息于热带海域珊瑚礁中。

地理分布： 南海近岸海域；红海到莫桑比克再到夏威夷群岛的印度-西太平洋热带海域。

参考文献： 许鹏，2014。

图 53-1　乳斑扫帚虾 *Saron marmoratus* (Olivier, 1811) 额角（引自许鹏，2014）
比例尺：1mm

图 53-2　乳斑扫帚虾 *Saron marmoratus* (Olivier, 1811) 头胸甲（引自许鹏，2014）

隐密扫帚虾
Saron neglectus De Man, 1902

标本采集地： 海南三亚。

形态特征： 额角背缘具7齿，其中后3齿着生于头胸甲之上；腹缘着生5齿；额角长于头胸甲的长度，雄性个体相对更长。头胸甲着生发达的触角刺和颊刺，同时具鳃甲刺；头胸甲背缘及腹部背缘着生许多簇的羽状毛发。双层眼眶，眼大，眼点明显，眼角膜短于眼柄。腹部第4、第5腹节侧甲后下缘尖锐刺状；第6腹节侧后角具1个三角状活动薄板；尾节背缘具2对活动刺，末缘具3小2大5个刺。第1触角柄基节大于末两节之和，第3节背缘末端具1尖锐三角刺，其尖端接近触角鳞片中点；第1触角柄刺明显超出触角柄第2节。第2触角鳞片长约为宽的4倍，侧缘刺远远超出内侧薄片部分。第3颚足未延伸至触角鳞片末端，外肢发达。前4对步足具上肢及关节鳃。第1步足具明显的性别差异，成熟雄性个体第1步足异常强壮，指节超出第2触角鳞片末缘，螯长，长度约为腕节的2.2倍，掌节发达；雌性个体第1步足正常，延伸至第2触角鳞片中点附近，螯的长度约为腕节的1.4倍。第2步足稍超出第2触角鳞片末缘，腕节分为9～13亚节。后3对步足构造近似，长节末端侧缘均仅具1尖刺，指节双爪状，腹缘具3～4个小刺，掌节腹缘具1列小刺、8～10个。雄性个体第2腹肢内肢上的雄性附肢长度约为内附肢的一半。头胸甲及腹节侧甲密布圆点黑斑，第3颚足及步足具黑色环纹，尾肢外肢具显著的眼睛状圆形黑色斑点。

生态习性： 热带种。常栖息于热带海域珊瑚礁中。

地理分布： 南海近岸海域；印度-西太平洋热带海域及红海。

参考文献： 许鹏，2014。

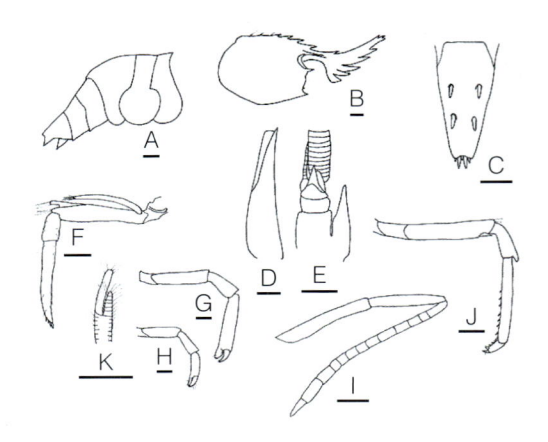

图54-1 隐密扫帚虾 *Saron neglectus* De Man, 1902（引自许鹏，2014）
A. 腹部各腹节侧甲，侧视图；B. 头胸甲及额角，侧视图；C. 尾节，背视图；D. 第2触角鳞片，背视图；E. 第1触角柄，背视图；F. 第3颚足，侧视图；G. 雄性第1步足，侧视图；H. 雌性第1步足，侧视图；I. 第2步足，侧视图；J. 第3步足，侧视图；K. 雄性第2腹肢内肢（部分），侧视图
比例尺：1mm

图 54-2　隐密扫帚虾 *Saron neglectus* De Man, 1902（引自许鹏，2014）

船形虾属 *Tozeuma* Stimpson, 1860

多齿船形虾
Tozeuma lanceolatum Stimpson, 1860

标本采集地： 海南三亚。

形态特征： 体表光滑，不具纤细短刚毛。额角长，至少为头胸甲长度的 2 倍；背缘无齿，腹缘具齿 20～40 个。头胸甲具触角刺及发达的颊刺。第 3 腹节侧甲背侧中后部强烈隆起，顶端具朝后的尖刺 3 个，其中中线上的尖刺最为强壮，其两侧的尖刺大小相同；第 4、第 5 腹节侧甲背侧后缘向后延伸出刺状突起；第 5 腹节侧甲后下缘尖锐，后缘中部亦具 1 尖刺；尾节长度约为第 6 腹节长度的 1.2 倍，背缘具 3 对活动刺，末缘中间开裂成双叉状。第 1 触角柄 3 节末端均无刺；第 1 触角柄刺超出触角柄基节末缘，但未至第 2 节中点。第 2 触角鳞片狭长，尖端具 1 刺，长约为宽的 7.3 倍。第 3 颚足粗短，末节扁平状，末端具角质刺 8～10 个。第 1 步足延伸至颊刺根部，指约为掌的一半，腕节约为螯长的 0.6 倍，长节约为腕节的 1.4 倍。第 2 步足腕节分为 3 亚节，近身端亚节最长，长节长度与腕节近似相等，座节长度约为长节的 0.6 倍。后 3 对步足构造近似，指节单爪，腹缘具 4～5 个小刺；掌节腹缘具两列，共 8～12 个尖刺；长节末端外侧一般均仅具 1 活动尖刺。雄性个体雄性附肢长度约为内附肢的 2 倍。

生态习性： 温带和热带种。栖息于水深 30～1350m 的沙质、软泥质海底。

地理分布： 东海，南海近海；新加坡，菲律宾附近海域。

参考文献： 许鹏，2014。

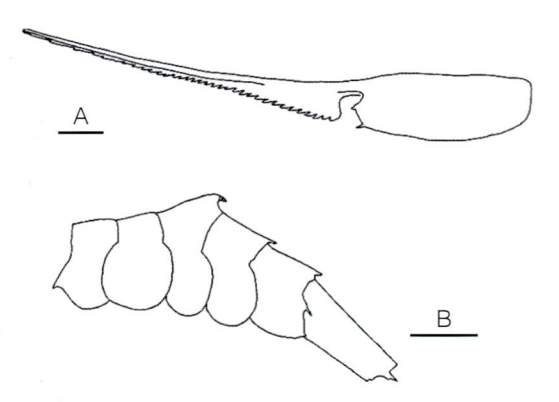

图 55-1 多齿船形虾 *Tozeuma lanceolatum* Stimpson, 1860（引自许鹏，2014）
A. 头胸甲及额角，侧视图；B. 腹部各腹节侧甲，侧视图
比例尺：1mm

图 55-2　多齿船形虾 *Tozeuma lanceolatum* Stimpson, 1860（引自许鹏，2014）

藻虾科分属检索表

1. 头胸甲具眼上刺 .... 藻虾属 *Hippolyte*
- 头胸甲不具眼上刺 2
2. 第 6 腹节后腹角具活动板 .... 扫帚虾属 *Saron*
- 第 6 腹节后腹角不具活动板 3
3. 鳃甲区齿状 .... 深额虾属 *Latreutes*
- 鳃甲区非齿状 .... 船形虾属 *Tozeuma*

鞭腕虾科 Lysmatidae Dana, 1852

鞭腕虾属 *Lysmata* Risso, 1816

红条鞭腕虾
Lysmata vittata (Stimpson, 1860)

同物异名： *Hippolysmata durbanensis* Stebbing, 1921；*Hippolysmata vittata* Stimpson, 1860；*Hippolysmata vittata* var. *subtilis* Thallwitz, 1891；*Nauticaris unirecedens* Spence Bate, 1888

标本采集地： 广西北海。

形态特征： 额角较短，长度略短于头胸甲长度的 2/3，末半段稍向下倾斜；延伸至第 1 触角柄第 3 节基部附近；背缘具 6～10 齿；腹缘 3～6 齿。头胸甲具胃上刺、触角刺及颊刺。腹部各节光滑，第 3、第 4 节间不甚弯曲；第 4、第 5 腹节侧甲后下缘尖锐小刺状；尾节基部较宽，底部较窄，中央形成 1 小突起，其两侧具 1 对长刚毛和 2 对活动刺，外刺短于内刺；尾节背缘着生 2 对活动刺。眼中等大小，角膜稍长于眼柄。第 1 触角柄第 2 节长度约等于第 3 节；第 1 触角柄刺末端尖锐，未延伸至触角柄基节末缘；第 1 触角鞭分为两鞭，两鞭皆细长，上鞭之长度约与其体长及第 2 触角鞭的长度相等，不具副枝。第 2 触角鳞片较短，长约为宽的 3.2 倍，仅延伸至第 1 触角柄的末端，其末缘平直，被外缘侧刺超出。第 3 颚足细长，具外肢，末节超出额角或第 1 触角柄第 2 节末端。第 1 步足螯的全部或大半超出额角末端，指节超出第 1 触角柄末端，掌长于指，但比腕节短。第 2 步足细长，腕节完全超出额角末端，由 16～22 小节构成，形如鞭状，腕节的长度约为长节的 2 倍；长节由 9～11 小节构成；座节末端具 1 亚节；螯小，指节稍短于掌节。第 3 步足腕节全部或大半超出额角末端，掌节后缘有小刺 6～8 个，指节末端双爪状，腹缘具小刺 4 个或 5 个。第 4、第 5 步足与第 3 步足相似。第 3、第 4 步足长节末半外缘着生有 4～5 个活动小刺，第 5 步足则只有 1 个或 2 个。

生态习性： 温带和热带种。栖息于潮间带到潮下带的浅海海域，常见于泥沙底或沙底的浅海或珊瑚礁中。

地理分布： 从渤海至南海沿岸；红海，非洲东岸，马达加斯加，日本，菲律宾，印度尼西亚，澳大利亚沿岸。

参考文献： 许鹏，2014。

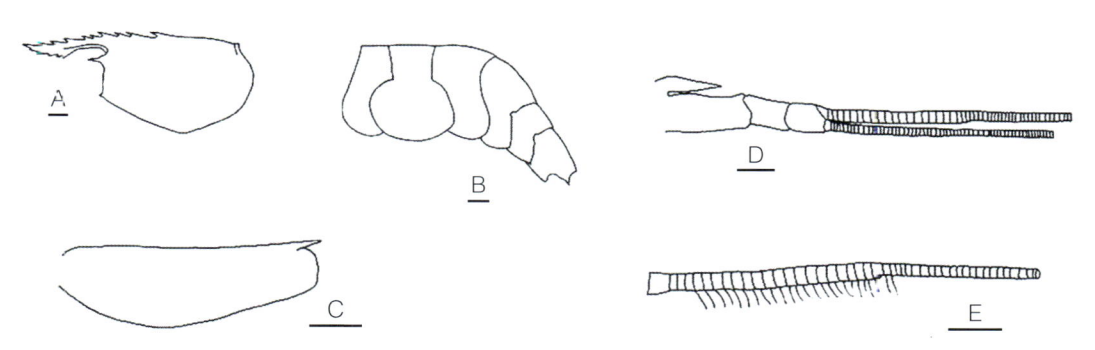

图 56-1　红条鞭腕虾 Lysmata vittata (Stimpson, 1860)（引自许鹏，2014）
A. 头胸甲及额角，侧视图；B. 腹节侧甲，侧视图；C. 第 2 触角鳞片，背视图；
D. 第 1 触角柄，背视图；E. 第 1 触角鞭上鞭，侧视图
比例尺：1mm

图 56-2　红条鞭腕虾 Lysmata vittata (Stimpson, 1860)（引自许鹏，2014）

103

托虾科 Thoridae Kingsley, 1879
拟托虾属 Thinora Bruce, 1998

马岛拟托虾
Thinora maldivensis (Borradaile, 1915)

同物异名： *Thor maldivensis* Borradaile, 1915

标本采集地： 海南三沙。

形态特征： 额角短，延伸至第 1 触角柄基节中点附近；背缘具 1 齿。头胸甲光滑，具眼上刺和触角刺，不具颊刺。腹部光滑。第 4、第 5 腹节侧甲后下缘尖锐刺状；第 6 腹节长约为高的 1.3 倍；尾节长度约为第 6 腹节的 1.3 倍，背缘和末缘各具 3 对刺。第 1 触角柄基节粗大，腹缘具 1 大尖刺；第 1 触角柄刺延伸至第 1 触角柄末缘，外缘近身端具 1 小突起；第 1 触角柄第 2 节末缘具 1 侧刺；第 3 节末缘背缘着生 1 三角状活动薄板。第 2 触角鳞片长约为宽的 2.5 倍，末缘薄片部分超出侧刺。眼发达，眼角膜的半径约为头胸甲长度的 1/3，眼点明显，眼柄粗壮。雄性个体第 3 颚足末节超出第 2 触角鳞片，雌性个体则延伸至第 2 触角鳞片末缘。有些雄性个体第 1 步足表现出明显的第二性征区别。雌性个体第 1 步足正常，延伸至或稍超出第 2 触角鳞片末缘；指约为掌的一半；腕节长度为螯长的 2/5；长节与螯近似相等，末端侧下缘具 1 尖刺。第 2 步足螯超出第 2 触角鳞片末缘，腕节分为 6 亚节，其中近身端第 3 亚节长度最长；长节和座节长度近似。第 3 步足指节超出第 2 触角鳞片末缘，指节双爪状，腹缘具 2 个小刺；掌节腹缘具两列 10～14 小刺；长节末端具 1 尖刺。后 2 对步足构造与第 3 对步足近似，长节末端一般无刺。雄性个体第 2 腹肢内肢不具雄性附肢。

生态习性： 热带种。栖息于热带浅海海域生境中。

地理分布： 南海近岸海域；印度 - 西太平洋热带浅海海域。

参考文献： 许鹏，2014。

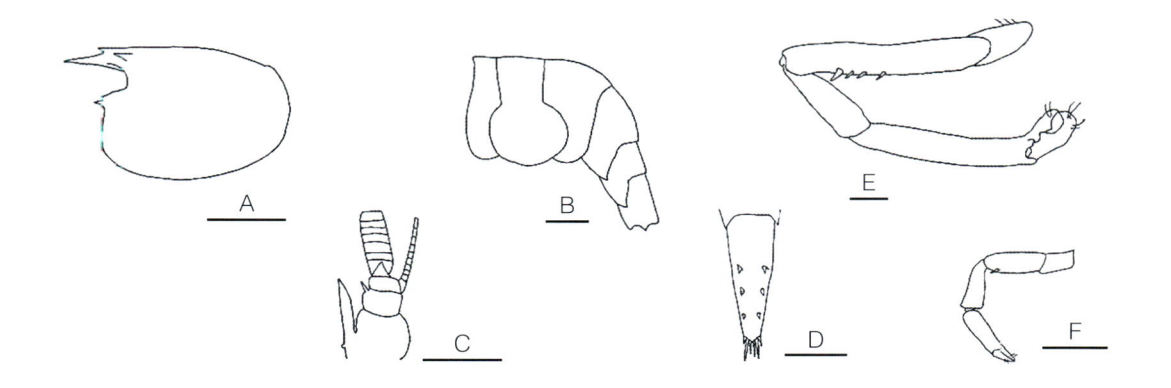

图 57-1　马岛拟托虾 *Thinora maldivensis* (Borradaile, 1915)（引自许鹏，2014）
A. 头胸甲及额角，侧视图；B. 腹部各腹节侧甲，侧视图；C. 第1触角柄，背视图；D. 尾节，背视图；
E. 具有明显第二性征差异的雄性个体第1步足，侧视图；F. 雌性个体第1步足，侧视图
比例尺：1mm

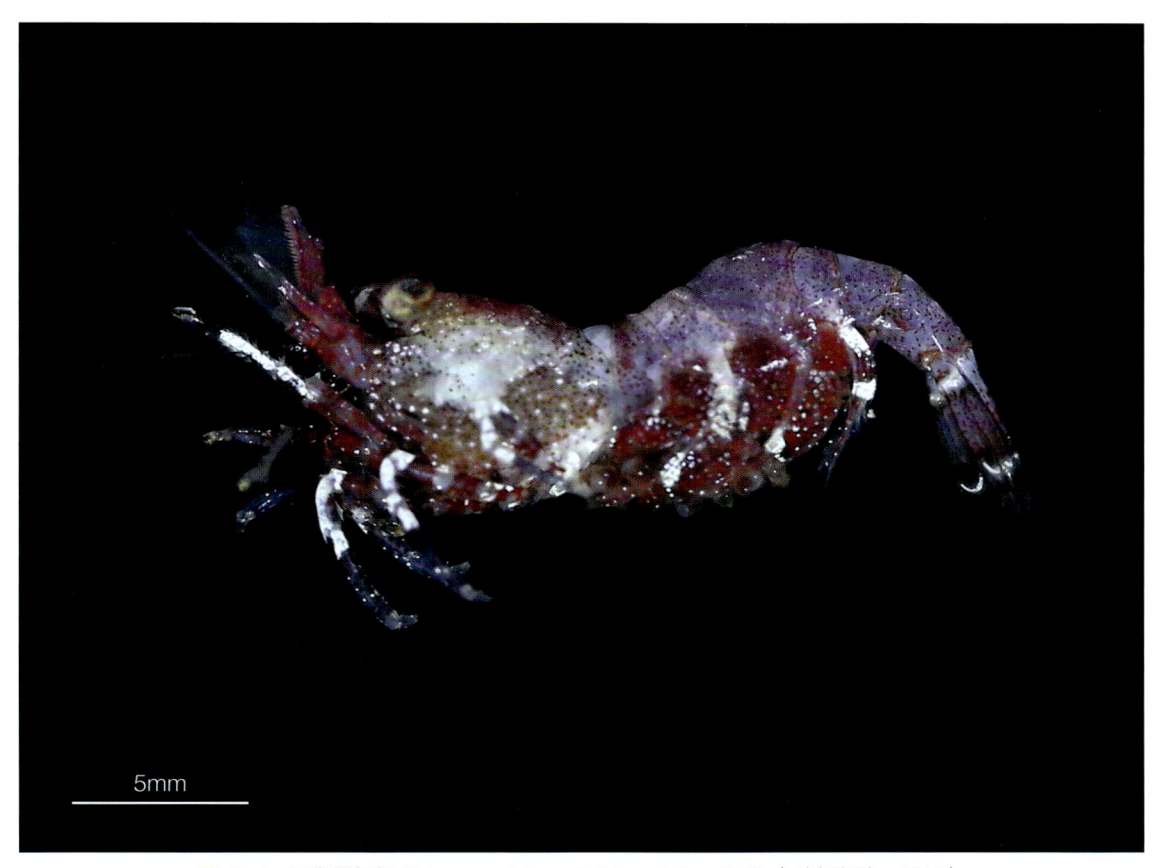

图 57-2　马岛拟托虾 *Thinora maldivensis* (Borradaile, 1915)（引自许鹏，2014）

托虾属 *Thor* Kingsley, 1878

安波托虾
Thor amboinensis (De Man, 1888)

同物异名： Hippolyte amboinensis De Man, 1888；*Thor discosomatis* Kemp, 1916

标本采集地： 海南三沙。

形态特征： 额角短，雄性个体较雌性个体纤细，未延伸至第 1 触角柄基节末缘；背缘具 2～4 齿，腹缘一般无齿。头胸甲具触角刺，不具眼上刺，颊刺亦无。眼近似圆柱形，眼柄长于眼角膜。第 4、第 5 腹节侧甲后下缘尖锐刺状；第 6 腹节长度约为第 5 腹节长度的 2 倍；尾节长度约为第 6 腹节长度的 1.4 倍，背缘一般具 4 对活动刺，末缘具 4 对刺。第 1 触角柄延伸至第 2 触角鳞片中点附近；触角柄基节长度略大于第 2、第 3 节长度之和；触角柄第 2 节末端具尖锐侧刺；触角柄第 3 节背侧末缘具 1 近三角状薄板；第 1 触角柄刺延伸至触角柄第 2 节末缘或稍超出，其外缘近身端具 1 小刺。第 2 触角鳞片长约为宽的 2.5 倍，外缘平直，末端刺未超出内侧薄片部分末缘。第 3 颚足具外肢，其末节 1/3 超出第 2 触角鳞片末缘，末节末端具角质刺 8～10 个。第 1 步足延伸至第 2 触角鳞片末缘，指短于掌，腕节长度和长节长度近似相等。第 2 步足指节和腕节的一半超出第 2 触角鳞片末缘，指略短于掌，腕节分 6 亚节；长节长度约为腕节长度的 0.7 倍，座节长度短于长节。第 3 步足雌雄个体表现出性状差异，雄性个体指节和掌节"亚螯状"。雄性第 4、第 5 步足及雌性个体后 3 对步足构造近似。雌性个体第 3 步足指节和掌节超出第 2 触角鳞片末缘，指节双爪状，腹缘具小刺 3～4 个，长节末端具侧刺 1 个或 2 个。第 4 步足掌节的一半超出第 2 触角鳞片末缘，长节末端一般仅具 1 侧刺。第 5 步足指节超出第 2 触角鳞片末缘，长节末端侧缘一般不具刺。

生态习性： 热带种。栖息于浅水区域，喜与海葵或珊瑚共栖。

地理分布： 南海近岸海域；非洲东岸，阿拉伯海，孟加拉湾，琉球群岛，菲律宾，印度尼西亚，夏威夷群岛，百慕大群岛，墨西哥湾，加勒比海等海域。

参考文献： 许鹏，2014。

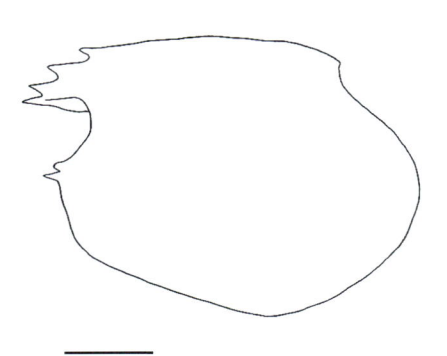

图 58-1　安波托虾 *Thor amboinensis* (De Man, 1888) 头胸甲（引自许鹏，2014）
比例尺：1mm

图 58-2　安波托虾 *Thor amboinensis* (De Man, 1888) 侧视图（引自许鹏，2014）

长臂虾科 Palaemonidae Rafinesque, 1815
贝隐虾属 Anchistus Borradaile, 1898

葫芦贝隐虾
Anchistus custos (Forskål, 1775)

同物异名： Anchistia aurantiaca Dana, 1852；Anchistus inermis (Miers, 1884)；Cancer custos Forskål, 1775；Harpilius inermis Miers, 1884；Pontonia inflata H. Milne Edwards, 1840；Pontonia pinnae Ortmann, 1894；Pontonia spinax Dawydoff, 1952

标本采集地： 广西北海。

形态特征： 额角伸过眼，侧扁，末端圆，无齿；头胸甲圆柱形，无侧纵缝，无触角刺；第5腹节侧甲边缘圆；尾节具3对后缘刺；第2触角鳞片发达，端侧刺不伸到鳞片的端缘；大颚无大颚须；第1步足腕节不分亚节，螯卷曲形成半闭的管状构造；第2步足相似但不对称，螯指无对应的凹陷——活塞构造；第3步足长节折叠缘无刺，指节简单，非双爪状。身体密布橙黄色小点。

生态习性： 热带种。成对生活于双壳类软体动物，如砗磲、江珧的外套腔中。

地理分布： 东海，南海；红海，非洲东部沿海直到菲律宾，新加坡附近海域，向南到澳大利亚南部海域，向东至斐济群岛附近海域。

参考文献： 李新正等，2007。

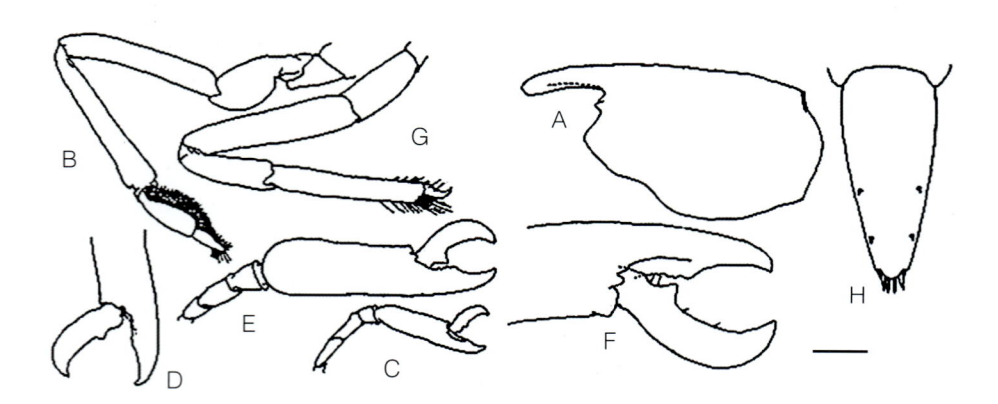

图 59-1 葫芦贝隐虾 *Anchistus custos* (Forskål, 1775)（引自李新正等，2007）
A. 头胸甲；B. 第1步足；C、D. 第2步足小螯；E、F. 第2步足大螯；G. 第3步足；H. 尾节背面观
比例尺：A、D、F = 2mm；C、E = 4mm；B、G、H = 1mm

图 59-2　葫芦贝隐虾 Anchistus custos (Forskål, 1775)（引自李新正等，2007）

德曼贝隐虾
Anchistus demani Kemp, 1922

标本采集地： 海南三亚。

形态特征： 额角伸过眼，侧扁，末端平截，具2或3前背齿，腹缘无齿；头胸甲圆柱形，无侧纵缝，无触角刺；第5腹节侧甲边缘圆；尾节具3对后缘刺；第2触角鳞片发达，端侧刺不伸到鳞片的端缘；大颚无大颚须；第1步足螯不卷曲形成半闭的管状构造；第2步足相似但不对称，螯指无对应的凹陷——活塞构造；第3步足长节折叠缘无刺，指节模糊的双爪状。身体透明，具黑红色小点。

生态习性： 热带种。成对生活于砗磲的外套腔中。

地理分布： 南海北部，西沙群岛，南沙群岛海域；西印度洋到安达曼群岛海域，泰国，越南，马来西亚，印度尼西亚和巴布亚新几内亚，澳大利亚大堡礁，新喀里多尼亚，马绍尔群岛，土阿莫土群岛附近海域。

参考文献： 李新正等，2007。

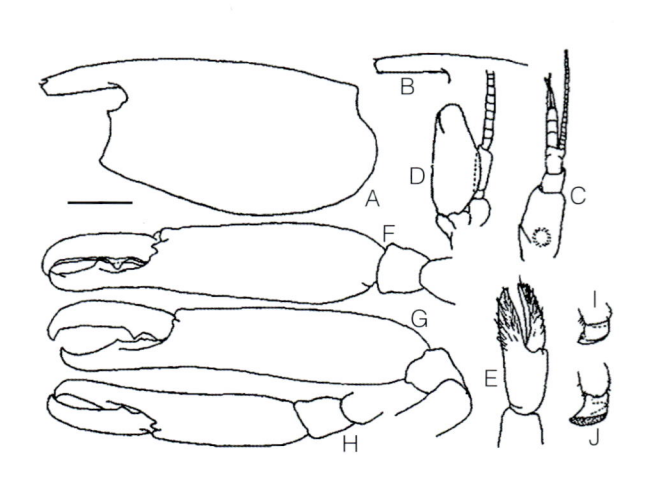

图 60-1 德曼贝隐虾 *Anchistus demani* Kemp, 1922（引自李新正等，2007）
A、C～F、H～J. 雌；B、G. 雄。A. 头胸甲；B. 额角；C. 第1触角；D. 第2触角；E. 第1步足螯；F、G. 第2步足大螯；H. 第2步足小螯；I. 第4步足指节；J. 第5步足指节
比例尺：A～D、F～H = 1mm；E、I、J = 0.5mm

图 60-2　德曼贝隐虾 *Anchistus demani* Kemp, 1922（引自李新正等，2007）

米尔斯贝隐虾
Anchistus miersi (De Man, 1888)

同物异名： *Harpilius miersi* De Man, 1888

标本采集地： 海南三亚。

形态特征： 额角伸过眼，侧扁，具4～5背齿、0～2腹齿；头胸甲圆柱形，无侧纵缝，具明显触角刺；第5腹节侧甲边缘圆；尾节具3对后缘刺；第2触角鳞片发达，端侧刺不伸到鳞片的端缘；大颚无大颚须；第1步足螯不卷曲形成半闭的管状构造；第2步足相似但不对称，螯指无对应的凹陷——活塞构造；第3步足指节双爪状。身体透明，雄性具深红色小点，雌性具深蓝色小点。

生态习性： 热带种。成对生活于双壳类软体动物，如砗磲、砗蚝、江珧、珍珠贝、珠母贝的外套腔中。

地理分布： 南海，海南岛，香港，台湾海域；红海，非洲东部，新加坡，越南，马来西亚，菲律宾，印度尼西亚，日本，向东至巴布亚新几内亚，澳大利亚，新喀里多尼亚，卡罗琳群岛，马绍尔群岛，土阿莫土群岛附近海域。

参考文献： 李新正等，2007。

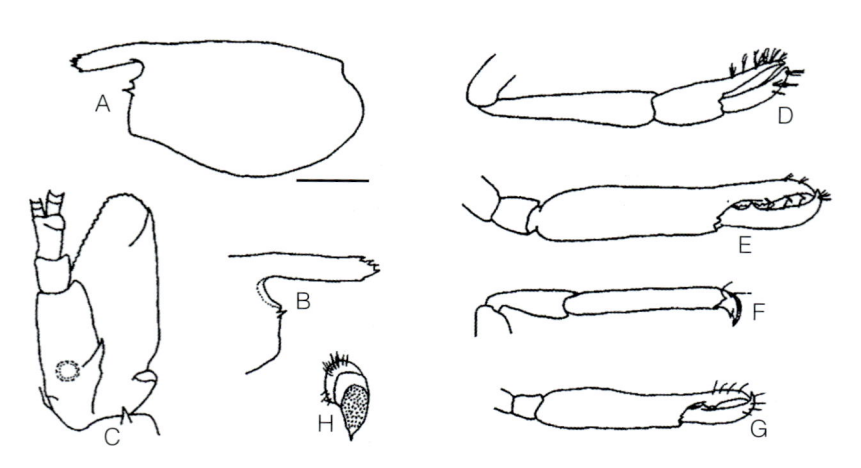

图61-1 米尔斯贝隐虾 *Anchistus miersi* (De Man, 1888)（引自李新正等，2007）
A、C～E、G、H. 雌；B、F. 雄。A. 头胸甲；B. 额角和头胸甲前部；C. 第2触角；D. 第1步足；
E、F. 第2步足；G. 第3步足；H. 第3步足指节
比例尺：A、E、F = 2mm；B～D、G = 1mm；H = 0.5mm

图 61-2　米尔斯贝隐虾 *Anchistus miersi* (De Man, 1888)（引自李新正等，2007）

贝隐虾属分种检索表

1. 头胸甲具触角刺 ·· 米尔斯贝隐虾 *A. miersi*
 - 头胸甲无触角刺 ···2
2. 额角无齿；第 3 颚足末第 3 节宽约是末第 2 节的 2 倍；第 1 步足螯卷曲形成 1 个半闭的管状构造；第 3 步足指节简单 ·· 葫芦贝隐虾 *A. custos*
 - 额角具 2 或 3 前背齿；第 3 颚足末第 3 节不宽于末第 2 节；第 1 步足螯不卷曲；第 3 步足指节双爪状 ··· 德曼贝隐虾 *A. demani*

弯隐虾属 *Ancylocaris* Schenkel, 1902

短腕弯隐虾
Ancylocaris brevicarpalis Schenkel, 1902

同物异名： *Ancylocaris hermitensis* (Rathbun, 1914); *Harpilius latirostris* Lenz, 1905; *Palaemonella aberrans* Nobili, 1904; *Palaemonella amboinensis* Zehntner, 1894; *Periclimenes brevicarpalis* (Schenkel, 1902); *Periclimenes hermitensis* Rathbun, 1914; *Periclimenes potina* Nobili, 1905

标本采集地： 海南三亚。

形态特征： 额角近水平，不伸过第2触角鳞片，齿式0～1+4+7/1～2。无眼上刺，肝刺不明显大于触角刺。尾节背刺小。第1触角柄基节具1端侧刺；第2触角鳞片稍短于宽的2.5倍，端侧齿不伸达鳞片末端。第4胸节腹板无细的中突。第1步足螯指对缘非梳状；第2步足对称，长节折缘无端齿；第3步足指节勉强的双爪状。头胸甲上常有明显的白斑，步足末端粉红。

生态习性： 热带种。成对生活，常与大海葵共生；雌雄异形，雌虾个体远大于雄虾，而且成体雌虾头胸甲背甲膨胀突起。

地理分布： 海南岛，南沙群岛，西沙群岛，台湾，香港海域；世界性热带海域分布。

参考文献： 李新正等，2007。

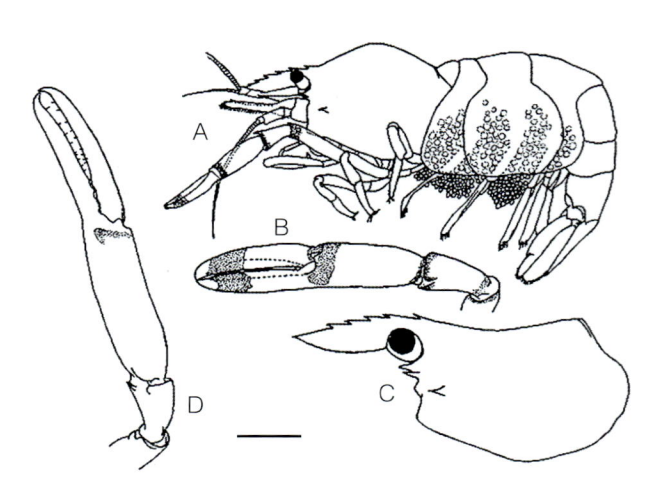

图62-1 短腕弯隐虾 *Ancylocaris brevicarpalis* Schenkel, 1902
（引自李新正等，2007）
A. 抱卵雌虾侧面观；B. 雌虾第2步足；C. 雄虾头胸甲和眼侧面观；D. 雄虾第2步足螯
比例尺：A = 4mm；B～D = 2mm

图 62-2　短腕弯隐虾 *Ancylocaris brevicarpalis* Schenkel, 1902（引自李新正等，2007）

江瑶虾属 *Conchodytes* Peters, 1852

斑点江瑶虾
Conchodytes meleagrinae Peters, 1852

标本采集地： 广西北海。

形态特征： 额角伸过眼，平扁，无齿；头胸甲背腹平扁，无侧纵缝，除眼眶腹角尖锐外，头胸甲上无其他刺；尾节具2对背侧刺和3对后缘刺；第2触角鳞片发达，端侧刺远伸过鳞片的端缘；大颚无大颚须；第1步足腕节不分亚节，非勺形；第2步足对称或相似，螯指无对应的凹陷活塞构造；第3步足长节折叠缘无刺，爪部和附加齿发达，二叉状。身体橙色，密布橙红色和白色小点。

生态习性： 热带种。成对生活于双壳类软体动物的外套腔中。

地理分布： 南海，西沙群岛海域；红海，东部非洲直到夏威夷群岛海域。

参考文献： 李新正等，2007。

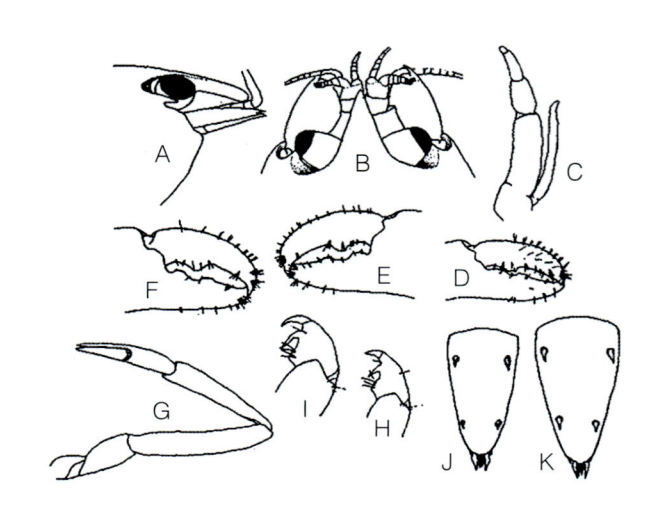

图63-1 斑点江瑶虾 *Conchodytes meleagrinae* Peters, 1852（引自李新正等，2007）
A～C、E～I、K. 抱卵雌虾；D、J. 雄虾。A. 头胸甲前部侧面观；B. 头胸甲前部背面观；C. 左侧第3颚足；D、F. 左侧第2步足螯；E. 右侧第2步足；G. 左侧第1步足；H. 左侧第3步足；I. 左侧第5步足；J. 雄虾尾节背面观；K. 雌虾尾节背面观

图 63-2　斑点江瑶虾 *Conchodytes meleagrinae* Peters, 1852（引自李新正等，2007）

珊瑚虾属 *Coralliocaris* Stimpson, 1860

翠条珊瑚虾
Coralliocaris graminea (Dana, 1852)

同物异名： *Coralliocaris inaequalis* Ortmann, 1890；*Oedipus gramineus* Dana, 1852

标本采集地： 海南三亚。

形态特征： 额角伸过眼，前端侧扁，齿式 3～6/0～2；头胸甲背腹平扁，除触角刺外头胸甲上无其他刺；尾节具背侧刺和后缘刺；第 2 触角鳞片发达，端侧刺不伸至鳞片的端缘；大颚无大颚须；第 1 步足腕节不分亚节，指节非勺形或亚勺形；第 2 步足对称相似，螯指具对应的凹陷活塞构造；第 3 步足指节折叠缘具宽大的钩状或三角形突起。体色浅绿，具黑、白、红小色斑组成的细的纵条纹。

生态习性： 热带种。与鹿角珊瑚属的石珊瑚共生。

地理分布： 台湾，香港，海南岛，西沙群岛，南沙群岛海域；红海，埃及，苏丹，沙特阿拉伯，肯尼亚，坦桑尼亚，马达加斯加，塞舌尔群岛，印度，安达曼群岛至印度尼西亚，菲律宾，日本附近海域，向东至萨摩亚群岛以东，斐济群岛，澳大利亚，卡罗琳群岛，马绍尔群岛，新喀里多尼亚附近海域及珊瑚海。

参考文献： 李新正等，2007。

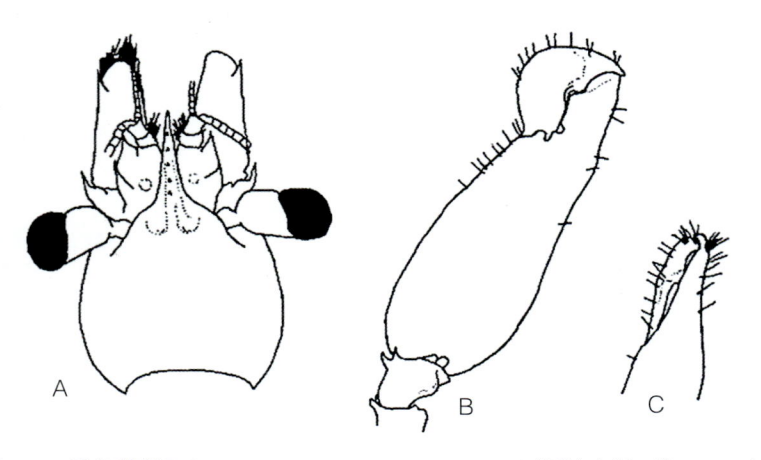

图 64-1 翠条珊瑚虾 *Coralliocaris graminea* (Dana, 1852)（引自李新正等，2007）
A. 头胸甲背面观；B. 第 2 步足大螯；C. 第 2 步足大螯末端背面观

图 64-2　翠条珊瑚虾 *Coralliocaris graminea* (Dana, 1852)（引自李新正等，2007）

褐点珊瑚虾
Coralliocaris superba (Dana, 1852)

同物异名： *Oedipus dentirostris* Paulson, 1875；*Oedipus superbus* Dana, 1852

标本采集地： 南海北部。

形态特征： 额角伸过眼，前端侧扁，齿式 4～5/2；头胸甲背腹平扁，除触角刺外头胸甲上无其他刺；第 2 触角鳞片发达，端侧刺不伸至鳞片的端缘；大颚无大颚须；第 1 步足腕节不分亚节，指节非勺形或亚勺形；第 2 步足对称相似，螯指无凹陷——活塞构造；第 3 步足指节折叠缘具宽大的钩状或三角形突起。头胸甲和腹部前半部白色，腹部后半部和附肢黄色，具褐色小点，尾扇后缘紫色。

生态习性： 热带种。与鹿角珊瑚属的石珊瑚共生。

地理分布： 海南岛，西沙群岛，南沙群岛海域；汤加群岛，红海，埃及，苏丹，吉布提，肯尼亚，安达曼群岛，印度尼西亚，菲律宾，越南，日本，澳大利亚昆士兰，社会群岛等附近海域。

参考文献： 李新正等，2007。

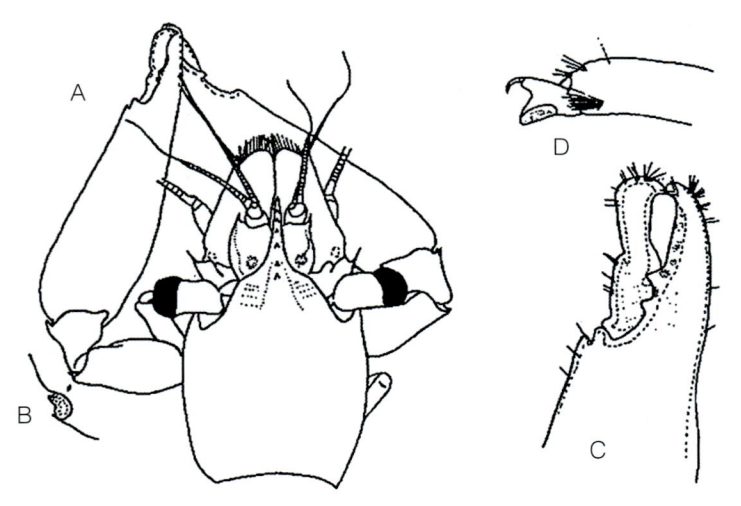

图 65-1　褐点珊瑚虾 *Coralliocaris superba* (Dana, 1852)（引自李新正等，2007）
A. 头胸甲及前部附肢背面观；B. 第 2 步足腕节与掌节结合处外侧；C. 第 2 步足螯指；
D. 第 3 步足指节和掌节末端

图 65-2　褐点珊瑚虾 *Coralliocaris superba* (Dana, 1852)（引自李新正等，2007）

拟钩岩虾属 *Harpiliopsis* Borradaile, 1917

包氏拟钩岩虾
Harpiliopsis beaupresii (Audouin, 1826)

同物异名：*Harpilius beaupresi* (Audouin, 1826)；*Palaemon beaupressi* Audouin, 1826；*Pontonia* (*Harpilius*) *dentata* Richters, 1880

标本采集地：海南三亚。

形态特征：额角远伸过眼末端，侧扁，齿式 4～7/2～5；头胸甲多少背腹平扁，无纵侧脊或侧缝，具触角刺和不动肝刺；第 5 腹节侧甲尖锐突出；尾节具细的背侧刺；第 2 触角鳞片发达，端侧刺不伸过鳞片末端；大颚无大颚须；第 1 步足腕节不分亚节，螯指非亚勺形；第 2 步足对称，螯指无凹陷——活塞构造；第 3 步足长节折缘无刺，指节简单，特殊地侧向扭曲。身体透明，具红褐色点状纵纹。

生态习性：热带种。与多种石珊瑚共生。

地理分布：海南岛，西沙群岛海域；埃及，莫桑比克，马达加斯加，安达曼群岛，印度尼西亚，泰国，新加坡，越南，菲律宾，日本，澳大利亚，马绍尔群岛，斐济群岛，社会群岛，土阿莫土群岛等附近海域，以及约翰逊潟湖。

参考文献：李新正等，2007。

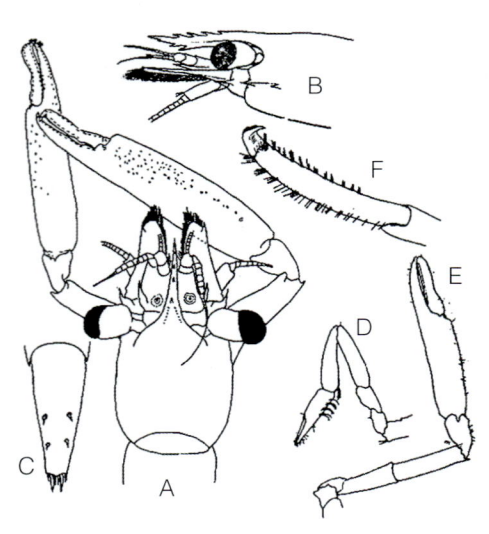

图 66-1　包氏拟钩岩虾 *Harpiliopsis beaupresii* (Audouin, 1826)（引自李新正等，2007）
A. 头胸甲及前部附肢背面观；B. 头胸甲前部侧面观；C. 尾节；D. 第 1 步足；E. 第 2 步足；F. 第 3 步足

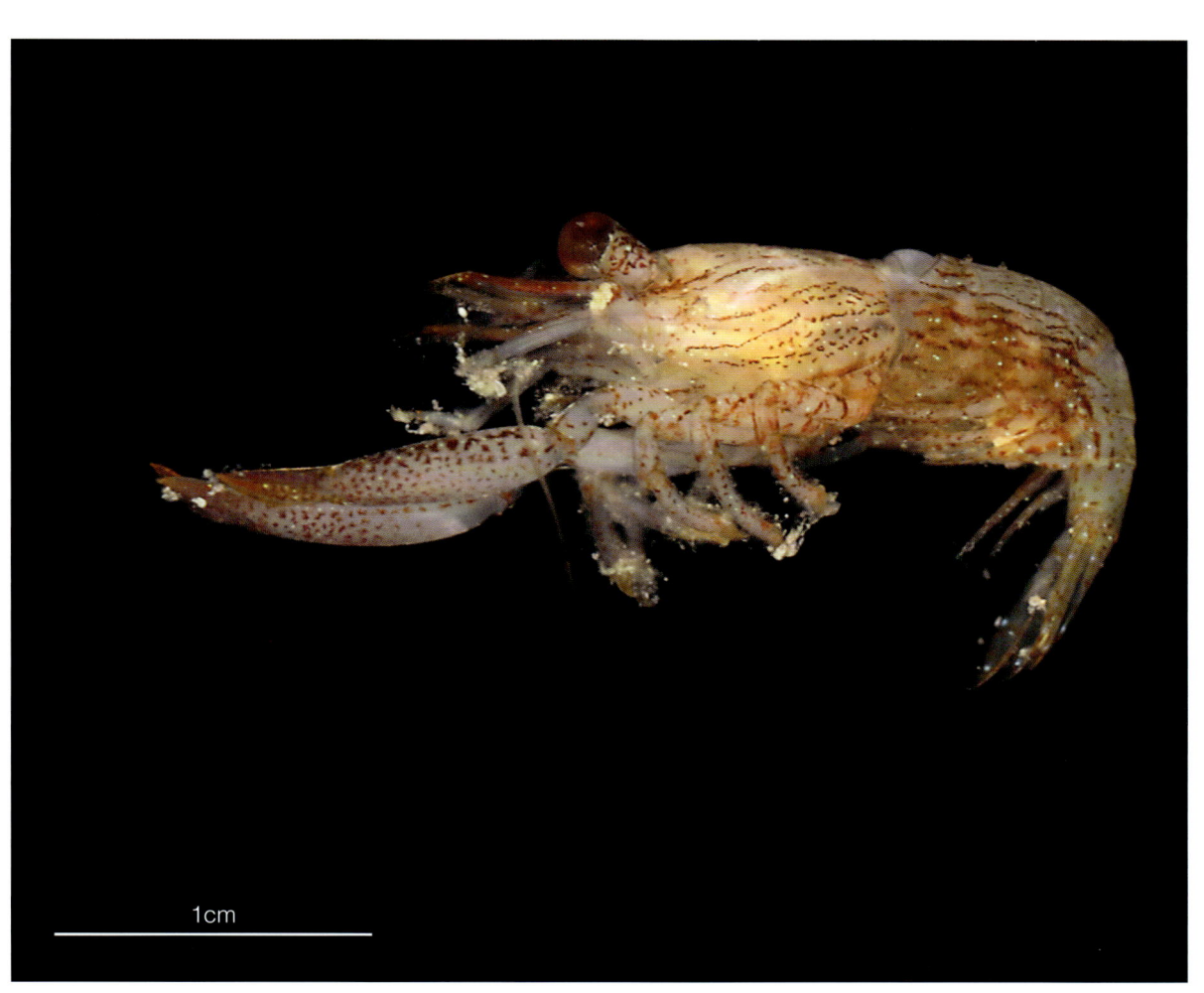

图 66-2　包氏拟钩岩虾 *Harpiliopsis beaupresii* (Audouin, 1826)（引自李新正等，2007）

沼虾属 *Macrobrachium* Spence Bate, 1868

等齿沼虾
Macrobrachium equidens (Dana, 1852)

同物异名： *Palaemon* (*Eupalaemon*) *acanthosoma* Nobili, 1899；*Palaemon* (*Eupalaemon*) *nasutus* Nobili, 1903；*Palaemon* (*Eupalaemon*) *sundaicus* var. *baramensis* De Man, 1902；*Palaemon* (*Eupalaemon*) *sundaicus* var. *brachydactyla* Nobili, 1899；*Palaemon* (*Palaemon*) *sundaicus* var. *bataviana* De Man, 1897；*Palaemon* (*Palaemon*) *sundaicus* var. *demani* Nobili, 1899；*Palaemon delagoae* Stebbing, 1915；*Palaemon equidens* Dana, 1852；*Urocaridella borradailei* Stebbing, 1923

标本采集地： 广东湛江。

形态特征： 额角末端向上扬，通常伸至或超出第2触角鳞片的末端，上缘具10～12齿，基部有3～4齿在眼眶后缘的头胸甲上；下缘有4～6齿。第2对步足两性均对称，雄性显著地长大，两指节的表面均密盖有厚刚毛；雌性较为短小，两指也仅在内外两侧和切缘有分散的毛。后3对步足相似。体长通常70～80mm，体具棕褐色的斑纹，而在两螯上的斑纹则更为显著。

生态习性： 热带和温带种。生活于河流的下游出海口河段，或生活河口的咸淡水中，有时亦在近海区捕获到，极常见，产量也大。

地理分布： 东海，南海；从非洲直至琉球群岛，澳大利亚附近海域。

经济意义： 为经济种，可食用。

参考文献： 李新正等，2007。

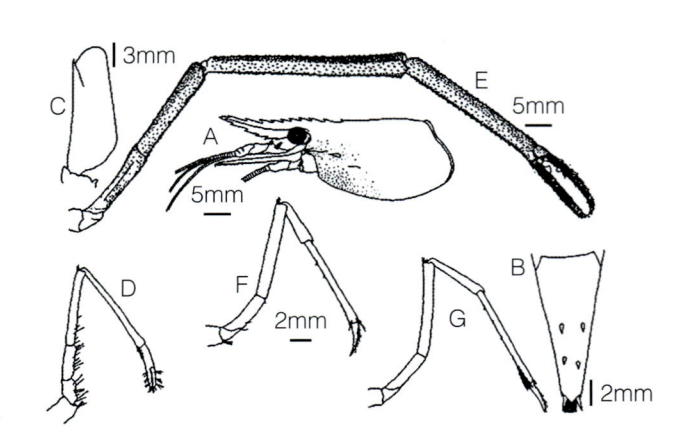

图 67-1 等齿沼虾 *Macrobrachium equidens* (Dana, 1852)（引自李新正等，2007）
A. 雄虾头胸部侧面观；B. 尾节背面观；C. 第2触角鳞片；D. 第1步足；E. 雄虾第2步足；F. 第3步足；G. 第5步足

图 67-2 等齿沼虾 *Macrobrachium equidens* (Dana, 1852)（引自李新正等，2007）

长臂虾属 *Palaemon* Weber, 1795

巨指长臂虾
Palaemon macrodactylus Rathbun, 1902

标本采集地： 广东珠海。

形态特征： 额角基部平直，末端向上弯曲，超出第 2 触角鳞片的末端，上缘具 10～13 齿，有 3 齿位于眼眶缘后方的头胸甲上，末端有 1～2 附加齿。触角刺与鳃甲刺几等大。第 2 对步足指节稍短于掌部。末 3 对步足指节细长，掌节为指节长的 2～2.5 倍。第 5 对步足掌节约 1/3 超出鳞片的末端。体半透明，稍带黄褐色及棕褐色斑纹，其背面条纹较模糊，卵小，呈棕绿色。

生态习性： 温带和热带种。栖息于沿岸潮间带、浅海和河口内半咸水域。

地理分布： 辽宁、山东、江苏、浙江、福建、广东沿海；日本及朝鲜半岛沿海，后来陆续引入美洲太平洋岸、大西洋东岸、地中海，已形成自然种群。

经济意义： 可食用。

参考文献： 李新正等，2007。

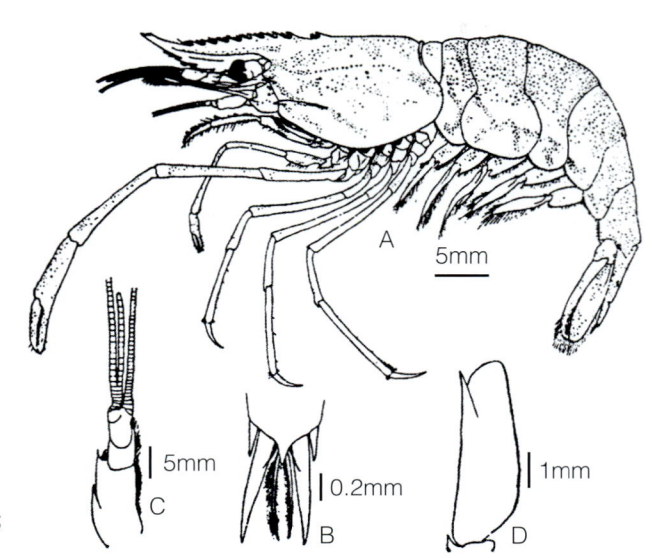

图 68-1 巨指长臂虾 *Palaemon macrodactylus* Rathbun, 1902（引自李新正等，2007）
A. 雄虾侧面观；B. 尾节末端背面观；C. 第 1 触角；D. 第 2 触角鳞片

图 68-2　巨指长臂虾 *Palaemon macrodactylus* Rathbun, 1902（引自李新正等，2007）

太平长臂虾
Palaemon pacificus (Stimpson, 1860)

同物异名： Leander okiensis Kamita, 1950；Leander pacificus Stimpson, 1860

标本采集地： 广东珠海。

形态特征： 额角超出第2触角鳞片的末端，基部平直，末端向上翘，上缘具7～8齿，基部2～3齿位于眼眶缘后的头胸甲上，末端有1～2附加小齿；下缘为4齿。头胸甲的触角刺稍大于鳃甲刺。第2对步足掌部明显长于两指，为指节长的1.3～1.5倍。末3对步足较粗短。第5对步足指节伸至鳞片的末端附近。体透明，头胸部有黑褐色斜斑纹，腹部有同色横斑。

生态习性： 温带和热带种。沿岸、潮间带岩沼中常见，量不大。

地理分布： 浙江以南各省份沿海各地；印度-太平洋，从南非、东非、苏伊士、红海、印度、朝鲜半岛、日本、印度尼西亚、土阿莫土群岛至夏威夷群岛附近海域。

参考文献： 李新正等，2007。

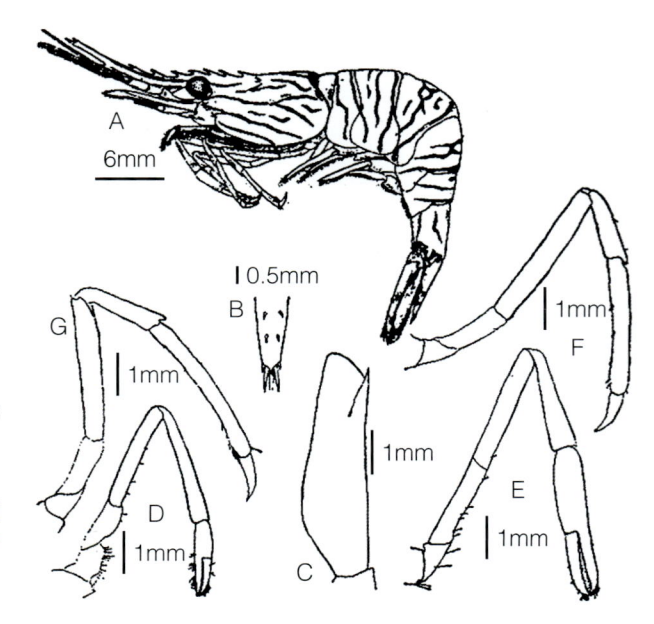

图69-1 太平长臂虾 *Palaemon pacificus* (Stimpson, 1860)（引自李新正等，2007）
A. 雄虾侧面观；B. 尾节末端背面观；C. 第2触角鳞片；D. 第1步足；E. 第2步足；F. 第3步足；G. 第5步足

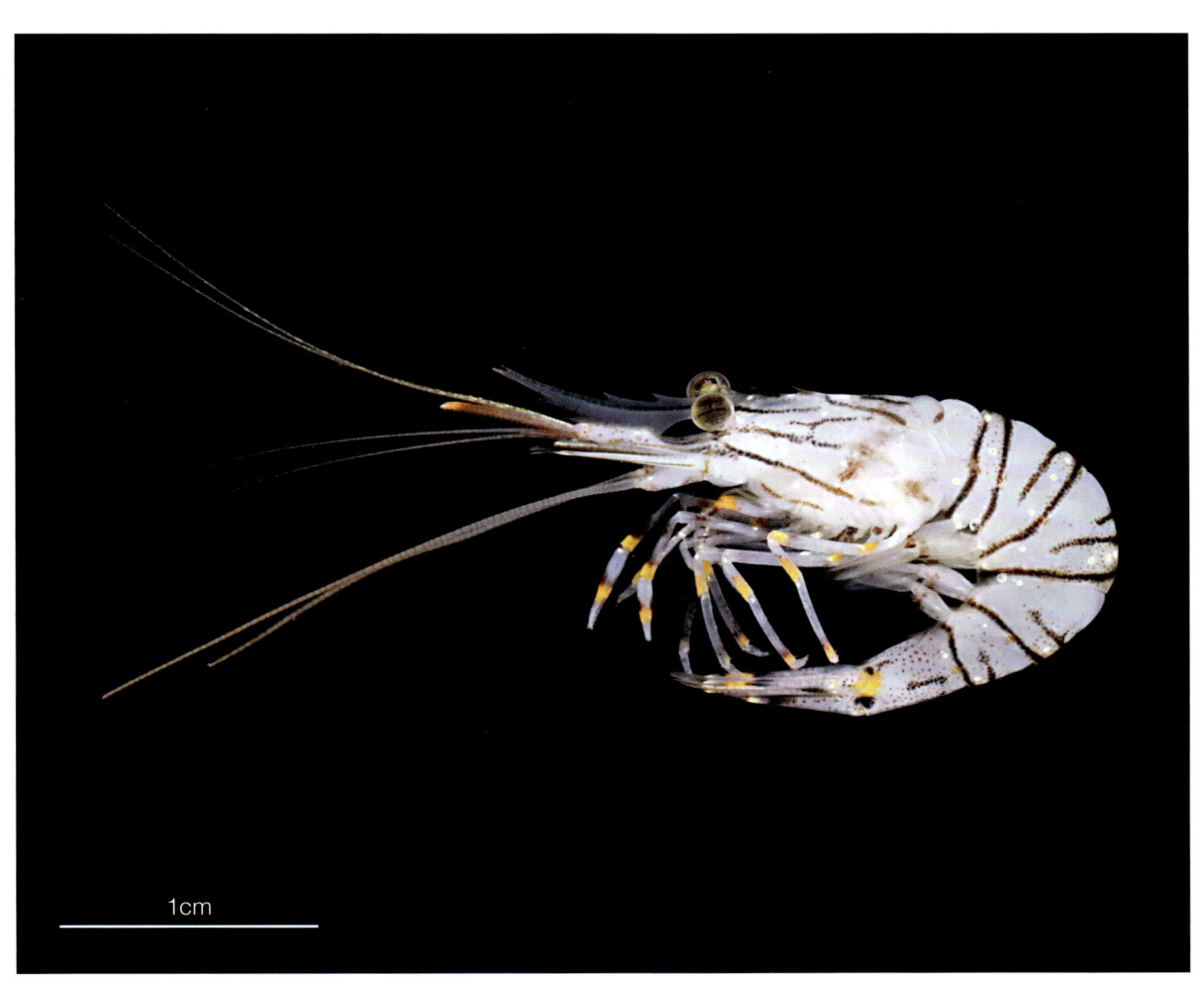

图 69-2　太平长臂虾 *Palaemon pacificus* (Stimpson, 1860)（引自李新正等，2007）

锯齿长臂虾
Palaemon serrifer (Stimpson, 1860)

同物异名： *Leander fagei* Yu, 1930；*Leander serrifer* Stimpson, 1860

标本采集地： 广东湛江。

形态特征： 额角约伸至第 2 触角鳞片的末端附近，额角末端不向上弯曲，侧面观较宽阔，上缘具 9～11 齿，有 2～3 齿位于眼眶后缘的头胸甲上，末端有 1～2 附加小齿，下缘具 3～4 齿。触角刺与鳃甲刺大小相似。第 2 对步足掌部为指节长的 1.3～1.5 倍。第 3 步足掌节为指节的 2.5～3.0 倍。体无色透明，头胸甲有纵行排列的棕色细纹，腹部各节有同样的横纹及纵纹。

生态习性： 寒带、温带和热带种，从寒带到热带海域均可生存。生活于沙或泥沙底的浅海中，通常多在低潮线附近浅水的岩沼石隙间隐藏，退潮时极易找到，但量不大。渤海、黄海 4～9 月繁殖。

地理分布： 从渤海至南海北部沿岸；印度，缅甸，泰国，印度尼西亚，北澳大利亚，朝鲜半岛，日本至南西伯利亚附近海域。

参考文献： 李新正等，2007。

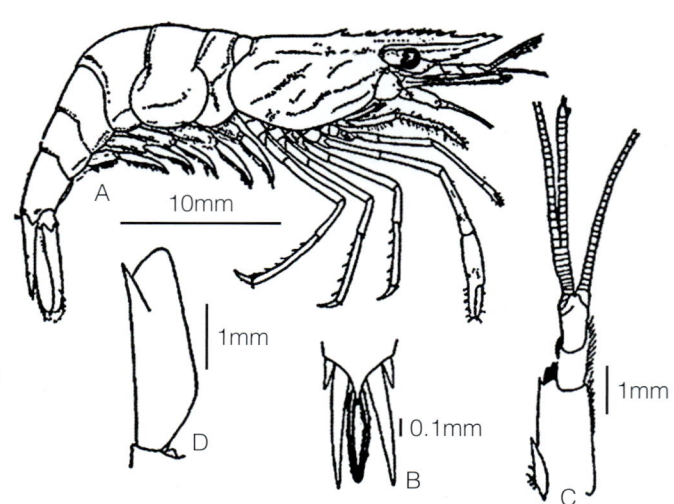

图 70-1　锯齿长臂虾 *Palaemon serrifer* (Stimpson, 1860)（引自李新正等，2007）
A. 虾体侧面观；B. 尾节末端背面观；C. 第 1 触角；D. 第 2 触角鳞片

图 70-2 锯齿长臂虾 *Palaemon serrifer* (Stimpson, 1860)（引自李新正等，2007）

白背长臂虾
Palaemon sewelli (Kemp, 1925)

同物异名： *Eander sewelli* Kemp, 1925

标本采集地： 广东湛江。

形态特征： 额角平直前伸，稍超出第2触角鳞片末端，上缘基部平直，末端微上扬，具14～16齿，其中基部4齿在头胸甲上眼眶缘后，末端2齿很小，接近额角端刺；下缘3～5齿。头胸甲触角刺与鳃甲刺略等大。第2步足显著较粗大，掌部与指节略等长。第3～5步足纤细，指节长度稍大于掌节的1/2。活体两侧遍布暗红色小斑点，背面自头胸甲前端至尾节中部为暗白色带。

生态习性： 热带种。生活于沿岸低盐浅水，量不大。

地理分布： 南海，广东，广西沿海；越南，新加坡，印度，孟加拉湾附近沿海。

参考文献： 李新正等，2007。

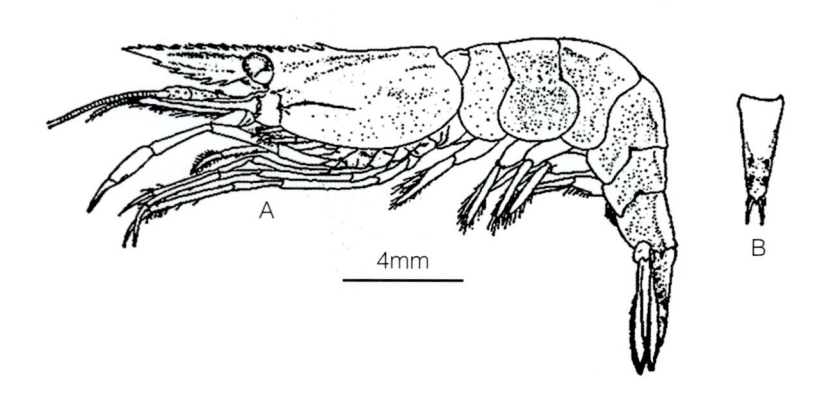

图 71-1 白背长臂虾 *Palaemon sewelli* (Kemp, 1925)（引自李新正等，2007）
A. 雌虾侧面观；B. 尾背面观

图 71-2　白背长臂虾 *Palaemon sewelli* (Kemp, 1925)（引自李新正等，2007）

长臂虾属分种检索表

1. 额角上缘齿少于 10 个（不包括末端附加齿） .... 太平长臂虾 *P. pacificus*
- 额角上缘齿超过 10 个（不包括末端附加齿） 2
2. 第 2 对步足长节长于腕节 .... 白背长臂虾 *P. sewelli*
- 第 2 对步足长节短于腕节 3
3. 额角末端平直，第 3～5 步足指节较宽短 .... 锯齿长臂虾 *P. serrifer*
- 额角末端向上扬起，第 3～5 步足指节较窄长 .... 巨指长臂虾 *P. macrodactylus*

拟长臂虾属 *Palaemonella* Dana, 1852

圆掌拟长臂虾
Palaemonella rotumana (Borradaile, 1898)

同物异名： *Palaemonella vestigialis* Kemp, 1922；*Periclimenes rotumanus* Borradaile, 1898

标本采集地： 广西北海。

形态特征： 额角伸过第 1 触角柄，侧扁，额角齿式为 2+4～6/1～3，侧脊不发达。头胸甲在眼上刺处具小突起，无鳃甲沟，具触角刺和不动肝刺。腹部第 5 节侧甲后下角尖。大颚须 2 节。第 4 胸节腹板具细的中突。第 2 步足对称，腕节具 2 小的尖锐端缘刺，无亚缘刺，长节折缘具尖锐端齿，座节无齿；第 3 步足指节为掌节长的 1/3～1/2。身体透明，步足各节末端有浅黄色环状条纹。

生态习性： 热带种。自由生活或栖息于浅海死珊瑚环境中。

地理分布： 南海；东地中海、红海、东非海域有分布，向东分布到菲律宾、印度尼西亚、夏威夷群岛沿海。

参考文献： 李新正等，2007。

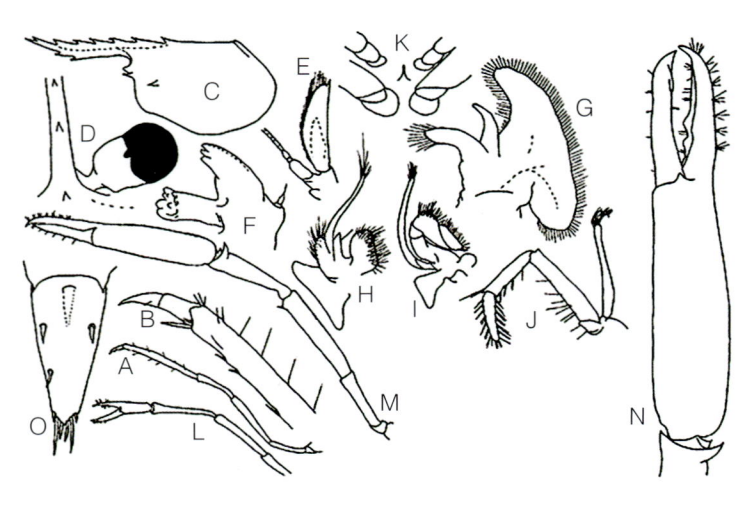

图 72-1　圆掌拟长臂虾 *Palaemonella rotumana* (Borradaile, 1898)（引自李新正等，2007）
A. 第 3 步足；B. 第 3 步足掌节末端和指节；C. 头胸甲侧面观；D. 额角基部和右眼背面观；E. 第 2 触角；F. 大颚；G. 第 2 小颚；H. 第 1 颚足；I. 第 2 颚足；J. 第 3 颚足；K. 第 4 胸节腹板；L. 第 1 步足；M. 第 2 步足；N. 第 2 步足螯；O. 尾节背面观

图 72-2　圆掌拟长臂虾 *Palaemonella rotumana* (Borradaile, 1898)（引自李新正等，2007）

长臂虾科分属检索表

1. 尾节末缘具 2 对刺和 1 对刚毛；第 3 颚足基部具 1 侧鳃 2
 - 尾节末缘具 3 对刺；第 3 颚足基部无侧鳃 3
2. 头胸甲无鳃甲刺，具肝刺 ....沼虾属 *Macrobrachium*
 - 头胸甲具鳃甲刺，无肝刺 ....长臂虾属 *Palaemon*
3. 大颚具大颚须 ....拟长臂虾属 *Palaemonella*
 - 大颚不具大颚须 4
4. 额角及身体背腹扁平；尾节背刺大 ....江瑶虾属 *Conchodytes*
 - 额角及身体侧扁；尾节背刺小 5
5. 第 3 步足指节特殊地侧向扭曲或具三角形的突起 6
 - 第 3 步足指节简单或双爪状 7
6. 第 3 步足指节特殊地侧向扭曲；具肝刺 ....拟钩岩虾属 *Harpiliopsis*
 - 第 3 步足指节具三角形的突起；无肝刺 ....珊瑚虾属 *Coralliocaris*
7. 额角发达，背腹缘具齿；具肝刺 ....弯隐虾属 *Ancylocaris*
 - 额角退化，无齿或仅背缘具齿；无肝刺 ....贝隐虾属 *Anchistus*

玻璃虾科 Pasiphaeidae Dana, 1852
细螯虾属 Leptochela Stimpson, 1860

细螯虾
Leptochela gracilis Stimpson, 1860

同物异名：Leptochela (Leptochela) gracilis Stimpson, 1860；Leptochela pellucida Boone, 1935

标本采集地：南海北部。

形态特征：体型较大，大颚触须平而宽，不相互分开。头胸甲背侧无向上突起的齿，头胸甲长大于 8mm。额角背缘多变，近直线或向上弯曲。雄性和雌性头胸甲背侧都无 3 纵脊。眼眶边缘完整，无刺。从侧面看，第 5 腹节背缘近乎直线，末端突出成刺；尾节前端靠近中央具 1 对可动刺，中后部靠近背外侧具 1 对可动刺；末端具 5 对可动刺。第 2 触角鳞片约为头胸甲的 2/3。第 3 颚足外肢较长，超过倒数第 2 节。第 1、第 2 步足较长，呈钳状，指节内缘具梳状细齿。第 3 步足短于第 1、第 2 步足，外肢不到座节末梢。第 4 步足稍长于第 5 步足，较第 3 步足短。雄性附肢短于内附肢。

生态习性：温带和热带种。栖息于泥底或沙底浅海中，水深 30～194m 处。

地理分布：黄海，东海，南海浅海；日本沿岸。

经济意义：制作虾皮的原材料之一。

参考文献：Chace，1976。

图 73-1 细螯虾 *Leptochela gracilis* Stimpson, 1860（引自王亚琴，2017）
A. 头部侧面观；B. 左第 1 触角；C. 左第 2 触角；D. 左第 3 颚足；E. 左第 1 步足；F. 左第 2 腹肢内附肢与雄性附肢；G. 左第 4 步足；H. 腹部侧面观
比例尺：1mm

图 73-2　细螯虾 *Leptochela gracilis* Stimpson, 1860（引自王亚琴，2017）

俪虾科 Spongicolidae Schram, 1986
微肢猬虾属 *Microprosthema* Stimpson, 1860

强壮微肢猬虾
Microprosthema validum Stimpson, 1860

同物异名： *Microprosthema valida* Stimpson, 1860；*Stenopus robustus* Borradaile, 1910；*Stenopusculus crassimanus* Richters, 1880

标本采集地： 海南三亚。

形态特征： 额角基部宽，呈三角形，不超过第2触角鳞片；背缘具1列5～8齿，腹缘具0～1齿，侧缘无齿。头胸甲多强壮的短刺，指向前方；颈沟明显。第3～5腹节背甲具1道明显的中央纵脊。尾节宽矛状，背面具2道对称的纵脊，脊上具3刺。第3步足最发达，掌节宽胖，稍向内弯，背缘具1脊，腹背缘具刺，内表面具大量小疣突。第4、第5步足结构相似，指节分2叉。

生态习性： 热带和亚热带种。栖息于近岸浅海海域。

地理分布： 东海，南海；在印度洋分布于红海、马纳尔湾、毛里求斯等附近海域，在西太平洋分布于日本、菲律宾、新几内亚岛、澳大利亚北部海域。

参考文献： 姜启吴，2014。

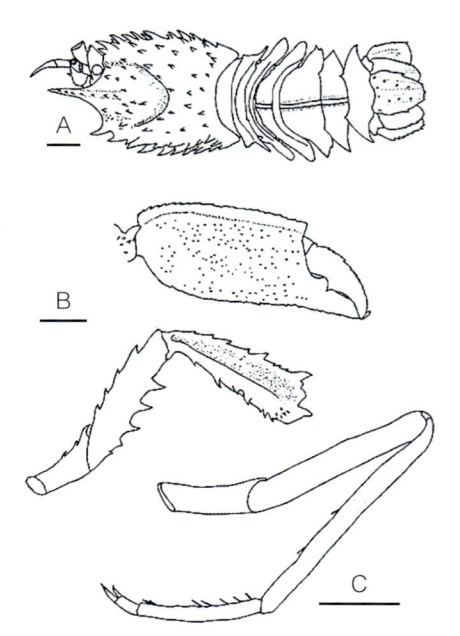

图74-1 强壮微肢猬虾 *Microprosthema validum* Stimpson, 1860（引自姜启吴，2014）
A. 雌性抱卵虾体侧面观；B. 左第3步足侧面观；C. 右第4步足侧面观
比例尺：1mm

图 74-2 强壮微肢猥虾 *Microprosthema validum* Stimpson, 1860（引自姜启吴，2014）

猬虾科 Stenopodidae Claus, 1872

猬虾属 Stenopus Latreille, 1819

多刺猬虾
Stenopus hispidus (Olivier, 1811)

同物异名：*Astacus muricatus* Olivier, 1791；*Cancer* (*Astacus*) *longipes* Herbst, 1793；*Embryocaris stylicauda* Ortmann, 1893；*Palaemon hispidus* Olivier, 1811；*Penaeus borealis* Latreille, 1803；*Squilla groenlandica* Seba, 1759；*Stenopus tenuirostris* var. *intermedia* De Man, 1902

标本采集地：海南三亚。

形态特征：额角细长，背缘具6～8强壮的齿刺，两侧缘各具1排2～8刺，腹缘无刺。头胸甲多刺，刺细长，多呈纵列排布。腹节背甲密布锐刺。尾节背面具2道对称的纵脊，每条脊上具5～7大刺。第3步足最强健，左右几乎等大，各节具刺。第4、第5步足腕节、掌节分亚节，指节分2叉。身体具红白相间的斑纹，第3步足基部蓝色。

生态习性：热带种。多栖息于热带及亚热带的浅海，多见于珊瑚礁。

地理分布：台湾，香港，海南，西沙群岛，南沙群岛海域；马达加斯加，红海，菲律宾，日本，新几内亚岛，夏威夷群岛，格陵兰，巴哈马，佛罗里达，墨西哥湾，百慕大，古巴附近海域。

参考文献：姜启吴，2014。

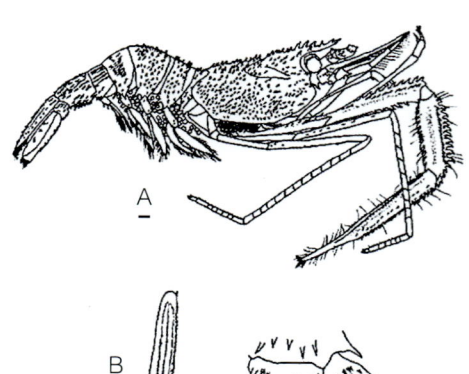

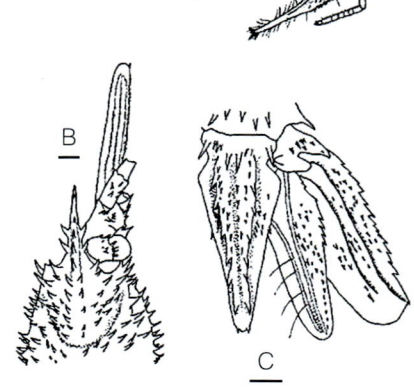

图 75-1 多刺猬虾 *Stenopus hispidus* (Olivier, 1811)（引自姜启吴，2014）
A. 雌性虾体侧面观；B. 头胸甲前部背面观；C. 尾肢和尾节背面观
比例尺：1mm

图 75-2　多刺猬虾 *Stenopus hispidus* (Olivier, 1811)（引自姜启吴，2014）

龙虾科 Palinuridae Latreille, 1802

龙虾属 *Panulirus* White, 1847

波纹龙虾
Panulirus homarus (Linnaeus, 1758)

同物异名： Palinurus homarus (Linnaeus, 1758); Palinurus spinosus H. Milne Edwards, 1837

标本采集地： 南海北部。

形态特征： 头胸甲不侧扁，一般呈筒状。头胸甲背面及侧面密布发达棘刺，间或散布软毛；头胸甲前缘具眼上棘，其两侧等距分别有4个大棘。眼大，眼柄短，角膜呈肾状，眼上棘约为眼高度的2倍长。额角呈板状，较短，其上具4个方形大刺。第1触角发达，触角鞭极长，约等长于体长。第2颚足外肢无鞭，第3颚足无外肢。5对步足均简单无螯。腹部体节具明显横沟，横沟一般延伸到两侧，有时会较短，其前缘一般为波纹状。腹部侧甲前缘光滑无刺，第2~5腹节侧甲后侧角呈锯齿状；尾扇发达。头胸甲一般呈墨绿色或红褐色，其上散布白色微点。腹部侧甲前侧角具色斑。第1触角柄及鞭均具条带花纹。步足颜色相同，有时有弱纵向条带。

生态习性： 热带种。一般栖息于热带浅海海域。

地理分布： 东海南部、南海沿岸浅水海域；东非，日本，印度尼西亚，菲律宾，澳大利亚，新喀里多尼亚，马克萨斯群岛等印度-西太平洋海域。

参考文献： 张昭，2005。

图 76　波纹龙虾 *Panulirus homarus* (Linnaeus, 1758)

蝉虾科 Scyllaridae Latreille, 1825

扇虾属 *Ibacus* Leach, 1815

毛缘扇虾
Ibacus ciliatus (von Siebold, 1824)

同物异名：*Ibacus pictus* Vilanovay Piera, 1875；*Phyllosoma guerini* De Haan, 1849；*Phyllosoma utivaebi* Tokioka, 1954；*Scyllarus ciliatus* von Siebold, 1824

标本采集地：南海北部。

形态特征：头胸甲及腹部均背腹扁平。头胸甲两侧极其扩展，宽度明显大于长度，两侧缘锯齿状，具刚毛，前缘第 1 齿深裂，其前边缘小锯齿状，头胸甲表面具许多小凹点，背面中央部分具纵脊，一般为 3 条，正中线上的脊起较低；眼小，眼柄很短，具眼眶；第 1 触角不发达，触角鞭短小；第 2 触角非常发达，但不具触角鞭，触角柄极其宽而平扁，边缘锯齿状，具刚毛。第 3 颚足长节正常，不膨大。腹甲表面不具横沟，侧甲向两侧扩展，稍向后倾斜，末端尖锐。5 对步足均简单无螯，但成熟雄性第 5 步足呈亚螯状；尾扇发达。

生态习性：温带和热带种。栖息于水深 70～250m 的沙泥质海底中。

地理分布：东海，南海，台湾附近海域；日本，东南亚近岸。

参考文献：汪宝永等，1998。

图 77　毛缘扇虾 *Ibacus ciliatus* (von Siebold, 1824)

九齿扇虾
Ibacus novemdentatus Gibbes, 1850

标本采集地： 南海北部。

形态特征： 头胸甲及腹部均背腹扁平。头胸甲两侧极其扩展，宽度略大于长度，两侧缘锯齿状，具短刚毛，前缘第 1 齿深裂，其前边缘小锯齿状，具短刚毛。头胸甲中央部分具纵脊，其中最中间的脊上具 4 个突起。眼小，眼柄极短，具眼窝，眼窝接近于头胸甲前缘中央。第 1 触角短小，具触角鞭；第 2 触角发达，但不具触角鞭，触角柄极其扩展，宽而平扁。第 3 颚足长节膨大。5 对步足均简单，不具螯。

生态习性： 温带和热带种。主要栖息于热带或亚热带海域水深 70～250m 沙泥质海底中。

地理分布： 东海，南海，台湾附近海域；日本，泰国，菲律宾，东非近岸海域。

参考文献： 汪宝永等，1998。

图 78　九齿扇虾 *Ibacus novemdentatus* Gibbes, 1850

瓷蟹科 Porcellanidae Haworth, 1825
拟豆瓷蟹属 Enosteoides Johnson, 1970

装饰拟豆瓷蟹
Enosteoides ornatus (Stimpson, 1858)

同物异名： Porcellana corallicola Haswell, 1882；Porcellana ornata Stimpson, 1858

标本采集地： 南海北部。

形态特征： 头胸甲卵圆形，长略大于宽，表面分区明显，尤其是前胃区、中胃区、后胃区、肝区、前鳃区有多个隆起。额分3叶，前缘锯齿状，中叶末端向下弯曲。肝区边缘锯齿状，有1刺。鳃区侧缘向外凸出，具多枚刺（可达8枚）。螯足近等大。长节内末角扇形突起，常具多枚明显的刺。腕节前缘锯齿状，近端有几枚明显的长刺；后缘有6~9刺；背表面具短横褶线，中部和近前缘处各有1纵脊。大螯宽而扁平，外缘锯齿状并长有羽状毛，沿外缘背面有1列刺；背表面具1隆起的中脊，外半部具有多个大而圆形的隆起；内半部有小而矮的瘤突。两指切缘无齿，指间无间隙，具羽状毛。步足长节前缘有1~3小刺或刺突。第1、第2步足腕节末端有2刺，第3步足1刺。前节后缘具5可动棘（包括末端1对）；指节后缘具4棘或5棘。腹部尾节具7块节板。雄性第2腹节具1对交接器。

生态习性： 温带和热带种。常见于潮下带和潮间带礁石缝隙中。

地理分布： 东海，南海；巴基斯坦，印度，澳大利亚昆士兰，日本近岸海域。

参考文献： 董栋，2011。

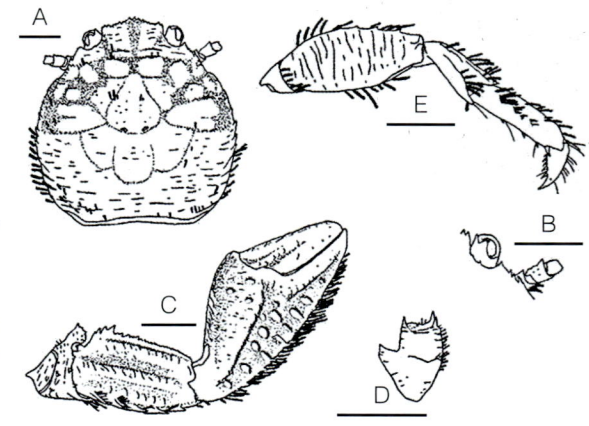

图79-1 装饰拟豆瓷蟹 *Enosteoides ornatus* (Stimpson, 1858)（引自董栋，2011）
A. 头胸甲背面观；B. 第2触角柄右侧背面观；C. 大螯背面观；D. 第1触角基节腹面观；E. 右侧第1步足后侧面观
比例尺：1mm

图 79-2 装饰拟豆瓷蟹 *Enosteoides ornatus* (Stimpson, 1858)（引自董栋，2011）

厚螯瓷蟹属 *Pachycheles* Stimpson, 1858

雕刻厚螯瓷蟹
Pachycheles sculptus (H. Milne Edwards, 1837)

同物异名： *Pachycheles sculptus* var. *tuberculatus* Borradaile, 1900；*Porcellana pisum* H. Milne Edwards, 1837；*Porcellana pulchella* Haswell, 1882；*Porcellana sculpta* H. Milne Edwards, 1837

标本采集地： 海南三亚。

形态特征： 头胸甲宽大于长，表面无毛，有少量短横纹。额较宽，中叶末端向下垂直弯折，背面观前缘平直。鳃区侧缘外凸无刺。侧壁隔断为两部分。螯足不等大，个体间差异较明显。腕节背面前缘具2～4宽齿；外缘弧形；背表面有成列的鳞片状或粒状突起组成的纵脊，尤其近外缘的纵脊较隆起。掌节表面（特别是小螯表面）具4条鳞片状或粒状突起组成的纵脊，有些个体大螯脊成不规则排列，表面凹凸不平。大螯不动指和可动指基部各有1齿。步足长节前缘无刺，常具突起。腕节前缘末端无刺。前节后缘具4可动棘（包括末端1对）。指节后缘具3棘。腹部尾节具5块节板。雄性腹节无交接器。

生态习性： 热带种。栖息于潮间带到水深180m的珊瑚间隙中，或海绵中。

地理分布： 广西，香港，台湾，海南岛附近海域；印度-西太平洋广泛分布，西起印度洋西部的塞舌尔，东到南太平洋的土阿莫土群岛，琉球群岛，北至中国南海，南至澳大利亚北部和西部沿海的广大热带及亚热带区域。

参考文献： 董栋，2011。

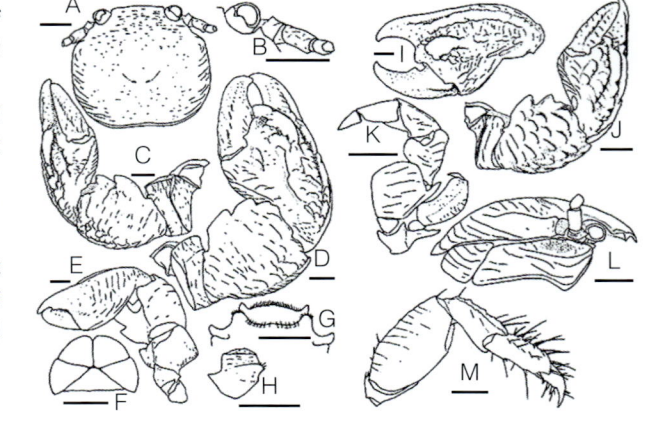

图80-1 雕刻厚螯瓷蟹 *Pachycheles sculptus* (H. Milne Edwards, 1837)（引自董栋，2011）
A. 头胸甲，背面观；B. 第2触角柄右侧，背面观；C. 小螯，背面观；D. 大螯，腹面观；E. 小螯，腹面观；F. 尾节；G. 第3和第4胸板，腹面观；H. 第1触角基节左侧，腹面观；I. 大螯掌节，背面观；J. 部分个体螯足表面（具成列的突起组成的脊），背面观；K. 第3颚足左侧，腹面观；L. 右侧侧壁，侧面观；M. 右侧第1步足，后侧面观
比例尺：1mm

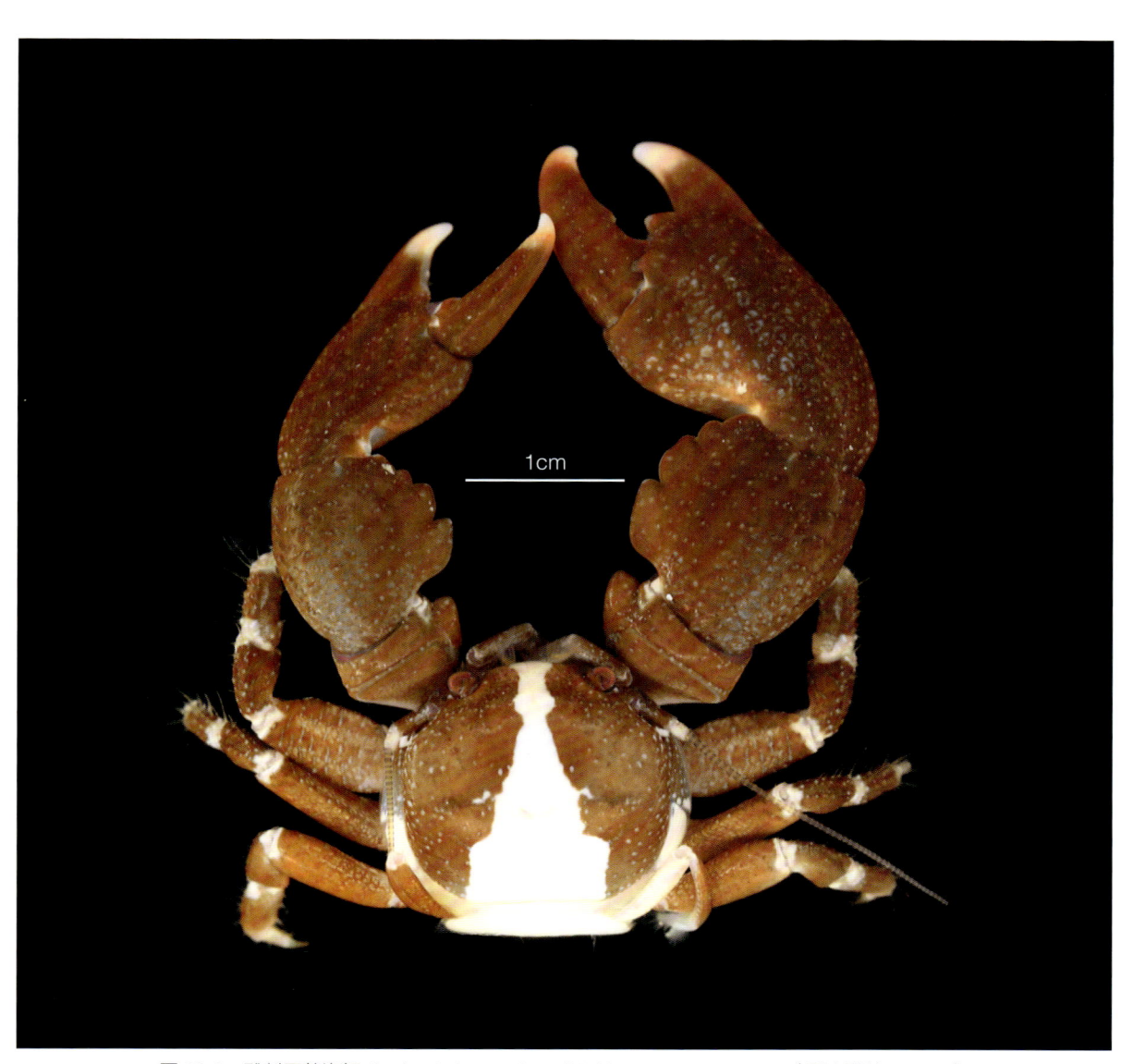

图 80-2　雕刻厚螯瓷蟹 *Pachycheles sculptus* (H. Milne Edwards, 1837)（引自董栋，2011）

岩瓷蟹属 *Petrolisthes* Stimpson, 1858

鳞鸭岩瓷蟹
Petrolisthes boscii (Audouin, 1826)

同物异名：*Petrolisthes amakusensis* Miyake & Nakasone, 1966；*Petrolisthes rugosus* Miers, 1884；*Porcellana boscii* Audouin, 1826；*Porcellana rugosa* H. Milne Edwards, 1837

标本采集地：广西北海。

形态特征：头胸甲近卵圆形，长略大于宽，背表面分布有许多长短不一的横隆脊，胃区隆脊长且明显隆起。额较窄，近三角形，末端向下弯曲，中央沟明显。额胃脊较明显，前缘着生细毛。前鳃刺1对。鳃区侧缘向外凸出，无任何棘刺。螯足近等大。长节内末角突起，边缘锯齿状。腕节背面前缘具3～5齿；后缘末端部分具3刺。掌节宽；外缘圆齿状，近外缘背面具1排刺（稍小个体）或尖锐刺突（稍大个体），其间覆有细毛；背表面具大量的隆脊，靠外侧部分隆脊较短而弯曲，内侧部分褶线较长而平直。可动指背表面覆有短而弯曲的鳞片状隆脊；两指之间无空隙，切缘生有短绒毛。步足各节前缘生有长刚毛。长节前缘平、无棘刺，除了一列硬刚毛另覆有长羽状毛；第1、第2步足长节后缘末端具1尖锐的刺。第1对步足腕节具1末端刺，其余步足无。前节后缘具4可动棘（包括末端1对）。指节后缘具3棘。腹部尾节具7块节板。雄性第2腹节具1对交接器。

生态习性：热带种。常栖息于潮间带岩石缝隙或珊瑚礁中。

地理分布：南海；红海，波斯湾，巴基斯坦，缅甸丹老群岛，泰国湾，北澳大利亚，越南，向北到日本九州附近海域。

参考文献：董栋，2011。

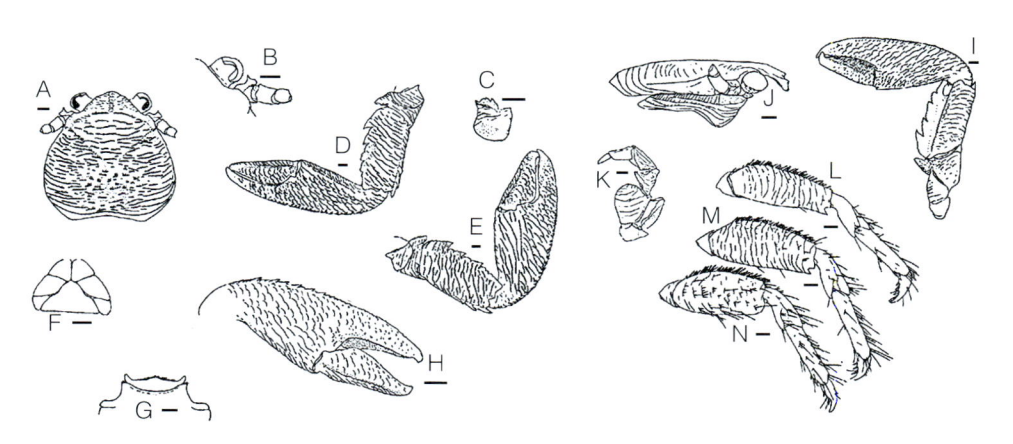

图 81-1 鳞鸭岩瓷蟹 *Petrolisthes boscii* (Audouin, 1826)（引自董栋，2011）
A. 头胸甲，背面观；B. 第 2 触角柄右侧，背面观；C. 第 1 触角基节右侧，腹面观；D. 小螯，背面观；E. 大螯，背面观；
F. 尾节；G. 第 3 和第 4 胸板，腹面观；H. 大螯掌节，背面观；I. 小螯，腹面观；J. 右侧侧壁，侧面观；
K. 第 3 颚足左侧，腹面观；L～N. 右侧第 1～3 步足，后侧面观
比例尺：1mm

图 81-2 鳞鸭岩瓷蟹 *Petrolisthes boscii* (Audouin, 1826)（引自董栋，2011）

哈氏岩瓷蟹
Petrolisthes haswelli Miers, 1884

标本采集地： 广西北海。

形态特征： 头胸甲近卵圆形，长略大于宽，表面分布有细小的横纹，通常密生短毛，而后鳃区刚毛较长。额较窄，近三角形，末端略下弯，中央沟较明显，延伸至额胃脊。前鳃刺1对。鳃区侧缘向侧后方倾斜，无棘刺。螯足近等大。长节内末角末端圆。腕节背面前缘具4～6齿；后缘具3刺并着生羽状毛；背表面分布短的鳞状横纹。掌节宽，外缘平滑无刺；背表面具大量短小的横褶线，褶线隆起成小的瘤突并着生短而密的细毛（幼小个体表面常无毛）。两指之间无空隙，无密毛。步足长节前缘列生浓密的羽状（呈棒状）刚毛，无棘刺；第1、第2步足长节后缘末端各具1刺。第1步足腕节前缘具有末端刺。前节后缘具4可动棘（包括末端1对）。指节末端爪粗短，后缘具3棘。腹部尾节具7块节板。雄性第2腹节具1对交接器。

生态习性： 温带和热带种。常栖息于潮间带岩石下。

地理分布： 东海，南海；罗亚尔特群岛，澳大利亚西岸，昆士兰，帕劳，琉球群岛，印度尼西亚马鲁古群岛。

参考文献： 董栋，2011。

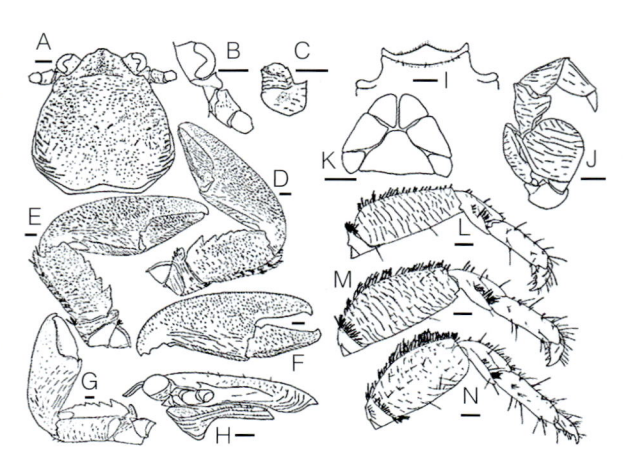

图82-1 哈氏岩瓷蟹 *Petrolisthes haswelli* Miers, 1884（引自董栋，2011）
A. 头胸甲，背面观；B. 第2触角柄右侧，背面观；C. 第1触角基节右侧，腹面观；D. 小螯，背面观；E. 大螯，背面观；F. 大螯掌节，背面观；G. 小螯，腹面观；H. 左侧身壁，侧面观；I. 第3和第4胸板，腹面观；J. 第3颚足右侧，腹面观；K. 尾节；L～N. 右侧第1～3步足，后侧面观
比例尺：1mm

图 82-2　哈氏岩瓷蟹 *Petrolisthes haswelli* Miers, 1884（引自董栋，2011）

日本岩瓷蟹
Petrolisthes japonicus (De Haan, 1849)

同物异名： Porcellana japonicus De Haan, 1849

标本采集地： 海南三亚。

形态特征： 头胸甲卵形，长大于宽，背表面具有细微的横纹，后鳃区侧部有斜向褶纹，表面无刚毛着生。额窄，三角形，末端下弯，中央沟较明显。无眼窝外角。无前鳃刺。鳃区侧缘无任何棘刺。螯足近等大。长节内末角小而窄，末端圆。腕节背面前缘近端具1窄齿（有时2），其余部分光滑；后缘末半部分具2～3刺。掌节宽而扁，外缘光滑无毛；背表面有大量细微的横纹。两指之间无空隙，切缘无毛。步足各节前缘有稀疏的刚毛。长节前缘光滑，后侧面有间断的横褶纹；第1、第2步足长节后缘末端各有1小刺。第1步足腕节前缘具1末端刺。前节后缘具5可动棘（包括末端1对）。指节后缘具3棘。腹部尾节具7块节板。雄性第2腹节具1对交接器。

生态习性： 热带和温带种。常栖息于潮间带岩石缝隙中。

地理分布： 东海，南海；琉球群岛，小笠原群岛，日本本州，朝鲜半岛，越南等附近海域。

参考文献： 董栋，2011。

图83-1 日本岩瓷蟹 *Petrolisthes japonicus* (De Haan, 1849)（引自董栋，2011）
A. 头胸甲，背面观；B. 第2触角柄右侧，背面观；
C. 第1触角基节左侧，腹面观；D. 大螯，背面观；
E. 右侧第1步足，后侧面观
比例尺：1mm

图 83-2　日本岩瓷蟹 *Petrolisthes japonicus* (De Haan, 1849)（引自董栋，2011）

岩瓷蟹属分种检索表

1. 头胸甲无前鳃刺 .... 日本岩瓷蟹 *P. japonicus*
- 头胸甲具前鳃刺 2
2. 头胸甲和螯足掌节表面具明显的长而隆起的横褶线 .... 鳞鸭岩瓷蟹 *P. boscii*
- 头胸甲和螯足掌节表面无显著隆起的褶线 .... 哈氏岩瓷蟹 *P. haswelli*

豆瓷蟹属 *Pisidia* Leach, 1820

异形豆瓷蟹
Pisidia dispar (Stimpson, 1858)

同物异名： *Polyonyx carinatus* Ortmann, 1892；*Porcellana dispar* Stimpson, 1858；*Porcellana rostrata* Baker, 1905

标本采集地： 南海北部。

形态特征： 头胸甲近卵形，长略大于宽。额较短窄，分3叶，中叶末端强烈向下弯曲，侧叶不突出，背面观前缘较平直。肝区边缘有1刺；前鳃角具小刺；鳃区侧缘具2侧刺。螯足不等大，有雌雄差异，雌体大小螯结构近似，雄体大螯明显粗壮。小螯腕节背面前缘通常具2齿，后缘具3~5刺。雄体大螯腕节末端宽于近端，前缘波状，后缘刺较少。小螯掌节较扁而长，外缘背面具1排小刺，长有长而密的羽状毛；背表面中部隆起成1纵脊；两指细长，不动指末端略呈双叉状，可动指稍扭曲，两指切缘无齿，有浓密的羽状毛，指间或具大的空隙（较大个体）。雄性大螯掌节厚，表面及外缘光滑，无刺无毛；两指短粗，可动指切缘基部和不动指切缘中部各有1钝齿，指间无毛，有较小的空隙。步足长节前缘无刺（较大个体），有时长有1或2刺突或刺（幼小个体）。前节后缘具4或5可动棘（包括末端1对）；指节后缘具5棘，末端1棘基部显著隆起。腹部尾节具7块节板。雄性第2腹节具1对交接器。

生态习性： 热带种。一般栖息于浅水区，最深到达188m，在珊瑚缝隙中生活，也有藏在岩石下的。

地理分布： 南海；日本，澳大利亚，新几内亚岛，斐济等热带海域。

参考文献： 董栋，2011。

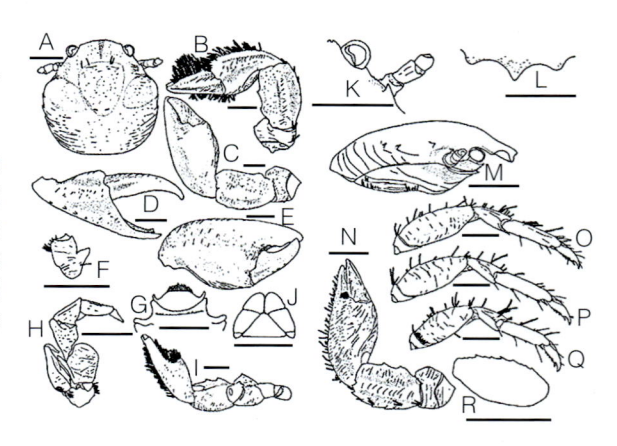

图84-1 异形豆瓷蟹 *Pisidia dispar* (Stimpson, 1858)（引自董栋，2011）
A. 头胸甲，背面观；B. 小螯，背面观；C. 大螯，背面观；D. 小螯掌节（去毛），背面观；E. 雄性大螯掌节，背面观；F. 第1触角基节右侧，腹面观；G. 第3和第4胸板，腹面观；H. 第3颚足右侧，腹面观；I. 小螯，腹面观；J. 尾节；K. 第2触角柄右侧，背面观；L. 额，前面观；M. 右侧侧壁，侧面观；N. 雌性大螯，背面观；O~Q. 右侧第1~3步足后，侧面观；R. 左侧步足长节，后侧面观
比例尺：1mm

图 84-2 异形豆瓷蟹 *Pisidia dispar* (Stimpson, 1858)（引自董栋，2011）

戈氏豆瓷蟹
Pisidia gordoni (Johnson, 1970)

同物异名： *Porcellana* (*Pisidia*) *gordoni* Johnson, 1970

标本采集地： 海南三亚。

形态特征： 头胸甲近卵形。额三叶形，边缘锯齿状，中叶末端轻微向下弯曲，前缘背面观短而平直。肝区边缘有1刺，前鳃角或有小刺，鳃区侧缘向外凸出，具3近等大的侧刺。螯足不等大，有雌雄差异，雌体大小螯结构近似，雄体大螯明显粗壮。小螯腕节前缘近半部具2齿，后半部有小的细齿；后缘末端有1刺，距末端1/3处另具1刺。雄体大螯腕节前缘波状或近半部有2小齿；后缘末端具1刺，另外1刺有时退化。小螯掌节较扁；外缘锯齿状，背面具1排刺，长有长而密的羽状毛；背表面中部隆起成1纵脊，脊上有1列明显的刺；不动指末端呈双叉状，可动指明显扭曲；两指切缘无齿，长有浓密的羽状毛。雄性大螯掌节厚；表面及外缘光滑，无刺无毛（小个体或近外缘有残存的刺列）；两指短粗，可动指明显扭曲，切缘基部和不动指切缘中部各有1钝齿。步足长节前缘无刺。第1步足腕节末端有2刺，其余步足1刺。前节后缘具4可动棘（包括末端1对）；指节后缘具5棘，末端1棘基部显著隆起。腹部尾节具7块节板。雄性第2腹节具1对交接器。

生态习性： 热带和温带种。常见于低潮区泥沙质底岩石孔隙，与活珊瑚共栖，或与海绵共生。

地理分布： 东海，南海；红海，非洲东岸，波斯湾，印度，新加坡，泰国湾，马来半岛等附近海域。

参考文献： 董栋，2011。

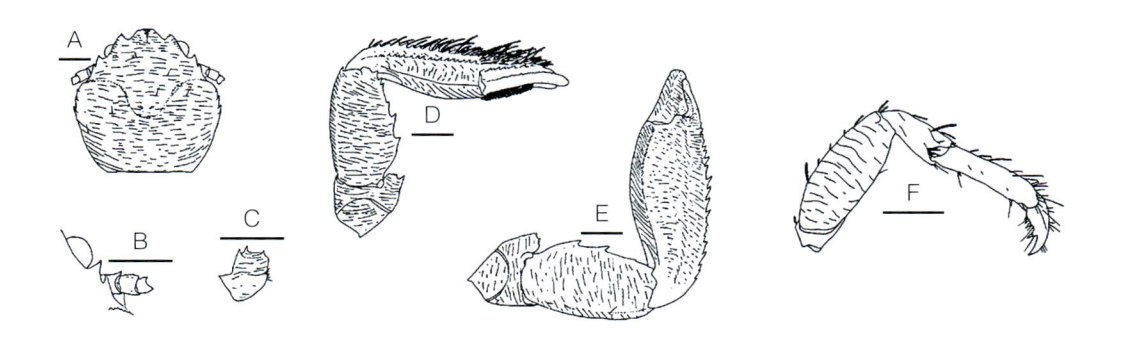

图 85-1　戈氏豆瓷蟹 *Pisidia gordoni* (Johnson, 1970)（引自董栋，2011）
A. 头胸甲，背面观；B. 第 2 触角柄右侧，背面观；C. 第 1 触角基节左侧，腹面观；D. 小螯，背面观；
E. 雄性大螯，背面观；F. 右侧第 1 步足，后侧面观
比例尺：1mm

图 85-2　戈氏豆瓷蟹 *Pisidia gordoni* (Johnson, 1970)（引自董栋，2011）

小瓷蟹属 *Porcellanella* White, 1851

三叶小瓷蟹
Porcellanella triloba White, 1851

同物异名： *Porcellanella picta* Stimpson, 1858

标本采集地： 海南三亚。

形态特征： 头胸甲长显著大于宽。额分 3 叶，突出成三叉状，中叶最长，近半椭圆形，末端圆滑。侧缘近于平行或稍向后聚拢。螯足近等大。长节内末角叶突呈三角形。腕节前后缘光滑近平行。掌节狭长，表面圆鼓，具细微的线纹。两指切缘锯齿状，无钝齿，基部及其邻近腹面有浓密的长羽状毛。步足长节短粗，近椭圆形，前缘光滑无刺。腕节末端无刺。前节前缘有羽状毛；后缘具末端 1 对可动棘。指节具 4 爪，最近端爪最短，近端数倒数第 2 爪最长。腹部尾节具 7 块节板。雄性第 2 腹节具 1 对交接器。

生态习性： 热带和温带种。与海鳃（如翼海鳃属 *Pteroeides*）共栖，多出现在沙泥质海底。

地理分布： 东海，南海；非洲东海岸，波斯湾，印度马纳尔湾，泰国湾，西澳大利亚，澳大利亚北部和东部海域。

参考文献： 董栋，2011。

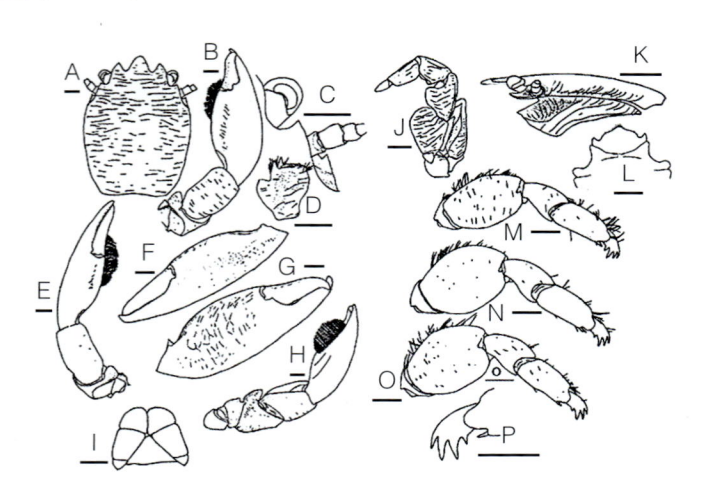

图 86-1 三叶小瓷蟹 *Porcellanella triloba* White, 1851（引自董栋，2011）
A. 头胸甲，背面观；B. 大螯，背面观；C. 第 2 触角柄右侧，背面观；D. 第 1 触角基节左侧，腹面观；E. 小螯，背面观；F. 小螯掌节，背面观；G. 大螯掌节，背面观；H. 小螯，腹面观；I. 尾节；J. 第 3 颚足左侧，腹面观；K. 左侧侧壁，侧面观；L. 第 3 和第 4 胸板，腹面观；M～O. 右侧第 1～3 步足后，侧面观；P. 左侧第 1 步足指节，后侧面观
比例尺：1mm

图 86-2　三叶小瓷蟹 *Porcellanella triloba* White, 1851（引自董栋，2011）

瓷蟹科分属检索表

1. 第 2 触角柄的可动节（第 2～4 节）可以触达眼眶内，不动节（第 1 节）短 2
- 第 2 触角柄的可动节不能触达眼眶内，不动节（第 1 节）向前延伸达头胸甲前缘 3
2. 螯足粗大，侧壁不完整，由膜分隔成 2 或多个小片 ....厚螯瓷蟹属 *Pachycheles*
- 螯足宽扁，侧壁完整 ....岩瓷蟹属 *Petrolisthes*
3. 头胸甲长显著大于宽，步足指节具 4 爪 ....小瓷蟹属 *Porcellanella*
- 头胸甲长宽略等或宽大于长，步足指节具 1 爪 4
4. 头胸甲表面分区明显 ....拟豆瓷蟹属 *Enosteoides*
- 头胸甲表面分区不明显 ....豆瓷蟹属 *Pisidia*

管须蟹科 Albuneidae Stimpson, 1858

管须蟹属 *Albunea* Weber, 1795

隐匿管须蟹
Albunea occulta Boyko, 2002

同物异名：*Albunea occultus* Boyko, 2002

标本采集地：南海北部。

形态特征：头胸甲横沟（CG）明显，第1横沟（CG1）分为前后两部分，CG3分为4～7个小片段，CG4侧段向中部延伸到达或超过CG1的中部端点，CG5分为2个短的、向前凸起的小片段，CG8分为2个长片段，CG11为1个长片段或2个小的片段；近后缘沟长，延伸几乎覆盖整个后缘。额角延伸到达眼板的后缘。眼板近长方形。眼柄末节呈长三角形，末端尖，侧缘拱曲，中央缘平直。第2胸肢指节基部明显突起，与末端形成窄缝；第3胸肢指节基部的突起细长尖锐。第4胸肢指节侧缘波浪状弯曲。雄性尾节呈匙状，末端中央具小的突起，侧缘向外弯曲；雌性尾节卵圆形。

生态习性：热带和温带种。栖息于潮间带到潮下带80多米深，沙质海底。

地理分布：东海，南海；西太平洋北至日本土佐湾，南到澳大利亚东西海岸。

参考文献：Osawa et al., 2010。

图 87　隐匿管须蟹 *Albunea occulta* Boyko, 2002

活额寄居蟹科 Diogenidae Ortmann, 1892

硬壳寄居蟹属 *Calcinus* Dana, 1851

精致硬壳寄居蟹
Calcinus gaimardii (H. Milne Edwards, 1848)

同物异名： *Pagurus gaimardii* H. Milne Edwards, 1848

标本采集地： 海南三亚。

形态特征： 楯部近椭圆形，后缘弯曲，前缘较直，长稍大于宽，表面前半部密具点状突起，后半部较光滑。额角小，近三角形。眼发达，眼柄长，角膜半球形，长度约为眼柄的 1/7；眼鳞近三角形。螯足发达，左侧螯足十分强大，远大于右侧螯足，螯指闭合状态下缝隙较宽，切缘面具突起；可动指、不动指及掌部上侧面具紧密排列的颗粒状突起，长节和腕节内上侧面同样具颗粒状突起；掌部背缘具小刺；腕节外侧角末缘具 1 刺和 1 倾斜沟槽；长节内侧角末缘具 1 或 2 强壮刺。右螯掌部和腕节背缘锯齿状，外侧面具颗粒状突起。第 3 步足指节稍短于掌节，其末缘为黑色角质刺，腹缘具小刺和刚毛；掌节腹缘具刚毛，其末端部分刚毛长刷状；腕节外侧角具 1 大刺。尾节中缝较小，左后叶稍大于右后叶。

生态习性： 多为热带种。寄居于芋螺、蝾螺、凤螺、马蹄螺等的螺壳中，栖息于珊瑚礁、沙质等环境中。

地理分布： 南海，台湾沿岸海域；日本南部，印度尼西亚，肯尼亚，莫桑比克，新几内亚岛等印度 - 西太平洋海域。

参考文献： 肖丽婵，2013。

图 88 精致硬壳寄居蟹 *Calcinus gaimardii* (H. Milne Edwards, 1848)

光螯硬壳寄居蟹
Calcinus laevimanus (Randall, 1840)

同物异名： *Calcinus herbstei* De Man, 1888；*Calcinus herbsti* De Man, 1888；*Calcinus herbsti* var. *lividus* (H. Milne Edwards, 1848)；*Calcinus herbstii* De Man, 1888；*Calcinus herbstii* var. *lividus* (H. Milne Edwards, 1848)；*Calcinus lividus* (H. Milne Edwards, 1848)；*Pagurus laevimanus* Randall, 1840；*Pagurus levimanus* Randall, 1840；*Pagurus lividus* H. Milne Edwards, 1848；*Pagurus tibicen* H. Milne Edwards, 1836

标本采集地： 南海北部。

形态特征： 楯部楯板形，表面光滑，前半部具半圆形沟纹，后半部具4条沟纹；额角近三角形，末端尖锐，稍超过侧突。眼发达，眼柄长，约等长于楯部长度；角膜半球形，约为眼柄长度的1/5；眼鳞简单，近三角形，单刺。螯足发达，左右螯足显著不相等，左螯远大于右螯。左螯足螯部十分强大，长宽近似相等；指节位于掌节外侧面顶端，其切缘具1乳头状突起；掌部及腕节的背缘具颗粒状突起，间或光滑。右侧小螯掌节与大螯形态相近，腕节背缘具1浅沟。第3步足的指节稍短于掌节；指节和掌节腹缘无刷子状刚毛，仅指节腹缘具稀疏的簇生短刚毛，腕节背缘外侧较末端具1齿。尾节后叶左右不对称，左后叶较大。

生态习性： 热带种。常寄居于蟹守螺科和蛛螺科等螺壳内，栖息于珊瑚礁、沙质区、泥岸等环境中。

地理分布： 南海近岸海域；日本，菲律宾，印度尼西亚，肯尼亚，毛里求斯，澳大利亚，圣诞岛等印度-西太平洋海域。

参考文献： 肖丽婵，2013。

图 89　光螯硬壳寄居蟹 *Calcinus laevimanus* (Randall, 1840)

隐白硬壳寄居蟹
Calcinus latens (Randall, 1840)

同物异名：*Calcinus abrolhensis* Morgan, 1988；*Calcinus cristimanus* (H. Milne Edwards, 1848)；*Calcinus intermedius* De Man, 1881；*Calcinus terraereginae* Haswell, 1882；*Calcinus terrae-reginae* Haswell, 1882；*Pagurus cristimanus* H. Milne Edwards, 1848；*Pagurus latens* Randall, 1840

标本采集地：海南三亚。

形态特征：楯部近长心形，表面光滑，前缘较平直，后缘突出渐尖；额角小，近三角形，末端尖锐。眼发达，眼柄极长，几乎等长于楯部长度；角膜球形，较小，约为眼柄长的1/8；眼鳞小，近三角形，顶端单刺。螯足发达，左螯稍大于右螯；左侧大螯可动指和不动指顶端均向内弯曲而略呈匙状；螯指闭合状态下具宽缝隙；指节略短于掌节的1/2，外侧缘呈锯齿状，切缘具3圆齿；不动指内侧缘和切缘均呈锯齿状；掌部背缘外侧具颗粒状突起，腹缘具纵行的小点状突起；腕节背缘外侧角具1强壮齿，表面散布小点状突起；长节外侧面亦具颗粒状突起。右侧螯足指节背缘呈锯齿状，掌部背缘具5齿，外侧面具颗粒状突起；腕节背缘隆起且多刺，外侧面多颗粒。第2与第3步足略长于螯足；第3步足指节略长于掌节，端部具黑色角质刺；掌节和腕节末端背缘具尖刺。尾节后叶左右不对称，中缝明显，左后叶略大于右后叶；后叶末缘腹面具0～6刺。

生态习性：热带种。可寄居于多种螺壳，栖息于珊瑚礁、珊瑚丘、岩石岸等环境中。

地理分布：南海近岸海域；波斯湾，东非，肯尼亚，马达加斯加，毛里求斯，夏威夷群岛，甘比尔群岛等海域。

参考文献：肖丽婵，2013。

图 90 隐白硬壳寄居蟹 *Calcinus latens* (Randall, 1840)

美丽硬壳寄居蟹
Calcinus pulcher Forest, 1958

标本采集地： 海南海口。

形态特征： 楯部近椭圆形，长大于宽，表面略光滑；额角小，钝角形，侧突明显，突出为尖角状，额角和侧突之间明显内凹。眼发达，眼柄极长，长度稍长或等长于楯部。螯足发达，左螯显著大于右螯；左侧大螯可动指和不动指切缘均具大齿状突起，两指闭合状态下具缝隙，指节基部具凹陷；掌部背缘上侧面具颗粒状突起；外侧面散布颗粒状突起，背缘和腹缘突起最大；腕节外侧面散布齿状突起，末端缘锯齿状，其外侧缘具 1 行小刺；长节末端外侧缘具数刺，后半部表面散布颗粒状突起。右侧小螯掌部和腕节外侧缘背部具刺。第 2 步足腕节背缘外侧末端具刺；第 3 步足指节略短于掌节；指节和掌节腹缘无长刷状刚毛，具稀疏的短刚毛；指节末端具黑色角质刺。尾节后叶左右几乎对称，中缝小。

生态习性： 热带种。一般栖息于珊瑚礁海域中。

地理分布： 南海近岸海域；安达曼海，日本，越南，印度尼西亚，科科斯群岛，澳大利亚，马约特岛等印度 - 西太平洋海域。

参考文献： 肖丽婵，2013。

图91　美丽硬壳寄居蟹 *Calcinus pulcher* Forest, 1958

瓦氏硬壳寄居蟹
Calcinus vachoni Forest, 1958

标本采集地： 海南三亚。

形态特征： 楯部呈心形，长度略大于或等长于宽度；额角清晰可见，钝角形，稍超过侧突。眼发达，眼柄长，稍短于或等长于楯部长度，基部略膨大；眼鳞近三角形，顶端二裂状或具 2～5 刺。螯足发达；左螯显著大于右螯；左侧螯足可动指和不动指切缘均具突起，两指闭合状态下缝隙较宽；掌部外侧缘稍凸出，具细小点状突起或光滑，背缘具小点状突起或光滑；腕节背缘末端具小颗粒状突起。右侧小螯掌部上缘具数个小刺；腕节背缘具小刺。第 3 步足指节约为掌节长度的 4/5，指节腹缘具角质刺；掌节末端腹缘和指节腹缘具簇状长刚毛；腕节背缘外侧角具 1 强壮齿。尾节左右后叶显著不对称，左后叶较大；两者间的中缝较小，两后叶末缘锯齿状。

生态习性： 热带种。一般栖息于热带海域的珊瑚礁、岩礁中。

地理分布： 南海近岸海域；索马里，毛里求斯，马约特岛，密克罗尼西亚，日本，越南，澳大利亚，法属波利尼西亚等印度-西太平洋热带海域。

参考文献： 肖丽婵，2013。

硬壳寄居蟹属分种检索表

1. 左第 3 步足指节及掌节腹缘末端具刷状稠密刚毛 .... 精致硬壳寄居蟹 *C. gaimardii*
 - 左第 3 步足指节及掌节腹缘末端非刷状稠密刚毛 2
2. 左螯背缘具显著的刺状突起 .... 美丽硬壳寄居蟹 *C. pulcher*
 - 左螯背缘光滑或仅具小颗粒 3
3. 左第 3 步足指节长于掌节 .... 隐白硬壳寄居蟹 *C. latens*
 - 左第 3 步足指节不长于掌节 4
4. 左螯极大，显著大于右螯 .... 光螯硬壳寄居蟹 *C. laevimanus*
 - 左螯大于右螯，但不是极大 .... 瓦氏硬壳寄居蟹 *C. vachoni*

图 92　瓦氏硬壳寄居蟹 *Calcinus vachoni* Forest, 1958

细螯寄居蟹属 *Clibanarius* Dana, 1852

下齿细螯寄居蟹
Clibanarius infraspinatus (Hilgendorf, 1869)

同物异名： *Pagurus* (*Clibanarius*) *infraspinatus* Hilgendorf, 1869

标本采集地： 广西北海。

形态特征： 楯部近方形，下缘凸圆，长稍大于宽，背部表面具簇状短刚毛和点状突起。额角锐角形，末端尖；侧突小，短于额角。眼发达，眼柄长，几乎等长于楯部长度，首尾两端略膨胀；角膜半球形，小，约为眼柄长的1/9；眼鳞近三角形，前缘稍凹，顶端具2～4刺。螯足左右近似对称，或右螯略小，形态也相似；螯足可动指和不动指闭合状态时具缝隙，指节背缘表面具2～3行点状突起和刚毛丛，外侧面亦具成行的点状突起；掌部背缘及靠外的侧面具大的齿状突起；腕节背靠外侧缘具3齿，周缘散布小刺状突起；长节背缘及外侧缘具小齿，腹缘远侧具1大齿，外侧缘锯齿状。步足各节略光滑，具成行簇状短刚毛；指节明显长于掌节，端部为黑色角质刺，外侧面稍隆起成脊状，腹缘末半端具7～8角质刺；掌节背缘具齿，略呈锯齿状，腹缘具小齿；腕节背缘锯齿状。尾节后叶不对称，其中缝较小，左后叶大于右后叶，后缘均具1～5角质尖刺。

生态习性： 热带和温带种。常常栖息于河口处的细沙质底或潮间带泥沙环境中。

地理分布： 东海，南海近岸海域；泰国，马来西亚，新加坡，越南，菲律宾，日本，印度尼西亚，澳大利亚，缅甸，印度洋，红海，阿拉伯海北部，孟加拉湾等海域。

参考文献： 肖丽婵，2013。

图 93 下齿细螯寄居蟹 *Clibanarius infraspinatus* (Hilgendorf, 1869)

兰绿细螯寄居蟹
Clibanarius virescens (Krauss, 1843)

同物异名： *Clibanarius philippinensis* Estampador, 1937；*Clibanarius sachalinicus* Kobjakova, 1955；*Pagurus virescens* Krauss, 1843

标本采集地： 南海北部。

形态特征： 楯部近方形，长略大于宽，表面光滑，具稀疏刚毛。额角三角形，末端尖锐，侧突小，短于额角。眼发达，眼细长，几乎等长于楯部长度，基部略膨大；角膜半球形，短，约为眼柄长的1/6，眼鳞宽三角形，末缘具2～4刺及少数刚毛。螯足几乎相等，右螯比左螯稍大，形态相似；螯指闭合状态时具间隙，两指切缘均具大齿状突起；左侧螯足掌节和指节外侧面具黑色角质刺，锥形；掌部背缘具5～6强壮齿；腕节背缘具3小齿，其中靠近基部的较小或者退化。第3步足指节稍短于掌节，背侧缘具脊状突起，腹缘具6～7角质刺，背腹缘均具簇状长刚毛；掌节背侧缘具瘤状脊，末缘具1～2刺状突起，腹缘具小刺；腕节背末端具刺。尾节中缝很小，后叶左右略不对称，两后叶末缘中部锯齿状，左后叶靠边缘的刺较大。

生态习性： 温带和热带种。一般栖息于珊瑚礁、沙质底、海草床等环境中。

地理分布： 东海，南海近岸水域；日本，泰国，印度尼西亚，澳大利亚，新喀里多尼亚，肯尼亚，马达加斯加，马约特岛，莫桑比克，塞舌尔，索马里，坦桑尼亚，毛里求斯，斐济岛，红海，阿拉伯海北部等海域。

参考文献： 肖丽婵，2013。

图 94　兰绿细螯寄居蟹 *Clibanarius virescens* (Krauss, 1843)

真寄居蟹属 *Dardanus* Paulson, 1875

兔足真寄居蟹
Dardanus lagopodes (Forskål, 1775)

同物异名： *Cancer lagopodes* Forskål, 1775；*Dardanus helleri* Paulson, 1875；*Pagurus affinis* H. Milne Edwards, 1836；*Pagurus depressus* Heller, 1861；*Pagurus euopsis* Dana, 1852

标本采集地： 海南三亚。

形态特征： 楯部心形，后缘中间具缺刻，长度大于宽度。额角小，较圆润，侧突稍长于额角。眼发达，眼柄长，等于或长于楯部长度；角膜半球形，略膨胀，长度约为眼柄的 1/6；眼鳞近方形，末缘锯齿状。螯足不对称，左螯大于右螯；螯指闭合状态不具缝隙，两指切缘均具圆齿状突起；指节背缘及侧缘具成行排列的齿，表面散布小刺状突起；掌部外侧缘具 6～8 强壮齿，掌节背缘及外侧面均散布齿状突起，腹缘具小锐刺，其基部着生刚毛；腕节外侧缘具 4～6 强壮齿，亚末端的刺最大，外侧面散布小齿状突起；长节内腹缘锯齿状，背缘近外侧面处具 1 行刺，外侧角具 1 大齿。第 3 步足的指节长于掌节，末端为黑色角质刺，侧缘及背缘散布小刺状突起，腹缘具 8～10 大齿，齿间具稀疏长刚毛；掌节背缘和腹缘均具角质尖刺或突起，外侧缘具长硬刚毛；腕节背缘外侧角末端具 2 强壮齿，腹缘具角质尖刺。尾节中缝较深，后叶左右不对称，左后叶长于右后叶，后叶末缘均具 2～4 角质尖刺。

生态习性： 热带种。一般栖息于珊瑚礁、岩岸及潮下带硬质环境中。

地理分布： 南海近岸海域；越南，日本，马来西亚，菲律宾，印度南部，新几内亚岛，澳大利亚，马达加斯加，东非，肯尼亚，索马里，坦桑尼亚，毛里求斯等印度-西太平洋海域。

参考文献： 肖丽婵，2013。

图 95 兔足真寄居蟹 *Dardanus lagopodes* (Forskål, 1775)

活额寄居蟹属 *Diogenes* Dana, 1851

弯螯活额寄居蟹
Diogenes deflectomanus Wang & Tung, 1980

标本采集地： 南海北部。

形态特征： 楯部近八边形，长度稍大于宽度，背部前面及周缘部分具刺状突形成的脊，突脊周围具刚毛。额角小，近钝角状，侧突小，外侧前缘锯齿状。眼发达，眼柄相对粗短，长约为楯部长的 2/3；角膜半球形，不膨大，约为眼柄长的 1/4；眼鳞近三角形，前缘倾斜，锯齿状。螯足左右不对称，左螯显著大于右螯；左侧螯足指节明显向下弯曲，螯指闭合状态具缝隙，指节背缘中部具 1 行脊状突起，背缘外侧面具 1 行小突起，散布小颗粒状突起；掌部背缘具 1 行大齿状突起，腹缘外侧面和中间部位具 2 行突起，背腹缘其他部分密布小颗粒状突起；腕节背缘具 1 行刺状突起，外侧面密布小颗粒，腹缘仅末端具刺；长节腹缘上半部分具数大齿，其他部分密布颗粒状突起。第 3 步足指节显著长于掌节，约为掌节长的 1.5 倍，指节外侧面具 1 细槽，背缘具浓密刚毛；掌节背缘近身半部具数个小刺，其周围具长刚毛；腕节背缘具小刺和刚毛；长节无刺。尾节后叶左右不对称，中缝小，左后叶略大于右后叶，两叶末缘均锯齿状。

生态习性： 温带和热带种。一般寄居于玉螺的壳中，栖息于泥质环境中。

地理分布： 黄海，东海，南海近岸海域。

参考文献： Mclaughlin et al., 2010；肖丽婵，2013。

图 96 弯螯活额寄居蟹 *Diogenes deflectomanus* Wang & Tung, 1980

宽带活额寄居蟹
Diogenes fasciatus Rahayu & Forest, 1995

标本采集地： 海南海口。

形态特征： 楯部近盾形，长宽相等或长稍大于宽。额角退化，小而圆润，侧突明显，长于额角。眼发达，眼柄相对短粗，稍短于楯部，角膜半球形，不膨大，约为眼柄长的1/4；眼鳞近扇形或三角形，前缘具数个小刺。两眼鳞间具近卵圆形额突，其顶端具尖刺。螯足左右不对称，左螯明显大于右螯，螯指闭合时不具缝隙，两指切缘均具圆突起；指节背缘具2行锯齿状刺，表面散布小刺状突起；掌部背缘具2列钝刺，整个外侧面均密布颗粒状突起，基部靠近关节的部位具1行大齿状突起，不尖锐，腹缘锯齿状；腕节背缘外侧缘具1行强壮弯刺，外侧面散布颗粒状突起，腹缘近末半部具3～5个刺。步足指节长于掌节，为掌节长的1.4～1.5倍，背腹缘均具刚毛，外侧面具1浅纵沟；腕节背缘末端具2～3个小刺。尾节后叶左右不对称，中缝很小，左后叶大于右后叶，末缘均锯齿状。

生态习性： 热带种。可寄居于多种螺内。

地理分布： 南海近岸海域；新加坡，印度尼西亚等海域。

参考文献： 肖丽婵，2013。

图 97　宽带活额寄居蟹 *Diogenes fasciatus* Rahayu & Forest, 1995

毛掌活额寄居蟹
Diogenes penicillatus Stimpson, 1858

标本采集地： 广西北海。

形态特征： 楯部近似多边形，后缘圆润突出，前缘中央具小刺，长宽近似相等；楯部背面具脊刺状横纹，着生簇状刚毛。额角小而退化、钝圆形，侧突明显、钝角形，顶端尖锐。眼发达，眼柄相对短粗，稍短于楯部；角膜半球形，为眼柄长的1/5～1/4；眼鳞近扇形，前侧缘锯齿状，其中前缘顶端的1～2刺较大；两眼鳞间具尖锐额突，刺状，稍超出眼鳞中部。螯足左右不对称，左螯显著大于右螯；整个螯的外侧面具浓密的细刚毛，刚毛底下散布刺状突起；螯指切缘具大小不等的圆齿状突起；指节背缘为锯齿状，末端的刺较大；掌部背缘具2～3行刺状突起，外侧面则具小颗粒状突起；腕节背缘末端具10～12刺，外侧面近末端具1行小刺，腹缘具1行大齿；长节背缘、末缘和腹缘均具刺状突起。第3步足指节稍长于掌节，为掌节长的1.2～1.4倍，略向内弯曲，端部尖锐；腕节背外侧缘多刺，整个步足外侧面均覆盖细刚毛。尾节后叶左右不对称，中缝很小，末缘内凹，左后叶大于右后叶，末缘均具数个大小不等的刺，左后叶下侧缘锯齿状。

生态习性： 热带和温带种。一般栖息于沙质底环境中。

地理分布： 东海南部，南海近岸海域；日本沿岸海域。

参考文献： 肖丽婵，2013。

活额寄居蟹属分种检索表

1. 左螯掌部包被稠密刚毛 ...... 毛掌活额寄居蟹 *D. penicillatus*
 - 左螯掌部不具稠密刚毛 2
2. 左第3步足腕节仅末端具小刺 ...... 宽带活额寄居蟹 *D. fasciatus*
 - 左第3步足腕节背缘具成行的刺 ...... 弯螯活额寄居蟹 *D. deflectomanus*

图 98　毛掌活额寄居蟹 *Diogenes penicillatus* Stimpson, 1858

活额寄居蟹科分属检索表

1. 第 5 步足基部胸壁具侧鳃；雌性具三裂腹肢 .... 真寄居蟹属 *Dardanus*
 - 第 5 步足基部胸壁无侧鳃；雌性具二裂腹肢 2
2. 左右螯足近似相等 .... 细螯寄居蟹属 *Clibanarius*
 - 左螯显著大于右螯 3
3. 额角发育良好，三角形；两眼鳞间无额角 .... 硬壳寄居蟹属 *Calcinus*
 - 额角退化，宽三角形或圆润；两眼鳞间具可活动额突 .... 活额寄居蟹属 *Diogenes*

寄居蟹科 Paguridae Latreille, 1802
寄居蟹属 *Pagurus* Fabricius, 1775

窄小寄居蟹
Pagurus angustus (Stimpson, 1858)

同物异名： *Eupagurus angustus* Stimpson, 1858
标本采集地： 南海北部。
形态特征： 楯部近似心形，长稍大于宽，背面光滑；额角小，钝角形。眼发达，眼柄长，长度大于楯部长度的一半，角膜半球形，前端略膨胀；眼鳞近四边形，末端尖锐。螯足左右不对称，右侧螯足显著大于左侧螯足；右螯螯部及各节表面密具齿状突起；掌部背外侧缘到不动指外侧缘具1排较大的齿状突起，靠近基部背面的1排突起同样较大；螯指切缘具齿状突起；腕节末端的齿状突起更大；长节腹缘具1"结节"。左螯形态与右螯相似，掌部背面中部略扁平，突起稍圆；腕节具明显的齿状突起。前两对步足略侧扁；指节等于或短于掌节，腹缘具6～9角质刺，末端角质刺状；第2步足腕节背缘具4～8刺，第3步足腕节仅末端具刺。尾节后叶左右不对称，中缝浅，末缘轻微凹陷，左后叶内侧缘锯齿状。
生态习性： 热带种。常常寄居于腹足类的螺壳中。
地理分布： 南海；日本沿岸海域。
参考文献： 韩源源，2017。

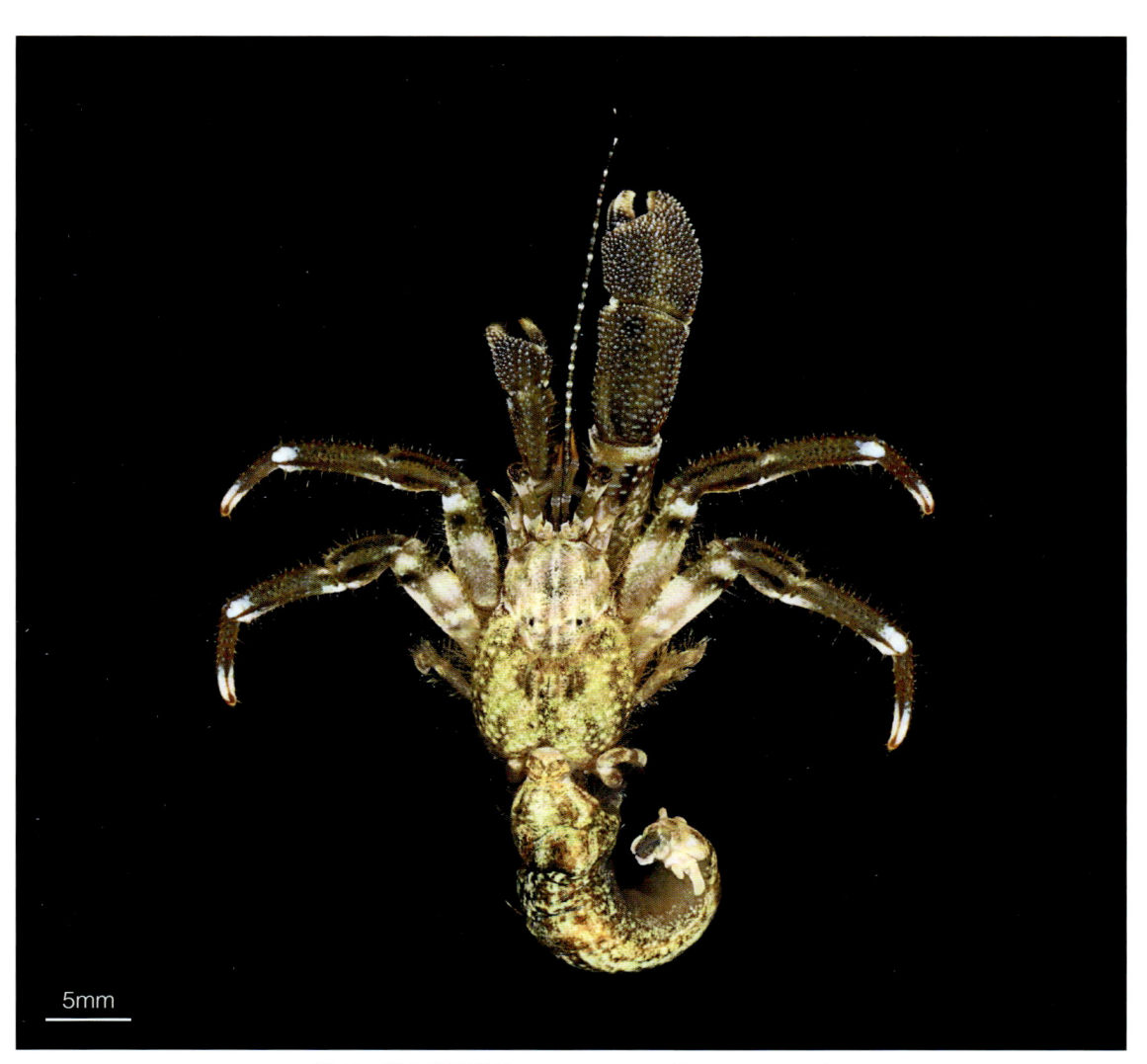

图 99　窄小寄居蟹 *Pagurus angustus* (Stimpson, 1858)

同形寄居蟹
Pagurus conformis De Haan, 1849

同物异名： *Eupagurus megalops* Stimpson, 1858；*Pagurus megalops* (Stimpson, 1858)

标本采集地： 南海北部。

形态特征： 楯部矮胖心形，宽明显大于长；额角退化，仅楯部前缘中央圆润突起，侧突明显，超出额角。眼发达，眼柄相对较短，仅稍长于楯部长度的一半；角膜半球形，前端显著膨胀；眼鳞略呈圆卵状。螯足左右不对称，右侧螯足大于左侧螯足；右螯螯部及各节表面具齿状突起，侧缘具长刚毛；螯指切缘具齿状突起，指节背面靠外侧具成排的刺状突起，掌部的齿状突起比较有规律，一般成排而将掌部划分为几个分界，腕节背面的突起比较分散，突起周围具簇状短刚毛，腹面中央具1小孔。左螯形态与右螯相似。前两对步足较长，形态相似；指节细长，为掌节长度的1.6～1.8倍，背外侧缘具小刺，腹内缘具细小的角质刺；掌节和腕节背外缘均具1排小刺。尾节后叶左右不对称，左后叶稍大于右后叶，具明显中缝，左右后叶末缘及侧缘为强烈锯齿状。

生态习性： 温带和热带种。常常寄居于腹足类的螺壳中。

地理分布： 黄海，东海，南海；日本近岸海域。

参考文献： 韩源源，2017。

图 100　同形寄居蟹 *Pagurus conformis* De Haan, 1849

库氏寄居蟹
Pagurus kulkarnii Sankolli, 1961

标本采集地： 南海北部。

形态特征： 楯部近似心形，长度略大于宽度，背面光滑，具短刚毛；额角小，钝角状，侧突明显，稍超出于触角。眼发达，眼柄长，稍长于楯部长的一半，角膜半球状，前端略膨胀；眼鳞近似四边形，前缘末端锯齿状。螯足左右不对称，右侧螯足大于左侧螯足；螯指切缘锯齿状，可动指及不动指表面具颗粒状突起，掌部表面具小颗粒状突起，其中靠近可动指基部的突起较大，腕节背面散布小颗粒状突起，背中缘具1排小刺状突起，腹侧中部具翼状突起；长节腹侧中部同样具翼状突起。左螯形态与右螯近似，指节指腹缘具小刺，背面具颗粒状突起；腕节及长节腹侧中部不具翼状突起。前两对步足形态相似，步足指节几乎等长于掌节，顶端具大的角质刺，腹缘具5～6小角质刺；掌节背缘上侧具小脊；腕节背缘上侧角具1刺。尾节后叶左右不对称，具明显中缝，左后叶稍大于右后叶，左右后叶后缘呈锯齿状。

生态习性： 热带种。常常寄居于腹足类的螺壳中。

地理分布： 南海；泰国，巴基斯坦，印度等近岸海域。

参考文献： 韩源源，2017。

图 101　库氏寄居蟹 *Pagurus kulkarnii* Sankolli, 1961

小形寄居蟹
Pagurus minutus Hess, 1865

同物异名： *Eupagurus dubius* Ortmann, 1892；*Pagurus dubius* (Ortmann, 1892)

标本采集地： 海南三亚。

形态特征： 楯部近似心形，长度稍大于宽度，背面光滑，散布簇状短刚毛；额角近钝角形或为圆润突起，侧突明显，稍短于额角。眼发达，眼柄长，长度仅稍短于楯部长度，角膜半球形，末端略膨胀，眼鳞不规则，末缘小锯齿状。螯足左右明显不对称，右侧螯足远远长于左侧螯足，雄性右侧螯足则更长；右螯螯指及掌部背面散布刺状突起，螯指切缘略齿状突起，雌性右螯掌部背中缘具成排刺状突起，雄性则无。左螯掌部背面中央及背侧缘具成排小刺状突起。第2和第3步足形态相似，后者更长；指节显著长于掌节，其侧面和内中面具浅长小沟，末端呈角质刺状，腹缘具很多稍小的角质刺；第2步足腕节具成行的小刺，而第3步足腕节仅具1背末刺。尾节后叶左右不对称，左后叶略大于右后叶，具较宽中缝，左右后叶后缘呈不均匀锯齿状。

生态习性： 温带和热带种。栖息于泥沙潮间带并延伸到河口区域，水深5m。

地理分布： 黄海，东海，南海；西太平洋。

参考文献： 韩源源，2017。

寄居蟹属分种检索表

1. 螯腕节腹面具"针孔" .... 同形寄居蟹 *P. conformis*
 - 螯腕节腹面不具"针孔" 2
2. 右螯腕节与长节腹内缘具翼状突起 .... 库氏寄居蟹 *P. kulkarnii*
 - 右螯腕节与长节腹内缘不具翼状突起 3
3. 步足指节长于掌节 .... 小形寄居蟹 *P. minutus*
 - 步足指节等于或短于掌节 .... 窄小寄居蟹 *P. angustus*

图 102　小形寄居蟹 *Pagurus minutus* Hess, 1865

绵蟹科 Dromiidae De Haan, 1833

劳绵蟹属 *Lauridromia* McLay, 1993

德汉劳绵蟹
Lauridromia dehaani (Rathbun, 1923)

同物异名： *Dromia dehaani* Rathbun, 1923

标本采集地： 海南海口。

形态特征： 体大，头胸甲甚宽，表面密布短软毛和成簇硬刚毛，分区可辨，鳃心沟和鳃沟明显，胃、心区具1"H"形沟。额具3齿，中齿较侧齿小且低位，背面可见。上眼窝齿很小，下眼窝齿大，额后及侧缘附近低洼。前侧缘具4齿，末两齿间距小。后侧缘斜直，具1齿，以此引入斜行沟。后缘横直。螯足粗壮、等大，长节呈三棱形，前宽后窄，背缘甚隆，具4齿，内、外缘具不明显小齿。腕节外末缘具2个疣状突起。掌节粗壮，宽大于长。背缘基半部具1齿及2细颗粒。可动指长于掌节，两指基半部具绒毛，末半部光滑无毛，内缘具8～9钝齿。第1对步足为最长，第3对最短小。前两对步足瘦长，长节背缘隆起，近末端有成簇短刚毛。腕节前宽后窄。掌节与指节等长。指的背缘具两排刷状短刚毛，内缘具16～20小刺。末两对步足短小，位于背面，末两节各具1小刺，相对呈钳状。

生态习性： 热带和温带种。栖息于水深8～150m的细沙、泥沙碎壳底环境中。

地理分布： 东海，南海；韩国，日本，印度尼西亚，印度，亚丁湾，马达加斯加，南非及红海。

参考文献： 陈惠莲和孙海宝，2002。

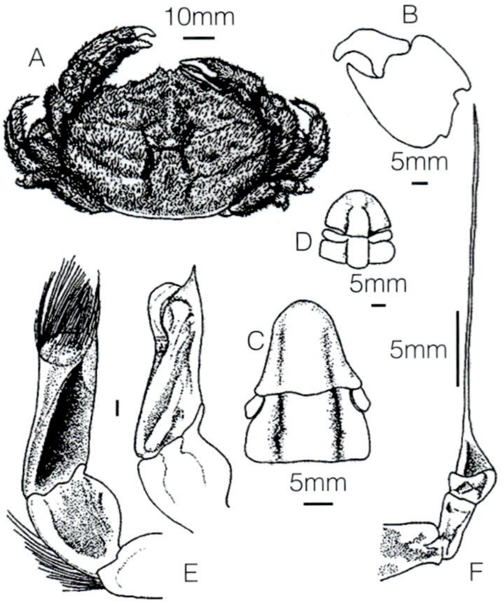

图103-1 德汉劳绵蟹 *Lauridromia dehaani* (Rathbun, 1923)（引自陈惠莲和孙海宝，2002）A. 雄性全形；B. 第4步足末2节；C. 雄性腹部末2节（包括尾肢）；D. 雌性腹部末2节（包括尾肢）；E. 雄性第1腹肢（左右两侧）；F. 雄性第2腹肢

图 103-2　德汉劳绵蟹 *Lauridromia dehaani* (Rathbun, 1923)（引自陈惠莲和孙海宝，2002）

馒头蟹科 Calappidae De Haan, 1833

馒头蟹属 *Calappa* Weber, 1795

逍遥馒头蟹
Calappa philargius (Linnaeus, 1758)

同物异名：*Calappa cristata* Fabricius, 1798；*Calappe cristata* (Fabricius, 1798)；*Cancer inconspectus* Herbst, 1794；*Cancer philargius* Linnaeus, 1758

标本采集地：海南三亚。

形态特征：头胸甲背部甚隆，表面具5条纵列的疣状突起，侧面具软毛。额窄，前缘凹陷，分2齿。眼窝小，边缘具颗粒，背缘后面各具1半环状的紫色斑纹。第3颚足具短毛，座节内缘具细齿，长节末端窄于基部，外肢可达长节的末缘。前侧缘具颗粒状齿，后侧缘具3齿，后缘中部具1圆钝齿，两侧各具4三角形锐齿，齿缘及表面具细的颗粒。螯足不对称，左大右小，长节外侧末缘突出，分4叶状齿，边缘具软毛，腕节外侧面具1红斑点，掌节外侧面具3纵列扁平的疣状突起，背缘具6锐齿及2钝齿，近腹缘具1横列圆形疣状突起，两螯的指节形状不对称，右边的较为粗壮。步足细长而光滑。雄性第1腹肢末半部显著向腹外侧弯曲，近末端表面周围具小齿，末端趋窄，圆钝。腹部呈长条状，第3～5节愈合，节缝可辨，第6节近长方形，尾节锐三角形。雌性腹部亦为长条形，第6节近方形，尾节三角形。

生态习性：热带和温带种。生活于水深30～100m的沙质或泥沙质的海底。

地理分布：东海，南海；朝鲜，日本，印度尼西亚，新加坡，丹老群岛，波斯湾，红海。

经济意义：其壳可入药，有理气止痛的功效。

参考文献：戴爱云等，1986。

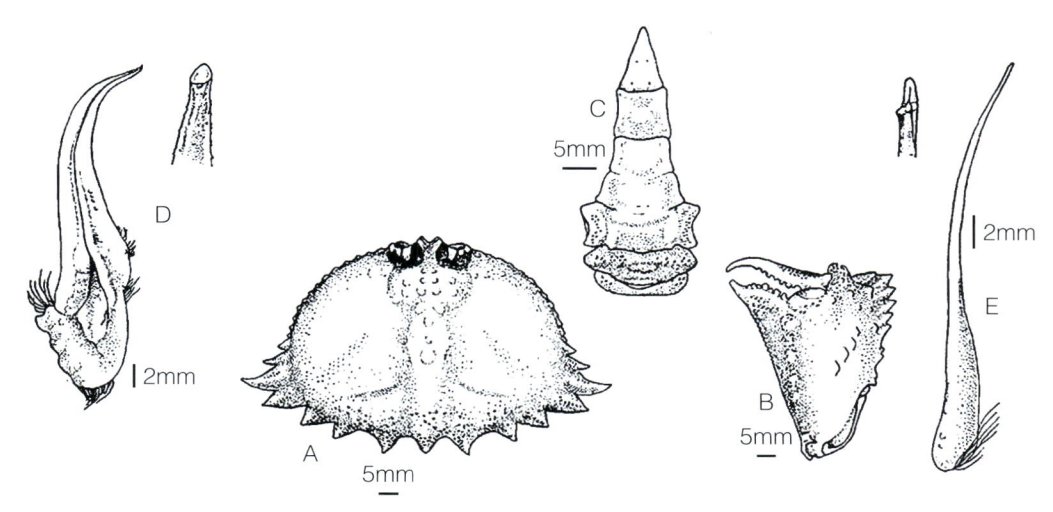

图 104-1　逍遥馒头蟹 *Calappa philargius* (Linnaeus, 1758)（引自陈惠莲等，2002）
A. 头胸甲；B. 左小螯外侧面；C. 雄性腹部；D. 雄性第 1 腹肢及其末端放大；E. 雄性第 2 腹肢及其末端放大

图 104-2　逍遥馒头蟹 *Calappa philargius* (Linnaeus, 1758)（引自陈惠莲等，2002）

盔蟹科 Corystidae Samouelle, 1819

卵蟹属 *Gomeza* Gray, 1831

双角卵蟹
Gomeza bicornis Gray, 1831

同物异名： Corystes (Oeidea) 20-spinosa De Haan, 1835； Corystes (Oeidea) vigintispinosa De Haan, 1835

标本采集地： 广东湛江。

形态特征： 头胸甲呈长卵形，背部前 2/3 隆起，后部较扁平，表面具颗粒及短绒毛，分区可辨，颈沟向后延伸将胃、心区与鳃区分开，胃区和心区前尚有短横沟与纵沟相连。额被"V"形缺刻分为 2 个三角形齿。内眼窝齿很长，明显超过额齿。两侧缘拱形，包括尖锐而突出的外眼窝齿在内共具 9 齿，第 1 齿小，第 2～4 齿较大，第 5～9 齿依次渐小，后缘短而平直，两端略呈突齿形。第 3 颚足座节窄长，长节由基部向末端逐渐宽大。螯足不十分壮大，密具颗粒及绒毛，腕节内末角呈锐齿形，两指亦具长绒毛，内缘具钝齿。步足各节前后缘密具长绒毛，表面具微细颗粒，指节棒形较前节为长。雄性第 1 腹肢粗壮，基半部膨大，末半部瘦，末端趋尖。腹部短小，三角形，第 3～5 节愈合。

生态习性： 温带和热带种。生活于水深 30～50m 的软泥底中。

地理分布： 东海南部，南海；日本，澳大利亚，印度尼西亚，新加坡，斯里兰卡近岸海域。

参考文献： 戴爱云等，1986。

图 105 双角卵蟹 *Gomeza bicornis* Gray, 1831

关公蟹科 Dorippidae MacLeay, 1838
关公蟹属 *Dorippe* Weber, 1795

四齿关公蟹
Dorippe quadridens (Fabricius, 1793)

同物异名：Cancer quadridens Fabricius, 1793；*Dorippe atropos* Lamarck, 1818；*Dorippe nodosa* Desmarest, 1817；*Dorippe quadridentata* (Fabricius, 1793)；*Dorippe rissoana* Desmarest, 1817

标本采集地：海南三亚。

形态特征：个体较大，全身具密毛（螯足指、掌节及末两对步足的末两节除外），幼体的毛显著，成体几乎无毛，较大雄性个体的背面突起较高，具光滑疣，而在雌性，其突起较低，年幼标本的突起上还有颗粒。头胸甲背面凹凸不平，分区显著，约具17疣状突起，雄性心区具1"Y"形颗粒脊，分叉部分短于基部，雌性心区具1"V"形颗粒脊，其背内具2～6小齿，前侧缘具齿。额窄小，具2～3角形齿，齿端呈圆形，外眼窝齿锐长，超出额齿末端，下眼窝齿大而弯，其长度超出额齿的末端，齿的外侧具5～6小齿。螯足对称或不对称（其掌膨大），座节、长节、腕节及掌节的基部表面具颗粒，两指内缘均有小齿。步足以第2对为最长，约为头胸甲长的2.8倍，第1对次之，末两对短小，位于近背面，腕节瘦长，末两节呈钳形。两性腹部均分为7节。

生态习性：温带和热带种。栖息于12～50m的浅水海域，大部分于30m之内，底质为泥、软泥、沙质泥、碎壳、珊瑚及海绵，这种蟹通常用末对步足勾住海绵或一片贝壳背在头胸甲上。

地理分布：东海，南海近岸海域；西至非洲东南、苏伊士运河、红海，东至菲律宾，南至印度尼西亚和澳大利亚。

参考文献：陈惠莲和孙海宝，2002。

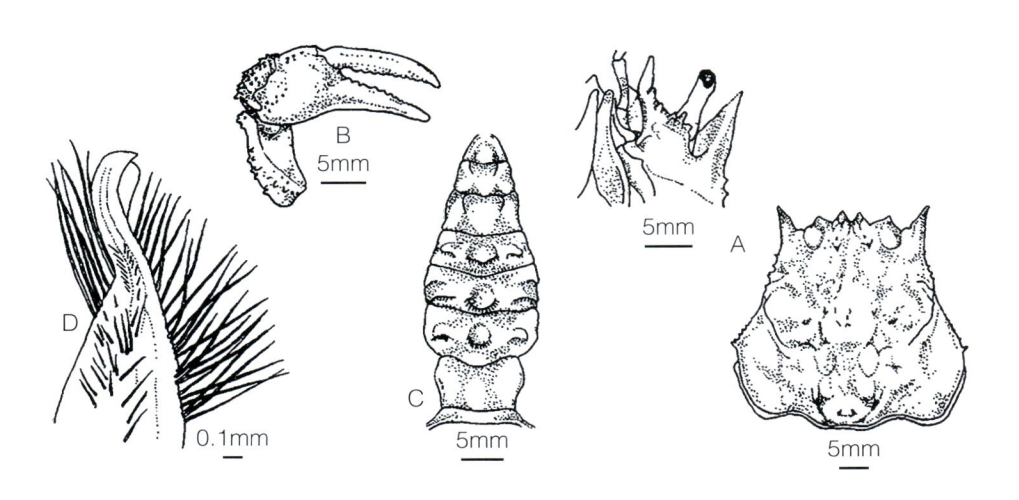

图 106-1　四齿关公蟹 *Dorippe quadridens* (Fabricius, 1793)（引自陈惠莲等，2002）
A. 雄性头胸甲及腹眼窝齿，腹面观；B. 雄性螯足；C. 雄性腹部；D. 雄性第 1 腹肢末半部

图 106-2　四齿关公蟹 *Dorippe quadridens* (Fabricius, 1793)（引自陈惠莲等，2002）

仿关公蟹属 *Dorippoides* Serène & Romimohtarto, 1969

伪装仿关公蟹
Dorippoides facchino (Herbst, 1785)

同物异名： *Cancer facchino* Herbst, 1785；*Dorippe astuta* Weber, 1795；*Dorippe astuta* Fabricius, 1798；*Dorippe facchino* (Herbst, 1785)；*Dorippe facchino* var. *alcocki* Nobili, 1903；*Dorippe sima* H. Milne Edwards, 1837

标本采集地： 南海北部。

形态特征： 头胸甲宽而短，中部扁平，侧面和后部甚凸，分区显著，颈沟深而连续，但雄性年幼个体及雌性个体的颈沟不明显，中部中断。背面除额区和鳃区有颗粒外，其余均光滑。额宽，中央具 1 "V" 形缺刻，分成 2 个锐齿，内口沟隆脊由背面可见。内眼窝齿钝圆，外眼窝齿锐长，腹眼窝齿也锐长，但突出于额齿的末端。前侧缘向外斜直，后侧缘向外呈弧状突出，后缘呈波纹状。雄性螯足近于对称或不对称，对称者其两螯末两节的形状、大小相似，不对称者则大小悬殊。长节呈三棱形，有短软毛，内、外侧面光滑无毛。两指光滑无毛。可动指长于不动指，内缘有钝齿，两螯近于等长者，其掌部背缘及可动指基部背缘有短毛，掌部内侧面无任何突起。前两对步足侧扁，除指节裸露外，各节的后缘有短绒毛。末两对步足短小，位于近背面，除指节外，密具短毛。

生态习性： 温带和热带种。栖息于 6～69m 的近岸水域，底质为粗沙或沙质泥，从 1～10 月都有抱卵的雌蟹，但以 4 月为多，这种蟹常用末两对步足钩住海葵等置于背部，用来伪装保护自己。

地理分布： 东海南部，南海近岸；越南，菲律宾，马来西亚，新加坡，泰国，印度尼西亚，印度，缅甸，斯里兰卡，波斯湾。

参考文献： 陈惠莲和孙海宝，2002。

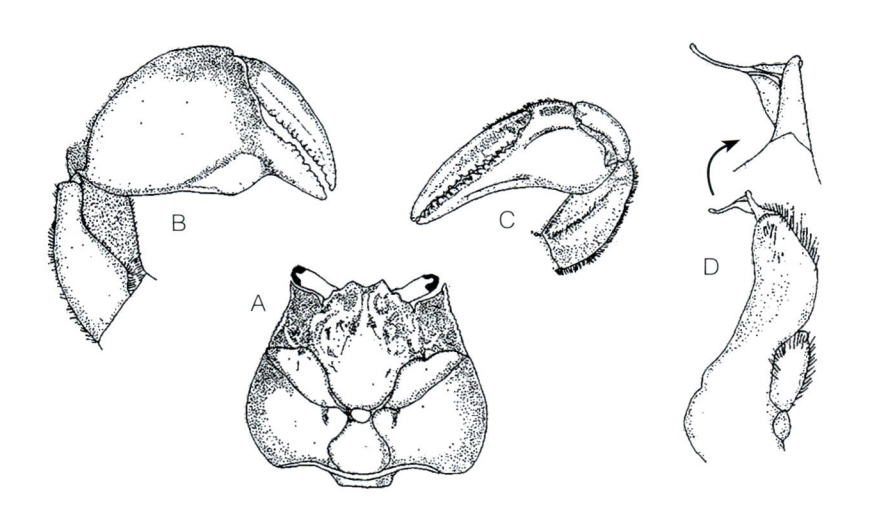

图 107-1　伪装仿关公蟹 *Dorippoides facchino* (Herbst, 1785) 照片及线条图（引自陈惠莲等，2002）
A. 头胸甲；B. 较大螯足；C. 较小螯足；D. 雄性第 1 腹肢及其末端放大

图 107-2　伪装仿关公蟹 *Dorippoides facchino* (Herbst, 1785)（引自陈惠莲等，2002）

拟关公蟹属 *Paradorippe* Serène & Romimohtarto, 1969

颗粒拟关公蟹
Paradorippe granulata (De Haan, 1841)

同物异名： *Dorippe granulata* De Haan, 1841

标本采集地： 海南陵水。

形态特征： 头胸甲的宽度稍大于长度，表面密具微细颗粒，分区沟较浅。额部稍突出，密具绒毛，前缘凹，分成2三角形齿，背面可见内口沟隆脊。内眼窝齿短小，外眼窝齿较锐，约抵额齿末端，腹眼窝齿短小。雄螯不对称，除两指外，表面均具颗粒，掌部背缘具短绒毛，并延伸至可动指基半部。前2对步足无绒毛，表面密具颗粒，末2对步足短小具绒毛。雄性第1腹肢粗壮，中部弯向腹外侧，末半部基部的腹面突出肿胀，末端几丁质部分呈叉形。腹部第3～6节有横行隆线，第3、第6节腹面两侧有2隆块，尾节三角形。雌性腹部卵形，尾节基部嵌入第6节，近三角形。

生态习性： 热带和温带种。生活在泥沙质浅海底。

地理分布： 渤海，黄海，东海，南海；俄罗斯远东海域，日本，朝鲜半岛。

参考文献： 戴爱云等，1986。

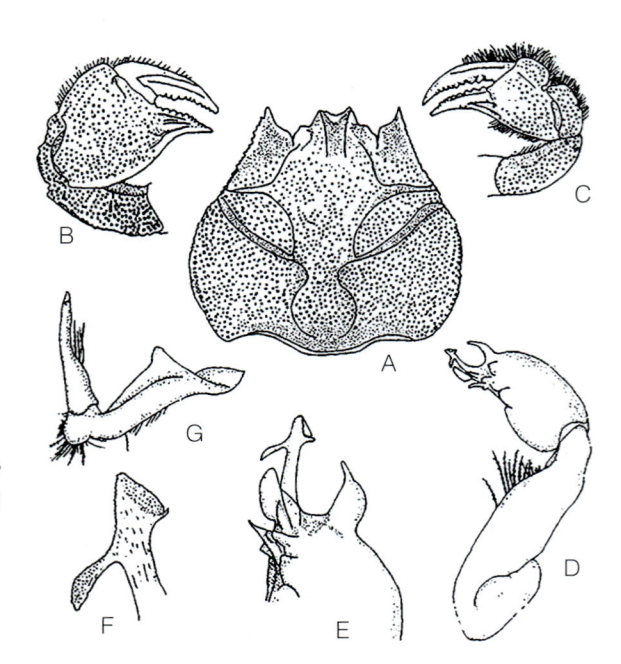

图 108-1 颗粒拟关公蟹 *Paradorippe granulata* (De Haan, 1841)（引自陈惠莲等，2002）
A. 头胸甲；B. 较大螯足；C. 较小螯足；D～F. 雄性第1腹肢及其末端放大；G. 雄性第2腹

图 108-2　颗粒拟关公蟹 *Paradorippe granulata* (De Haan, 1841)（引自陈惠莲等，2002）

寄居蟹属分种检索表

1. 头胸甲侧缘具上鳃刺或突起 ··· 关公蟹属 *Dorippe*
 - 头胸甲侧缘不具上鳃刺或突起 ··· 2
2. 下内眼窝齿小于外眼窝齿 ··· 拟关公蟹属 *Paradorippe*
 - 下内眼窝齿粗大，上、下眼窝齿等大 ··· 仿关公蟹属 *Dorippoides*

酋蟹科 Eriphiidae MacLeay, 1838
酋蟹属 *Eriphia* Latreille, 1817

司氏酋妇蟹
Eriphia smithii MacLeay, 1838

同物异名： *Eriphia sebana smithii* MacLeay, 1838；*Eriphia smithi* MacLeay, 1838

标本采集地： 南海北部。

形态特征： 头胸甲呈圆扇形，背面稍隆，分区明显。额区、肝区及侧胃区均具刺状及锥形颗粒，上肝区有2浅沟向后斜行，胃、心区具"H"形凹痕。额缘中部被1深缺刻分为2叶，各叶前缘具6～7小齿，额区中部具1纵沟，向后延伸成"Y"形。背眼窝缘具细锯齿及2缝。前侧缘包括外眼窝齿在内共具6～7刺，自前向后依次渐小，后侧缘平滑，后缘短，中部内凹。螯足甚不对称，长节背缘具细颗粒及锯齿，大螯腕节及掌节外侧面的颗粒稀少而低平，两指内缘具钝齿，小螯腕、掌节外侧的珠状颗粒突出而明显，两指细瘦，内缘齿不甚明显。步足长节前缘具微细颗粒，后缘具少数刚毛，腕节前缘近末端处、指节的前后缘均密具刚毛，指节尖端为角质爪。雄性第1腹肢短粗，稍弯向腹外方，末端趋尖，腹内侧近末端表面具刺。腹部窄长，分7节，尾节三角形。雌性腹部卵圆形。

生态习性： 热带种。生活于低潮线的岩石缝、洞中及珊瑚礁丛中。

地理分布： 海南及福建沿岸；日本，夏威夷群岛，澳大利亚，经印度洋至红海，非洲东岸及南岸。

参考文献： 戴爱云等，1986。

图 109　司氏酋妇蟹 *Eriphia smithii* MacLeay, 1838

团扇蟹科 Oziidae Dana, 1851
石扇蟹属 *Epixanthus* Heller, 1861

平额石扇蟹
Epixanthus frontalis (H. Milne Edwards, 1834)

同物异名：*Epixanthus kotschii* Heller, 1860；*Ozius frontalis* H. Milne Edwards, 1834

标本采集地：南海北部。

形态特征：头胸甲的宽度大于长度，呈横椭圆形。背面扁平，沿额缘及前侧缘的表面具微细颗粒，其他部分光滑。分区稍可分辨，胃区与心区间有"H"形浅痕。鳃区具1细微隆线，自第4侧齿向胃区横行。额的宽度约为头胸甲宽的1/3，前缘由背面观呈横切形，中部因1浅凹而分为2叶，由前面观，则见4个低平的突起，各突起均向下弯。眼窝小，外眼窝角与前侧缘之间有1浅缺刻。前侧缘薄而锐，分为4叶，第2与第3叶及第3与第4叶之间各有1浅痕，向内上方斜行，第4叶最小，呈锐齿状。后侧缘较为平直。螯足不对称，各节均光滑，腕节内末角具2齿，指节瘦长、呈灰黑色，大螯指间的空隙较大，只有两指的末端可以并拢。步足细长，扁平而光滑，前节的末端及指节均具短刚毛。雄性第1腹肢粗壮，稍弯；第2腹肢细长，末节卷曲钩状。腹部窄长，分7节，第4、第6节表面中部各具1横隆脊，第6节矩形，尾节三角形。

生态习性：热带种。生活于低潮线的沙质或具卵石的沿岸带。

地理分布：广西，广东，西沙群岛，台湾沿岸；日本，菲律宾，新喀里多尼亚，澳大利亚，泰国，马来群岛，印度，斯里兰卡，红海，非洲东岸。

参考文献：戴爱云等，1986。

图 110 平额石扇蟹 *Epixanthus frontalis* (H. Milne Edwards, 1834)

金沙蟹属 *Lydia* Gistel, 1848

环纹金沙蟹
Lydia annulipes (H. Milne Edwards, 1834)

同物异名： *Euruppellia annulipes* (H. Milne Edwards, 1834); *Eurüppellia annulipes* (H. Milne Edwards, 1834); *Euxanthus rugulosus* Heller, 1865; *Lydia danae* Ward, 1939; *Ruppellia annulipes* H. Milne Edwards, 1834

标本采集地： 海南三亚。

形态特征： 头胸甲呈横卵形，背部隆起，表面较光滑，前半部各区有深沟相隔，后半部较平滑。前胃区与侧胃区的内侧部愈合，肝区与鳃区前各有 1 横行深沟。额宽小于头胸甲宽的 1/2，前缘被浅凹分为 4 钝叶，居中的 2 叶较宽。眼窝呈圆杯状，背、腹缘的内角相互接触。第 2 触角的基节完全安置在眼窝之外，其鞭退化。前侧缘除外眼窝角之外，分为 5 叶，第 1 叶小，第 2 叶稍宽，第 3 叶呈三角形齿状，第 4 叶较锐，第 5 叶最小。后侧缘近平直。螯足不对称，长节短小，腕节稍肿胀，外侧面光滑，掌节背面具细皱襞，大螯可动指的内缘具齿，其基部的 1 齿大而钝，不动指内缘具钝齿，小螯两指内缘亦具不甚低平的三角形齿。步足光滑，仅指节具短绒毛，指端爪状，各节具紫红色环纹。雄性第 1 腹肢粗壮，稍弯向腹外方，末端圆口状。腹部窄长，分 7 节，第 6 节的长度大于宽度，尾节钝三角形。雌性腹部长宽形，末 2 节最长。

生态习性： 热带种。生活于近岸带或珊瑚礁浅水中。

地理分布： 西沙群岛，台湾沿岸；日本，夏威夷群岛，土阿莫土群岛，塔希提岛，萨摩亚群岛，斐济，马绍尔群岛，吉尔伯特群岛，印度尼西亚，阿曼湾，塞舌尔群岛。

参考文献： 戴爱云等，1986。

图 111　环纹金沙蟹 *Lydia annulipes* (H. Milne Edwards, 1834)

宽背蟹科 Euryplacidae Stimpson, 1871
强蟹属 *Eucrate* De Haan, 1835

阿氏强蟹
Eucrate alcocki Serène in Serène & Lohavanijaya, 1973

同物异名： *Eucrate alcocki* Serène, 1971；*Eucrate maculata* Yang & Sun, 1979

标本采集地： 南海北部。

形态特征： 头胸甲近圆方形，宽度为长度的 1.17～1.21 倍，表面隆起，光滑，除具微细颗粒及凹点外，中部具 1 块较大的红色斑块，头胸甲的前半部分散有大小不等的红色斑点，分区甚明显，胃心区之间具"H"形浅痕沟。额缘平直，中部具 1 浅缺刻，分 2 叶。眼窝大，内眼窝角锐三角形，末端向下弯，外眼窝角钝三角形，背眼窝缝极不明显，腹眼窝缘隆脊状，腹内眼窝角圆钝而突出，表面具细颗粒，内末缘较突出并与腹内眼窝缘之间具 1 颗粒状凹缺。前侧缘具 2 三角形齿，第 1 齿钝，第 2 齿尖锐，其后具 1 模糊的齿痕。第 2 触角基节表面具颗粒，外末角与背、腹内眼窝齿相接，触角鞭位于眼窝外。第 3 颚足长节前缘中凹，长节外末角圆钝，稍突出。两性螯足稍不对称，表面具分散的红斑，长节背缘近末端具 1 三角形齿，腕节内末角突出，齿状，外末端具 1 层绒毛，掌节光滑，背面向内侧突出 1 隆脊，腹面具皱褶，指节粗壮，两指内缘具大小不等的钝齿，紧闭时几无缝隙，指端相交。步足细长，各节均具长刚毛，长节背、腹面具颗粒，指节长而尖，末对步足前节长度约为宽度的 2.8 倍。雄性第 1 腹肢稍弯向外方，向末端趋细，具锥形小刺，末端稍阔展。腹部长三角形，分 7 节，第 1～3 节侧缘与末对步足的底节相接，第 6 节长度稍短于尾节，尾节的长度为基缘宽度的 1.62 倍，末缘圆钝，雌性腹部三角形，尾节长度为基缘宽度的 1.07 倍。

生态习性： 热带种。生活于 50m 左右的泥沙底。

地理分布： 东海，南海沿岸。

参考文献： 戴爱云等，1986。

图 112　阿氏强蟹 *Eucrate alcocki* Serène in Serène & Lohavanijaya, 1973

隆线强蟹
Eucrate crenata (De Haan, 1835)

同物异名：Cancer (Eucrate) crenata De Haan, 1835；Eucrate sulcatifrons (Stimpson, 1858)；Pilumnoplax sulcatifrons Stimpson, 1858；Pseudorhombila sulcatifrons Stimpson, 1858

标本采集地：南海北部。

形态特征：头胸甲近圆方形，前半部较后半部稍宽，表面隆起，光滑，具红色小斑点，又有细小颗粒，在前侧部较中部为明显。额分为明显的2叶，前缘横切，中央有缺刻。眼窝大，内眼窝齿锐，向下弯，额突出，外眼窝齿呈钝三角形。第2触角基节的外末角与背、腹内眼窝角相连接，触角鞭位于眼窝外。第3颚足长节的外末角稍突出。前侧缘较后侧缘为短，稍拱，具3齿，中齿最突，末齿最小。螯足光滑，不甚对称，右螯大于左螯，长节光滑，腕节隆起，背面末端具1丛绒毛，掌节有斑点，指节较掌节为长，两指间的空隙大。步足多少光滑，第1～3对依次渐长，而末对最短，长节前缘多少具颗粒，具短毛，其他各节亦具短毛。雄性第1腹肢向外弯曲，并向末端逐渐变窄，除末端光滑外，末半部均具圆锥形小刺。腹部呈锐三角形，第6节的宽度大于长度，尾节甚长，其长度接近于宽度的2倍，雌性腹部呈宽三角形。

生态习性：温带和热带种。生活于水深30～100m的泥沙质海底，亦隐匿在低潮线的石块下。黄姑鱼常捕食此蟹。

地理分布：渤海，黄海，东海，南海；朝鲜海峡，日本，泰国，印度，红海。

参考文献：戴爱云等，1986。

图 113　隆线强蟹 *Eucrate crenata* (De Haan, 1835)

长脚蟹科 Goneplacidae MacLeay, 1838
隆背蟹属 Carcinoplax H. Milne Edwards, 1852

中华隆背蟹
Carcinoplax sinica Chen, 1984

标本采集地： 南海北部。

形态特征： 头胸甲呈横长方形，前后向隆曲，左右向扁平，表面具细麻点及颗粒，尤以肝区和前鳃区显著，分区不甚明显，胃-心区两侧具"H"形沟，后侧缘附近的后鳃区部分明显凹陷，后侧呈脊状，雄性头胸甲的宽长比为 1.45 ± 0.4，雌性的为 1.45 ± 0.03，个别头胸甲窄的标本，头胸甲宽长比也不小于 1.40。额缘横切，中部稍凹。眼窝较大，外眼窝角圆钝。腹眼窝缘具较大的颗粒隆脊，内下眼窝角的颗粒较大。前侧缘连外眼窝角共 3 齿，在幼体及雌性标本中，末齿呈锐刺形，在成熟的雄体中，末齿为钝齿形。后侧缘较长，向后靠拢。第 3 颚足长节的长度短于座节的长度，长节的宽度大于长度，外末角略突。螯足粗壮，不对称，幼体及雌性个体的长节较短，雄性个体长节的长度随年龄递增，所有个体在背缘末 1/3 处具 1 瘤突，腕节内侧具 1 指状突起，外末角具 1 小齿，雄性成体掌节隆肿，长大，在内侧中部形成 1 圆钝的隆脊，终止于指节基部附近，这个隆脊在幼体及雌性个体中尤为明显，指节粗壮，内缘具大小不等的强壮齿。各对步足腕节的前缘、腹面及掌、指节的表面具绒毛，末对步足指节披针形。雄性第 1 腹肢粗壮、直立，末端呈斧形，内缘近半圆形，外侧面具小刺；第 2 腹肢细长，末端中部具角状突出。雄性腹部分 7 节，末 4 节明显收缩，第 4 节末缘的宽度为第 6 节宽的 1.15 倍，尾节呈三角形，侧缘内凹，雌性腹部呈宽三角形。

生态习性： 热带种。生活于水深 100～150m 的沙、石底。

地理分布： 南海沿岸。

参考文献： 戴爱云等，1986。

图 114　中华隆背蟹 *Carcinoplax sinica* Chen, 1984

掘沙蟹科 Scalopidiidae Stevcic, 2005

掘沙蟹属 *Scalopidia* Stimpson, 1858

刺足掘沙蟹
Scalopidia spinosipes Stimpson, 1858

同物异名：*Hypophthalmus leuchochirus* Richters, 1881；*Scalopidia leuchochirus* (Richters, 1881)

标本采集地：广东湛江。

形态特征：头胸甲的宽度约为长度的 1.35 倍，呈半圆形，前半部向前下方倾斜，表面光裸，分区可辨，各区均被较宽的沟所分开，前半部的沟浅，后半部的沟深，鳃区较隆起，具颗粒。额稍突，中部被 1 浅凹分成 2 平叶，其宽度约为头胸甲宽的 1/4。眼窝小，眼柄很短，从背面观只能见到眼的一小部分。前侧缘呈弧形，隆脊状，后侧缘近于平行，后缘宽而拱，中部较平直，第 3 颚足之间的缝隙很大，大颚露于表面，长节的外末角突出，外肢具 1 长鞭。雄性螯足甚不对称，长节呈三棱形，背缘较短，具少数颗粒，腹内缘具 1 列不规则颗粒刺，末角粗壮，腕节表面呈菱形，掌节光而扁平，背腹缘的末半部呈锋锐的隆脊形，外侧面具稀疏的颗粒，大螯两指较粗壮，内缘均具 10 余个大小不等的锯齿，小螯两指细长，尤以可动指为甚，两者末端略呈钩状。步足较细长，第 3 对步足的长度约为头胸甲长的 3 倍，末对步足最小，各对步足长节的前后缘均具明显小刺，前 3 对步足指节长而锐，而末对步足的指节短而向外弯曲。雄性第 1 腹肢末端趋窄，具较多小刺，末端钝切。雄性腹部略呈条状，分 7 节，第 6 节基缘的宽度为长度的 1.14 倍，尾节末缘圆钝稍突出。

生态习性：热带种。生活于水深 20m 左右的多贝壳的泥沙质海底。

地理分布：广东沿岸；印度尼西亚，莫塔马，泰国湾，马纳尔湾，孟加拉湾。

参考文献：戴爱云等，1986。

图 115 刺足掘沙蟹 *Scalopidia spinosipes* Stimpson, 1858

玉蟹科 Leucosiidae Samouelle, 1819
易玉蟹属 *Coleusia* Galil, 2006

弓背易玉蟹
Coleusia urania (Herbst, 1801)

同物异名： *Cancer urania* Herbst, 1801；*Leucosia urania* (Herbst, 1801)

标本采集地： 海南三亚。

形态特征： 体大，头胸甲略呈宽菱形，背面十分隆起，光滑。额缘呈弧形突出，不分齿，额后具1中线隆起，两侧深凹，分区不明显，肝区微凸。前侧缘呈波纹状，基部1/3具珠状颗粒，后侧缘呈弧形，末1/3处也具珠状颗粒，后缘呈钝圆形，肢上板发达。第3颚足表面光滑、扁平，外肢呈长叶片状，内肢长节长度稍短于座节，外肢与长节的表面有麻点，内缘有微细颗粒，雌性长节基部2/3及座节近中线内侧具1纵列长毛，座节末半部中线具1枚长形突起，表面光滑。胸窦前端深长而窄，窦底具8枚珠形颗粒，有的个体前端1枚及后端2枚小颗粒。螯足十分粗壮，长节的前、后缘具珠粒，以近中部的3～5枚较大，两端的较小，背面近基部有4枚珠粒，略呈方形排列，其后是一撮细颗粒，7～10枚。腕节略呈三角形，内缘具细颗粒。掌节长，呈长方形、稍大于宽，近基部的背面中部稍隆起，内缘具1列颗粒脊延伸至不动指的基部，可动指的长度稍短于掌，两指合拢时基部有空隙，内缘各有6～8钝齿。步足扁平，前两对长于后两对，第1对最长，末对最短，长节近圆柱形，边缘有细颗粒，腕节略呈长卵圆形，掌节宽扁，前缘呈脊状，边缘薄锐，指节呈宽披针形。末对步足长节后缘基部向腹面突出，边缘均有细颗粒。

生态习性： 热带和温带种。常栖息于沙质底低潮带和浅水海域。

地理分布： 广东汕尾和海门，福建东山附近海域；印度，新加坡和泰国近岸海域。

参考文献： 陈惠莲和孙海宝，2002。

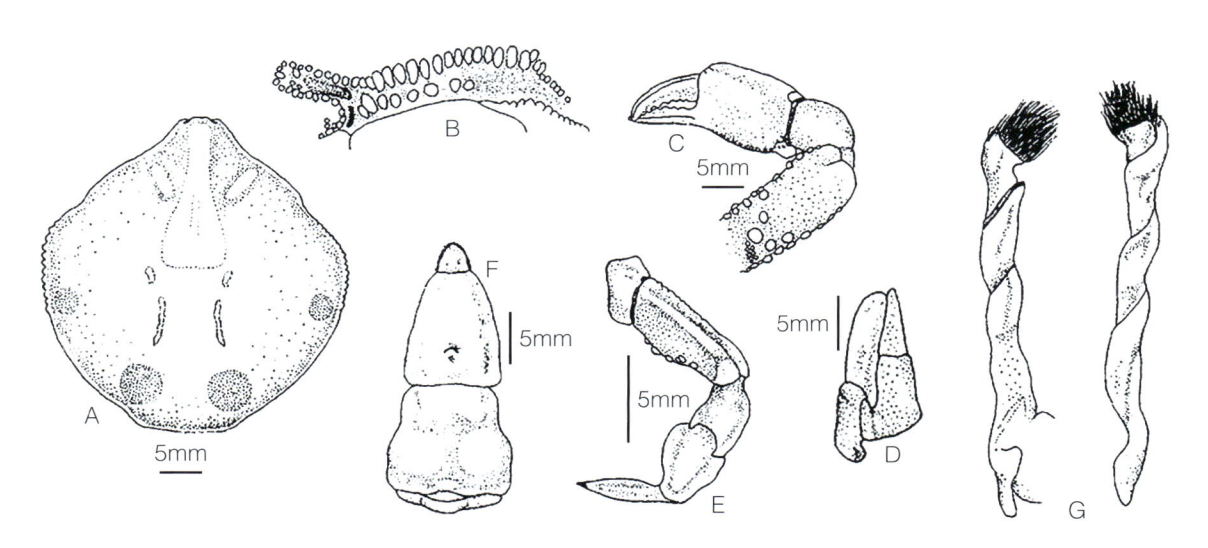

图 116-1 弓背易玉蟹 Coleusia urania (Herbst, 1801)（引自陈惠莲等，2002）
A. 头胸甲；B. 胸窦；C. 螯足；D. 第3颚足；E. 第4步足；F. 雄性腹部；G. 雄性第1腹肢

图 116-2 弓背易玉蟹 Coleusia urania (Herbst, 1801)（引自陈惠莲等，2002）

卧蜘蛛蟹科 Epialtidae MacLeay, 1838
绒球蟹属 *Doclea* Leach, 1815

羊毛绒球蟹
Doclea ovis (Fabricius, 1787)

同物异名： *Cancer ovis* Fabricius, 1787

标本采集地： 南海北部。

形态特征： 头胸甲呈圆球形，表面隆起，密具短绒毛，裸露时分区可辨，沿中线有一些圆形突起，胃区有4个突起，心区3个，肠区1个似已退化，由前胃区向中鳃区斜行，有1列5～6个突起。额窄，向前伸出，分2齿。颊区具1锐刺。前侧缘具3齿，末1齿很小。螯足长节密具绒毛，腕、掌节均光滑，掌部的长度与可动指约相等，两指合并时，基半部有空隙。步足圆柱形，除第1步足指节末半部及第2、第3步足指节外均密具短绒毛，第1步足的长度约为头胸甲长的2.2倍。第1胸甲内侧具1突起。雄性第1腹肢直立，末端分2裂片，如错开的豆芽瓣状。腹部近三角形。雌性腹部圆大。

生态习性： 热带和温带种。生活于河口的泥底或距海岸不远的泥滩或卵石滩上。

地理分布： 广东，福建沿岸；日本，印度近岸海域。

参考文献： 戴爱云等，1986。

图 117　羊毛绒球蟹 *Doclea ovis* (Fabricius, 1787)

菱蟹科 Parthenopidae Macleay, 1838

隐足蟹属 Cryptopodia H. Milne Edwards, 1834

环状隐足蟹
Cryptopodia fornicata (Fabricius, 1781)

同物异名： *Calappa albicans* Bosc, 1801；*Cancer fornicatus* Fabricius, 1781；*Cryptopodia pentagona* Flipse, 1930

标本采集地： 海南东方。

形态特征： 头胸甲的宽度为长度的1.6～1.8倍，两侧及后部十分扩张，呈横五角形的薄片状，覆盖着所有的步足及腹部。表面光滑，中部呈三角形隆起，胃区处凹陷，两侧的隆脊上具1颗粒隆线向后侧部斜行，肝区低陷。额部突出成三角形，两侧缘稍拱，具不明显的锯齿。眼窝小而圆。前侧缘在肝区处较平直，向后稍凹陷，并具不规则的锯齿。后侧缘及后缘相连成环形弧线，无明显的分界线，边缘具浅缝，分成许多钝齿。螯足壮大不对称，长节扁平，前缘呈隆脊状，具3大齿及数小齿，后缘向外突出成三角形叶片状，腕节小，掌节扁平，背面中部隆脊具5锐齿，外缘具2三角形齿，内缘具整齐的平钝齿形，大螯两指内缘平钝，小螯两指内缘具数小钝齿。步足纤细，依次渐短。雄性第1腹肢基半部粗壮，末半部趋窄，末端窄长，末端分为2个叉状的三角形结构。腹部呈窄长形，第3～5节愈合，节缝可辨，第6节呈方形，尾节三角形。雌性腹部呈宽三角形，第6节的宽度约为长度的2倍，尾节三角形。

生态习性： 热带和温带种。生活于25～30m深的碎贝壳及泥沙底。

地理分布： 广东，海南岛，台湾，福建沿岸；日本，澳大利亚，菲律宾，新加坡，泰国湾，安达曼群岛，斯里兰卡等近岸水域。

参考文献： 戴爱云等，1986。

图 118 环状隐足蟹 *Cryptopodia fornicata* (Fabricius, 1781)

武装紧握蟹属 *Enoplolambrus* A. Milne-Edwards, 1878

强壮武装紧握蟹
Enoplolambrus validus (De Haan, 1837)

同物异名： Parthenope (*Lambrus*) *validus* De Haan, 1837；Parthenope (*Platylambrus*) *valida* (De Haan, 1837)

标本采集地： 海南三亚。

形态特征： 头胸甲呈菱形，胃、心区与鳃区隆起，两者之间有深沟相隔。各区隆起处具大小不等的疣状突起，鳃区的疣状突起多呈纵行排列，但疣粒的疏密、尖锐和平滑因个体而有差异。额角基部较宽，表面中央低洼，末端突出成锐三角形或刺形，因个体而有变异，有从小至大逐渐趋尖的现象，肝区与鳃区边缘之间具1缺刻，前者的边缘略向内凹，后者呈弧形，具7棘齿，最后1齿大而锐。后侧缘具2大小不等的齿，后缘中部略向后突，中部具圆形突起，两侧的突起较大。螯足长大，雄性比雌性更为显著，掌节末端稍宽，两指末端黑色。步足扁平，长节的前后缘及腕节、前节的前缘均具锯齿。雄性第1腹肢末端略弯向腹外方，基半部显著粗壮。腹部窄长，第3~5节愈合，节缝可辨，第6节近方形，正中具1齿突，尾节近三角形。雌性腹部卵形，尾节呈宽三角形。

生态习性： 温带和热带种。生活于深水区泥沙底。

地理分布： 从渤海至南海的近岸海域；朝鲜，日本，萨摩亚，澳大利亚，印度-马来群岛海区，新加坡等沿岸海域。

参考文献： 戴爱云等，1986。

图 119　强壮武装紧握蟹 *Enoplolambrus validus* (De Haan, 1837)

静蟹科 Galenidae Alcock, 1898

暴蟹属 *Halimede* De Haan, 1835

五角暴蟹
Halimede ochtodes (Herbst, 1783)

同物异名： *Cancer ochtodes* Herbst, 1783；*Polycremnus verrucifer* Stimpson, 1858

标本采集地： 南海北部。

形态特征： 头胸甲的宽度明显大于长度，呈五角形，表面隆起，光滑，分区沟浅，无特殊的突起。额窄，中部具1纵沟并分成2叶，各叶前缘钝切，向中部倾斜。背眼缘具2不明显的短浅缝，腹眼缘外侧亦具1浅缝。前侧缘具4个圆钝的疣状突起，第1个最小，位置稍低，第3个最大，与末个之间的距离稍大。螯足壮大，对称，三棱形，背缘具1列疣突6个，腕节背面具不明显的扁平突起，内末角具2圆形疣突，掌节背缘及与腕节相连接处共具大小不等的疣突6个，外侧面的上半部亦具分散的圆钝的突起，可动指背缘基部具2疣突，两指内缘具不等的三角形齿。前2对步足明显较后2对步足为长，长节前缘具较显著的颗粒，各对步足前节后缘的末半部具短绒毛，指节背、腹面具1条光滑裸露区，前、后面均密具绒毛。雄性第1腹肢长大，基部2/3较宽，末1/3部分纤细，末端趋尖，扭转成三角形。腹部窄长，第6节呈矩形，尾节呈细长的锐三角形。

生态习性： 热带种。生活于水深20～50m的泥质或泥沙质底。

地理分布： 海南，广西沿岸；日本，马来西亚，新加坡，泰国湾，印度，红海。

参考文献： 戴爱云等，1986。

图 120　五角暴蟹 *Halimede ochtodes* (Herbst, 1783)

静蟹属 *Galene* De Haan, 1833

双刺静蟹
Galene bispinosa (Herbst, 1783)

同物异名： Cancer bispinosus Herbst, 1783; Galene granulata Miers, 1884; Galene hainanensis Hu & Tao, 1979; Gecarcinus trispinosus Desmarest, 1817; Podopilumnus fittoni M'Coy, 1849

标本采集地： 海南三亚。

形态特征： 头胸甲的长度约为宽度的 3/4，背部隆起，并具少数颗粒，唯边缘处较密，分区可辨，各区有浅沟相隔，胃、心及肠区两侧的沟较阔而深。额宽小于头胸甲宽度的 1/5，前缘中央被 1 缺刻分为 2 叶，各叶前缘凹入，形成 4 个齿状突出，均具颗粒。背眼窝缘完整，具颗粒，外侧部向前外方倾斜，腹眼窝缘也具颗粒，其内齿突出。前侧缘具齿状突起 3 个，依次增大，齿间具短毛，后缘几乎平直。第 2 触角鞭位于眼窝缝中。第 3 颚足座节内缘具锯齿，长节外末角圆钝，不向外侧突出。螯足壮大，不甚对称，长节背缘的末端与近末端各具 1 锐刺，外侧面上半部具颗粒，腕节内末角突出，外末角具刺突，背面具颗粒和刺状突起，掌节背缘基半部具泡状颗粒，外侧面下半部的颗粒排成纵行。上半部末端及内侧面均较光滑，两指粗壮，内缘具钝齿。步足瘦长，长节前缘具 2 锯齿。雄性第 1 腹肢细长，末端长匙形，强烈地弯向腹外侧，腹部长条形，分 7 节，第 6 节近矩形。尾节呈舌形，长大于宽，稍长于第 6 节。

生态习性： 热带种。生活于沙、泥质浅海底。

地理分布： 广东，广西，台湾，福建沿岸；日本，澳大利亚，新加坡，印度近岸海域。

参考文献： 戴爱云等，1986。

图 121　双刺静蟹 *Galene bispinosa* (Herbst, 1783)

毛刺蟹科 Pilumnidae Samouelle, 1819
杨梅蟹属 Actumnus Dana, 1851

疏毛杨梅蟹
Actumnus setifer (De Haan, 1835)

同物异名： Actumnus setifer setifer (De Haan, 1835); Actumnus tomentosus Dana, 1852; Cancer (Pilumnus) setifer De Haan, 1835

标本采集地： 海南三亚。

形态特征： 头胸甲圆厚，宽稍大于长，隆起，前半部呈半圆形，后半部较窄，表面覆有细绒毛，分区明显，去毛后可见均匀的小颗粒。额突，宽略小于头胸甲宽度的一半，弯向前下方，前缘中部具1"V"形缺刻，分4叶，中央叶宽而隆，外侧叶齿状，每叶边缘具小齿。背眼窝缘隆起，边缘具颗粒，具2个不明显浅凹，内眼窝角钝角状，外眼窝角三角形，腹眼窝缘具睫状毛，腹内眼窝角锐。前侧缘包括外眼窝角，共4叶，每叶末端较尖锐，后侧缘甚内凹。第4对步足弯曲时常贴在内凹中。第3颚足长节外末角近直角形。螯足不对称，长节短，腕节与掌节除内侧面外，表面覆有绒毛及珠状颗粒，大螯可动指内缘具2齿，不动指内缘具臼齿数枚，小螯两指内缘各具3～4齿。步足表面覆有绒毛，各节前缘均具长毛列，腕节与指节的背面及后缘也具较长的鬃毛，末2对步足各节均比前2对宽且短。雄性第1腹肢细长，末端弯向腹外侧，末端突出、指状、腹部长条状，分7节，第6节梯形，长度短于尾节，尾节锐三角形。

生态习性： 热带和温带种。生活于浅海岩石缝或珊瑚礁中。

地理分布： 东海，南海沿岸；日本，泰国，塔希提岛，澳大利亚，印度，斯里兰卡，波斯湾，红海，南非。

参考文献： 戴爱云等，1986。

图 122　疏毛杨梅蟹 *Actumnus setifer* (De Haan, 1835)

异装蟹属 *Heteropanope* Stimpson, 1858

光滑异装蟹
Heteropanope glabra Stimpson, 1858

同物异名： *Eurycarcinus maculatus* (A. Milne-Edwards, 1867)；*Pilumnopeus maculatus* (A. Milne-Edwards, 1867)

标本采集地： 南海北部。

形态特征： 头胸甲表面光滑，前、后略为隆起，分区不显著，只有胃、心区之间的分界较清晰。额宽，中部被1浅纵沟分为2叶，每叶前缘稍拱，额后叶可辨。背眼缘具极为微细的锯齿，腹眼缘的锯齿明显，第2触角基节很短。前侧缘包括外眼窝齿在内共分4齿，第1齿拱圆，第2齿呈圆钝的宽三角形，第3齿呈较锐的宽三角形，末齿小而锐，由此基部引入1横行隆线，螯足不甚对称，腕、掌节略显肿胀，表面光滑，腕节的内末角突出成齿状，两指除基部外呈黑色。步足细长，略具刚毛。雄性第1腹肢细长，略呈"S"形，末端趋尖，弯向腹下方。腹部分7节，三角形，尾节末缘圆钝。

生态习性： 热带种。生活于海滨沼泽地带。

地理分布： 广东沿岸；日本，澳大利亚，帕劳群岛，新加坡，丹老群岛，东非。

参考文献： 戴爱云等，1986。

图 123 光滑异装蟹 *Heteropanope glabra* Stimpson, 1858

梭子蟹科 Portunidae Rafinesque, 1815
单梭蟹属 Monomia Gistel, 1848

拥剑单梭蟹
Monomia gladiator (Fabricius, 1798)

同物异名： *Cancer menestho* Herbst, 1803; *Portunus gladiator* Fabricius, 1798; *Portunus* (*Monomia*) *gladiator* Fabricius, 1798

标本采集地： 广西北海。

形态特征： 体覆短绒毛。头胸甲扁平，背面稍隆起，具对称的细颗粒群，后胃区、前鳃区各具1对颗粒隆线。不同个体颗粒群突出程度有明显变异。额分4锐齿。第2触角基节突出1叶，填塞于眼窝间。前侧缘具9锐齿。后侧缘向后收敛。后缘平直，与后侧缘交角钝圆。第3颚足长节末外角向外侧方突出，呈三角形。螯足粗壮，前缘具4刺，后缘具2刺；腕节内末角各具1刺；掌节长于指节，背面基部及内缘末端各具1刺，背面及外侧面共有5条颗粒纵脊及短绒毛，内侧面有几条鳞片状颗粒纵脊，表面甚粗糙；2指也具同样纵脊，内缘有大小不等的钝齿。游泳足长节粗短，长宽相等，与腕节交接处的内外角有细颗粒齿（个体越大越不明显）。

生态习性： 热带种。栖息于水深12～103m的粗沙、细沙或有碎壳的软泥底。

地理分布： 福建，广东，广西，海南，台湾，香港，南沙群岛；日本，印度尼西亚，马来西亚，菲律宾，新加坡，新几内亚岛，新喀里多尼亚，澳大利亚，泰国，印度，斯里兰卡，马达加斯加，毛里求斯等。

参考文献： 杨思谅等，2012。

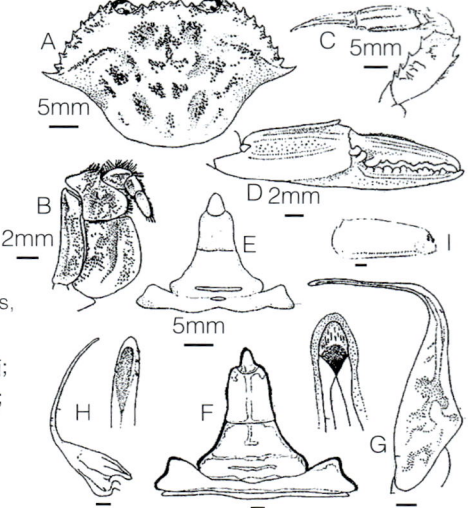

图124-1 拥剑单梭蟹 *Monomia gladiator* (Fabricius, 1798)（引自杨思谅等，2012）
A. 头胸甲；B. 第3颚足；C. 右螯足；D. 螯足掌节外侧面；E、F. 雄性腹部；G、H. 雄性第1腹肢及其末端放大；I. 雌性生殖孔
比例尺：未注明者均为1mm

图 124-2　拥剑单梭蟹 Monomia gladiator (Fabricius, 1798)（引自杨思谅等，2012）

梭子蟹属 *Portunus* Weber, 1795

远海梭子蟹
Portunus pelagicus (Linnaeus, 1758)

同物异名： Cancer cedonulli Herbst, 1794; Cancer pelagicus Linnaeus, 1758; Cancer pelagicus Forskål, 1775; Lupa pelagica (Linnaeus, 1758); Lupea pelagica (Linnaeus, 1758); Neptunus pelagicus (Linnaeus, 1758); Portunus (Portunus) pelagicus (Linnaeus, 1758); Portunus (Portunus) pelagicus var. sinensis Shen, 1932; Portunus denticulatus Marion de Procé, 1822

标本采集地： 南海北部。

形态特征： 头胸甲横卵圆形，宽约为长的2倍，背面密具较粗颗粒；中胃区具2条斜行的颗粒脊，后胃区具2条斜行颗粒隆脊；前鳃区1对，心区1对，中鳃区的1对不明显。额分4尖齿：中央齿短而小，侧额齿较粗大。内眼窝齿与侧额齿等大；眼窝缘外侧具1小钝齿，外眼窝齿突出。前侧缘共有9齿，末齿最长，向侧面突出。第3颚足长节末外角不突出，略呈钝圆形。螯足粗壮；长节外缘末端具1刺，前缘有3刺；腕节内外角各具1刺；掌节有7条纵行隆脊（其中2条延伸至不动指末端）及3刺（1枚在基部，2枚在末端）；可动指背面有3条隆脊，两指长于掌，内缘有大小不等的钝齿。游泳足表面光滑，各节边缘有短毛；长节后缘无刺。

生态习性： 温带和热带种。栖息于潮间带的大叶藻、泥、浅水池或石头下，潮下带水深5～47m的沙、泥或软泥底河口及浅海，可拖网捕获。

地理分布： 浙江，福建，广东，广西，海南，台湾沿岸海域；日本，越南，菲律宾，马来群岛，澳大利亚，泰国，塔希提岛，巴基斯坦，印度，波斯湾，东非，红海。

经济意义： 重要经济蟹类之一，经济价值高。

参考文献： 杨思谅等，2012。

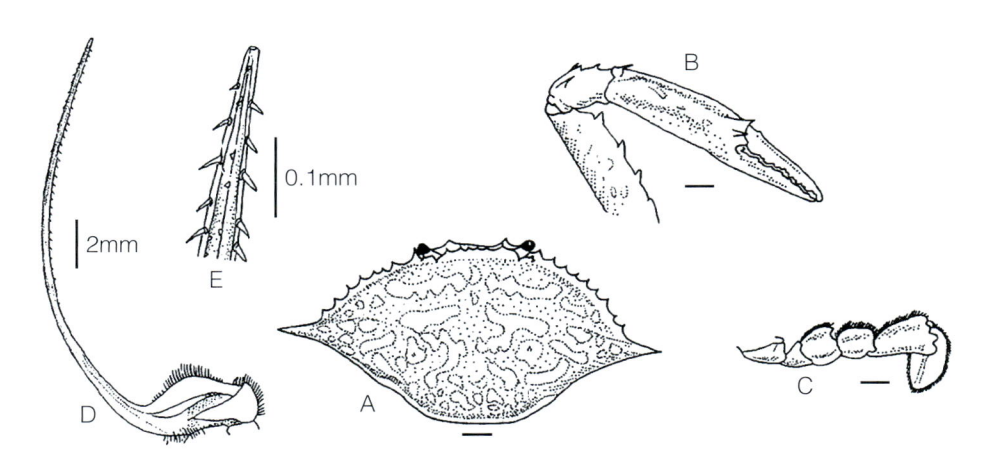

图 125-1　远海梭子蟹 *Portunus pelagicus* (Linnaeus, 1758)（引自杨思谅等，2012）
A. 头胸甲；B. 左螯足；C. 游泳足；D. 雄性第 1 腹肢；E. 雄性第 1 腹肢末端放大
比例尺：未注明者均为 10mm

图 125-2　远海梭子蟹 *Portunus pelagicus* (Linnaeus, 1758)（引自杨思谅等，2012）

红星梭子蟹
Portunus sanguinolentus (Herbst, 1783)

同物异名： *Callinectes alexandri* Rathbun, 1907；*Cancer gladiator* Fabricius, 1793；*Cancer raihoae* Curtiss, 1938；*Cancer sanguinolentus* Herbst, 1783；*Lupa sanguinolentus* (Herbst, 1783)；*Lupea gladiator* (Fabricius, 1793)；*Lupea sanguinolenta* (Herbst, 1783)；*Portunus* (*Portunus*) *sanguinolentus* (Herbst, 1783)；*Portunus* (*Portunus*) *sanguinolentus sanguinolentus* (Herbst, 1783)；*Portunus sanguinolentus sanguinolentus* (Herbst, 1783)

标本采集地： 广西北海。

形态特征： 头胸甲很宽，约为长度的2.5倍，前半部具细颗粒，后半部较光滑，背面有中胃颗粒脊、后胃脊及前鳃脊。额具4齿，侧齿大于中央齿。前侧缘具9齿，末齿最大，直指向两侧。第3颚足长节的末外角不突出。螯足粗壮；长节后缘无刺，前缘有3～4刺；腕节内外角各具1刺；掌部背面有3条光滑脊，内外角各具1刺，内外侧面各有2条纵脊，近腹面的1条延伸至不动指的内外侧面，掌的基部及末端各有1小刺；指节略长于掌节，两指内缘均有齿。游泳足前节无刺，指节边缘有短毛。雄性腹部基部较宽，向末端逐渐变窄；尾节圆形，长宽相等。雄性第1腹肢长，末端弯，末端趋细，表面有小刺。

生态习性： 热带和温带种。通常栖息于潮间带和浅海的沙或软泥底。喜食软体动物瓣鳃类、甲壳动物的端足类、小虾及小型浮游动物、多毛类等。

地理分布： 浙江，福建，广东，广西，台湾沿岸海域；越南，日本，澳大利亚，新西兰，夏威夷群岛，菲律宾，马来群岛，泰国，印度，马达加斯加，非洲东南岸，红海。

经济意义： 可食用。

参考文献： 杨思谅等，2012。

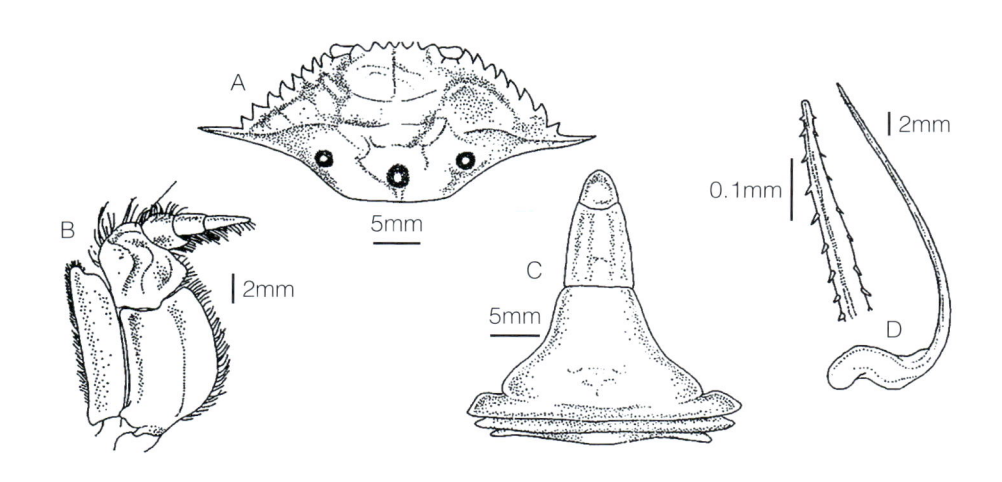

图 126-1 红星梭子蟹 Portunus sanguinolentus (Herbst, 1783)（引自杨思谅等，2012）
A. 头胸甲；B. 第 3 颚足；C. 雄性腹部；D. 雄性第 1 腹肢及其末端放大

图 126-2 红星梭子蟹 Portunus sanguinolentus (Herbst, 1783)（引自杨思谅等，2012）

三疣梭子蟹
Portunus trituberculatus (Miers, 1876)

同物异名： *Neptunus trituberculatus* Miers, 1876；*Portunus (Portunus) trituberculatus* (Miers, 1876)

标本采集地： 南海北部。

形态特征： 头胸甲梭形，背面中部较两侧稍微隆起，具分散的细颗粒，尤以额后至胃区、中鳃区及心区的颗粒较粗；共具3个突起：心区的2个并列，前面中央即胃区1个，呈三角形排列。额分2齿。口前板向前突出成长刺，位于两额刺之间。额具2锐刺，略小于内眼窝齿。背眼窝缘具2缝，内外眼窝刺尖锐，腹内眼窝刺锐长。前侧缘共具9刺（包括外眼窝刺）：第2～8刺的形状、大小相近，末刺锐长，伸向两侧。后侧缘向后收敛。后缘平直，与后侧缘交角钝圆。螯足长而粗壮；长节较长而扁平，前缘具4锐刺，后缘末端有1刺；腕节内外缘末端各具1刺，近外缘有3条颗粒脊；掌节长，背面有2条颗粒脊，其末端各具1刺，外侧面有3条颗粒脊，最外的1条在掌的近中部，延伸到不动指的末端，它与腕节交接处有1刺；可动指背面有2条不明显的颗粒脊及浅沟，可动指的内外侧面中部有1沟，两指内缘均具钝齿。步足扁平，前3对步足形状、大小相近。游泳足长节宽大于长，前缘有短毛；末2节宽而扁，呈桨状，边缘也有短毛。

生态习性： 温带和热带种。通常栖息于浅海底，其活动地区随个体大小、性别及季节不同而异，在春夏洄游繁殖季节，成群游到沿海港湾或河口附近产卵，冬季迁居于较深的海区过冬，一般在水深8～100m的泥质砂、碎壳或软泥海底拖网可采获，它的体色也能随环境变化而变化，生活于沙底，其体色呈灰绿色，在海草间其色较深。它的食性较广，喜食动物尸体，也取食鱼、虾、贝、藻，甚至动物粪便。

地理分布： 沿海各省份；日本，越南，朝鲜半岛等。

经济意义： 是海蟹类中产量最大的一种。其个大，肉质细嫩，味道鲜美，营养丰富，经济价值很高，是我国最重要的食用蟹；除食用外还可作药和工业原料。

参考文献： 杨思谅等，2012。

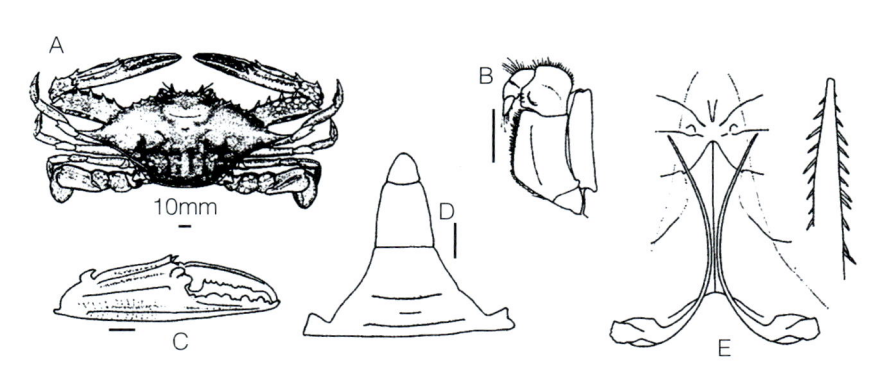

图 127-1 三疣梭子蟹 *Portunus trituberculatus* (Miers, 1876)（引自杨思谅等，2012）
A. 头胸甲；B. 第3颚足；C. 螯足掌节（亚成体）；D. 雄性腹部；E. 雄性第1腹肢及其末端放大
比例尺：未注明者均为 1mm

图 127-2 三疣梭子蟹 *Portunus trituberculatus* (Miers, 1876)（引自杨思谅等，2012）

梭子蟹属分种检索表

1. 头胸甲背表面具有3个大的红色斑 .... 红星梭子蟹 *P. sanguinolentus*
- 头胸甲背表面没有大的红色斑 2
2. 额具2齿；头胸甲背面具微细颗粒和3个疣状突起 .... 三疣梭子蟹 *P. trituberculatus*
- 额具4齿；头胸甲背面具粗糙颗粒，但不具疣状突起 .... 远海梭子蟹 *P. pelagicus*

剑梭蟹属 *Xiphonectes* A. Milne-Edwards, 1873

矛形剑梭蟹
Xiphonectes hastatoides (Fabricius, 1798)

同物异名： *Neptunus* (*Hellenus*) *hastatoides* (Fabricius, 1798)；*Portunus* (*Xiphonectes*) *hastatoides* Fabricius, 1798；*Portunus hastatoides* Weber, 1795；*Portunus hastatoides* Fabricius, 1798；*Xiphonectes hastatoides* (Fabricius, 1798)

标本采集地： 南海北部。

形态特征： 头胸甲十分扁平，甚宽，宽度约为长度的 2.4 倍，背面密具短绒毛，具有明显的几组常见的隆起颗粒区，其中侧、中胃区融合，中鳃区分成 3 块，前鳃区与后侧区愈合。颗粒区中的颗粒光滑、钝圆。中胃区、后胃区、前鳃区各有 1 行颗粒脊。额分 4 齿。前侧缘呈内凹弧形，具 9 齿。后侧缘具 1 钝齿。后侧缘两端各具 1 小刺。第 3 颚足长节外末角向侧方强烈突出。螯足长节粗壮，长约为宽的 2.7 倍，背面具鳞形颗粒，内缘有 4 刺，外缘后半部具 2 锐刺；腕节小，内外末角各具 1 锐刺；掌部较扁平，与可动指略等长，末端有 1 小刺，背面及外侧面共有 5 条纵行颗粒脊，腹面具鳞形刻纹；两指内缘均有小齿，其中有几枚较大的齿。步足较粗壮。第 1 步足前节长约为宽的 4.5 倍，前缘稍拱曲。游泳足长节宽大于长，后末缘具细锯齿；末 2 节扁平，指节末端具黑色斑。

生态习性： 温带和热带种。栖息于水深 30～100m 的细沙、泥沙、软泥或碎壳底。

地理分布： 黄海南部，东海，南海；印度-西太平洋，西自红海、马达加斯加及非洲东岸，东至澳大利亚、夏威夷群岛，北至日本。

参考文献： 杨思谅等，2012。

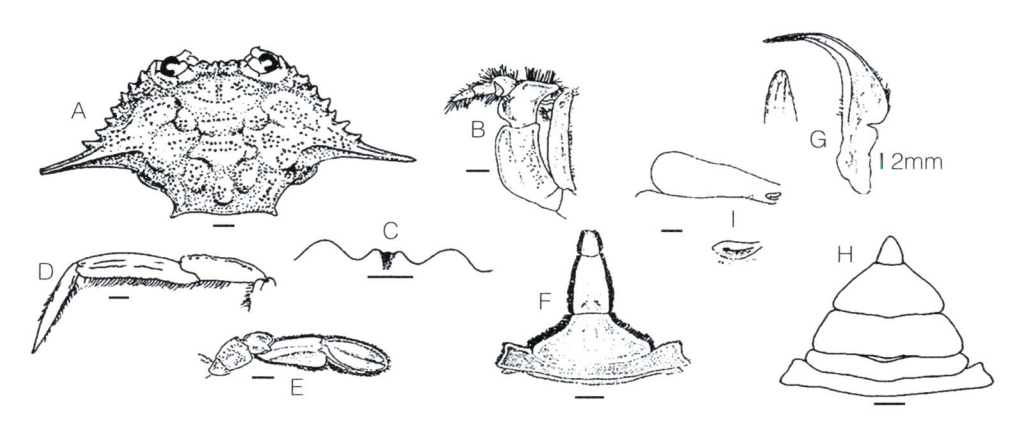

图 128-1 矛形剑梭蟹 Xiphonectes hastatoides (Fabricius, 1798)（引自杨思谅等，2012）
A. 头胸甲；B. 第 3 颚足；C. 额齿；D. 第 1 步足；E. 游泳足；F. 雄性腹部；
G. 雄性第 1 腹肢及其末端放大；H. 雌性腹部；I. 雌性生殖孔
比例尺：未注明者均为 1mm

图 128-2 矛形剑梭蟹 Xiphonectes hastatoides (Fabricius, 1798)（引自杨思谅等，2012）

蟳属 *Charybdis* De Haan, 1833

近亲蟳
Charybdis (*Charybdis*) *affinis* Dana, 1852

同物异名： Charybdis affinis Dana, 1852；Charybdis barneyi Gordon, 1930

标本采集地： 南海北部。

形态特征： 头胸甲的宽度约等于长度的 1.5 倍，表面具绒毛，前半部具横行的细隆线额区、侧胃区和后胃区各具 1 对，中胃区与前鳃区各有 1 条，后半部无隆线。额缘分 6 齿，全部呈三角形，中间的 2 齿稍突出，由 1 宽的缺刻间隔，第 1 侧齿呈宽三角形，第 2 侧齿呈锐三角形，略比第 1 侧齿突出。背内眼窝齿三角形，背眼缘具颗粒，具 2 裂缝；腹内眼窝角尖锐，腹眼缘具颗粒，具 1 裂缝。前侧缘具 6 齿，第 1 齿钝切，稍向内弯，第 2～5 齿逐渐向后增大，末齿较小，刺形，向侧方突出，超过前方各齿。第 2 触角基节具有尖锐颗粒隆脊。第 3 颚足表面光滑，具小凹点，长节外末角略向外侧方突出。螯足膨大，表面光滑或具细毛，长度约等于头胸甲长的 2 倍；长节前缘具 3 齿，后缘具细微的颗粒；腕节内末角具 1 强壮刺，外侧面具 3 小刺及 2 条隆线；掌节厚，背面具 2 条隆脊及 5 刺，末端的 2 刺很小，外侧面具 3 条光滑的隆脊，内侧面具 1 条光滑的隆脊，指节略长于掌部，内缘具大小不等的强壮齿，两指合拢时，指尖交叉。游泳足长节的长度为宽度的 1.5 倍，后缘末端处具 1 强壮刺，前节后缘光滑。

生态习性： 温带和热带种。生活于沙质或泥沙质的浅海底。

地理分布： 东海，南海沿岸；泰国，新加坡，马来西亚，印度尼西亚，丹老群岛，印度等近岸海域。

经济意义： 可食用。

参考文献： 杨思谅等，2012。

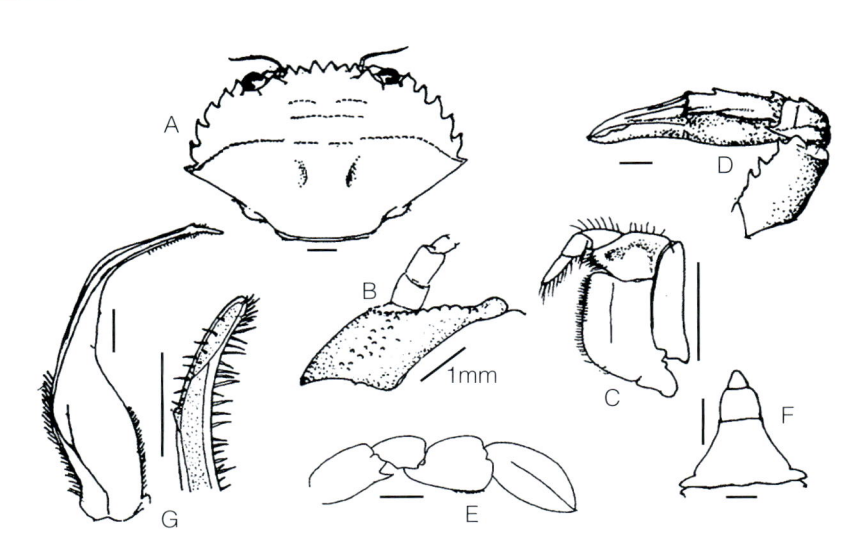

图 129-1 近亲蟳 Charybdis (Charybdis) affinis Dana, 1852（引自杨思谅等，2012）
A. 头胸甲；B. 第 2 触角基节；C. 第 3 颚足；D. 螯足；E. 游泳足；F. 雄性腹部；G. 雄性第 1 腹肢及其末端放大
比例尺：未注明者均为 5mm

图 129-2 近亲蟳 Charybdis (Charybdis) affinis Dana, 1852（引自杨思谅等，2012）

锈斑蟳
Charybdis (*Charybdis*) *feriata* (Linnaeus, 1758)

同物异名： *Cancer cruciatus* Herbst, 1794；*Cancer feriatus* Linnaeus, 1758；*Cancer sexdentatus* Herbst, 1783；*Charybdis cruciata* (Herbst, 1794)；*Charybdis sexdentata* (Herbst, 1783)；*Portunus crucifer* Fabricius, 1798；*Thalamita crucifera* (Fabricius, 1798)

标本采集地： 海南三亚。

形态特征： 头胸甲宽约等于长的 1.6 倍，表面光滑，中胃区、心区与中鳃区隆起，中胃区与后胃区各有 1 对模糊的隆线，胃心区具 1 对模糊的"H"形沟，在前鳃区，从"H"沟向最末前侧齿的基部伸展出 1 对模糊的隆线。额分 6 齿，中央 4 齿大小相近，中间 1 对位置较低，侧齿窄而尖锐。内眼窝齿呈钝三角形，大于所有额齿，背眼窝缘具 2 缝，腹内眼窝齿钝齿形。前侧缘分 6 齿，第 1 齿平钝，前缘中部内凹，第 2 齿前、外缘均拱曲，第 3～5 齿大小相近，末端刺形。第 2 触角基节具低平的颗粒隆脊。第 3 颚足长节外末角略斜向外侧方。螯足相当粗壮，不对称；长节表面光滑，前缘末半部具 3 强壮齿，基半部具颗粒或小齿；腕节内末角具 1 强壮刺，外末角具 3 小刺，外侧面具 2 条平钝、光滑的隆脊；掌节背面具 4 齿，外侧面具 2 条隆线，下面的 1 条延续至不动指的末端，内侧面也具 1 条隆线，腹面光滑；指节长短与掌部相近。游泳足长节后缘具刺，前节后缘光滑，具 1 小钝刺。雄性第 1 腹肢末端细长，末端外侧刚毛众多，内侧刚毛刺状。雄性第 6 腹节宽大于长，两侧缘稍拱曲，前缘长约为后缘的 2/3。

生态习性： 温带和热带种。常见于近岸 10～30m 的沙、沙泥质，或岩礁、珊瑚礁的浅水中，最深发现于 118m 深的海底。

地理分布： 江苏，浙江，福建，广东，广西，台湾，香港，南沙群岛沿岸；日本，越南，菲律宾，澳大利亚，印度尼西亚，马来半岛，新加坡，泰国，斯里兰卡，印度，巴基斯坦，波斯湾，阿曼湾，坦桑尼亚，马达加斯加，东非，南非。

经济意义： 本种个体较大，常见于渔获物中，为一种颇具商业价值的食用蟹。

参考文献： 杨思谅等，2012。

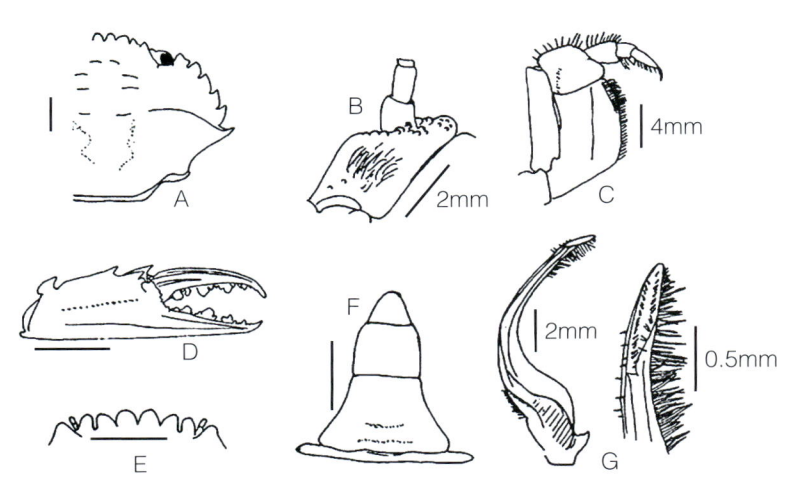

图 130-1　锈斑蟳 *Charybdis* (*Charybdis*) *feriata* (Linnaeus, 1758)（引自杨思谅等，2012）
A. 头胸甲右侧背面观（仿 Shen and Dai, 1964）；B. 第 2 触角基节；C. 第 3 颚足；D. 右螯外侧面；
E. 额齿；F. 雄性腹部；G. 雄性第 1 腹肢及其末端放大
比例尺：未注明者均为 10mm

图 130-2　锈斑蟳 *Charybdis* (*Charybdis*) *feriata* (Linnaeus, 1758)（引自杨思谅等，2012）

251

晶莹蟳
Charybdis (*Charybdis*) *lucifera* (Fabricius, 1798)

标本采集地： 海南三亚。

形态特征： 头胸甲光裸无毛，但有细微颗粒。分区不明，鳃区各共2斑点，内斑较外斑为大。表面的横行隆线，有下列数条：额区具1中断的横行隆线；侧胃区各有1条短的；中胃区有1条较长的；最长的1条介于最后侧刺之间，但在鳃、胃区之间被颈沟所隔断，在后胃区也中断。额分6齿，居中的4齿略等大，但第1侧齿较锐而略向外指，它与第2侧齿有1深缺刻相隔，后者较前者窄而且较背眼窝缘的内角突出。前侧缘具6齿，自第1～5齿逐渐增大，但末齿最小，呈刺状。螯足不甚对称，长节的前缘具3刺，基部的1刺最小，腕节内末角具1强壮刺，外侧面具3钝刺，掌节背面具5短刺，1刺在腕节之前，2刺接近指节的基部，其他2刺在2条隆脊的中部，大螯的指节较掌节略短。游泳足长节的后缘近末端处具1刺，前节的后缘约具5锯齿。雄性第1腹肢较宽大，向末端渐窄，至末端1/3向外弯，约成40°角，其内缘具1唇及长短不一的刺，外缘具较密而长的刺状刚毛。雄性腹部第6节宽大于长，两侧缘几乎平行。

生态习性： 热带种。常栖息于热带浅海海域。

地理分布： 台湾南部海域；日本，泰国，马来西亚，印度尼西亚，斯里兰卡，印度。

经济意义： 可食用。

参考文献： 戴爱云等，1986。

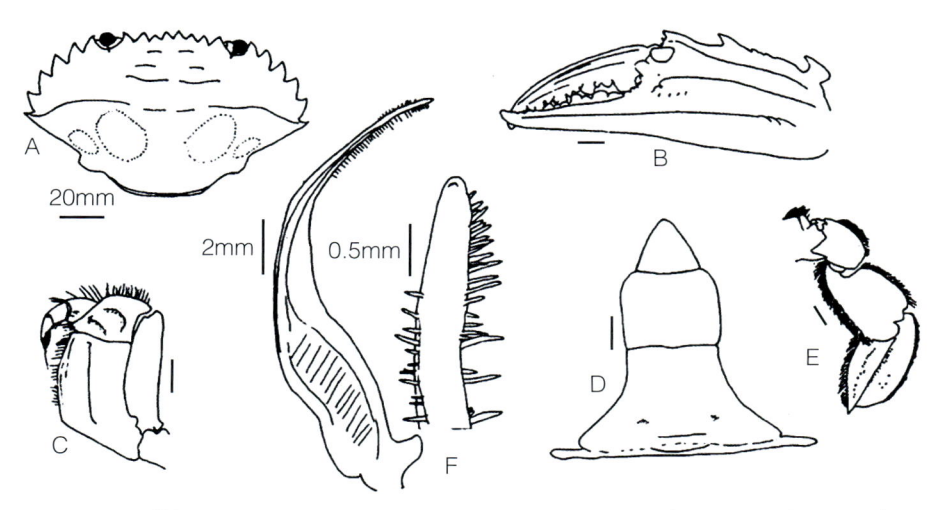

图 131-1　晶莹蟳 Charybdis (Charybdis) lucifera (Fabricius, 1798)（引自杨思谅等，2012）
A. 头胸甲；B. 螯足掌部；C. 第3颚足；D. 雄性腹部；E. 游泳足；F. 雄性第1腹肢及其末端放大
比例尺：未注明者均为 4mm

图 131-2　晶莹蟳 Charybdis (Charybdis) lucifera (Fabricius, 1798)（引自杨思谅等，2012）

善泳蟳
Charybdis (*Charybdis*) *natator* (Herbst, 1794)

同物异名：Cancer natator Herbst, 1794；Charybdis (Charybdis) natator natator (Herbst, 1794)；Charybdis natator (Herbst, 1794)；Thalamita natator (Herbst, 1794)

标本采集地：广西北海。

形态特征：头胸甲隆起，表面密布绒毛；除末齿外，前侧齿基部附近的头胸甲表面具颗粒；侧胃区、中胃区、后胃区及前鳃区各有长短不等的颗粒隆脊，心区有1对隆脊，中鳃区、后鳃区共有3对隆脊。额分6齿，居中4齿大小相近，前缘钝，中央齿位置较低，突出超过第1侧齿，第1侧齿与第2侧齿间距较宽。眼窝不十分隆起，背缘具2缝，背眼窝齿宽于额齿，呈钝三角形；腹眼窝缘具1缝，内角钝。前侧缘具6齿：第1齿末端平钝，第2～4齿大小相近，末端尖锐；末齿刺形，不突出。后缘与后侧缘均具颗粒隆脊。第2触角基节表面密具细颗粒及刚毛，具短而低平的颗粒隆脊。第3颚足表面具绒毛，长节外末角略向外突出。螯足粗壮，不等称，覆有绒毛及颗粒。长节前缘具3～4刺，刺间及背面近端具大颗粒，末缘及后缘无装饰。腕节表面具扁平的颗粒，内末角具1强壮刺，外侧面具3小刺。掌节覆盖着扁平的颗粒，表面共具6条隆脊，但背面的隆脊有时不清晰；背面具5刺，位于掌腕节上的刺，有时具附属小刺；腹面颗粒横向排列，呈鳞形，中央形成1纵沟，延伸至近体端。指节粗壮，具纵向的沟、脊。游泳足长节背面2纵沟覆有绒毛，后末角具1刺；前节后缘锯齿状。

生态习性：热带和温带种。生活于30～310m水深的沙或沙泥质浅海底。

地理分布：东海，南海，台湾，南沙群岛沿岸；日本，印度尼西亚，菲律宾，马来西亚，新加坡，泰国，越南，澳大利亚，印度，巴基斯坦，波斯湾，红海，马达加斯加，非洲东岸。

经济意义：可食用。

参考文献：杨思谅等，2012。

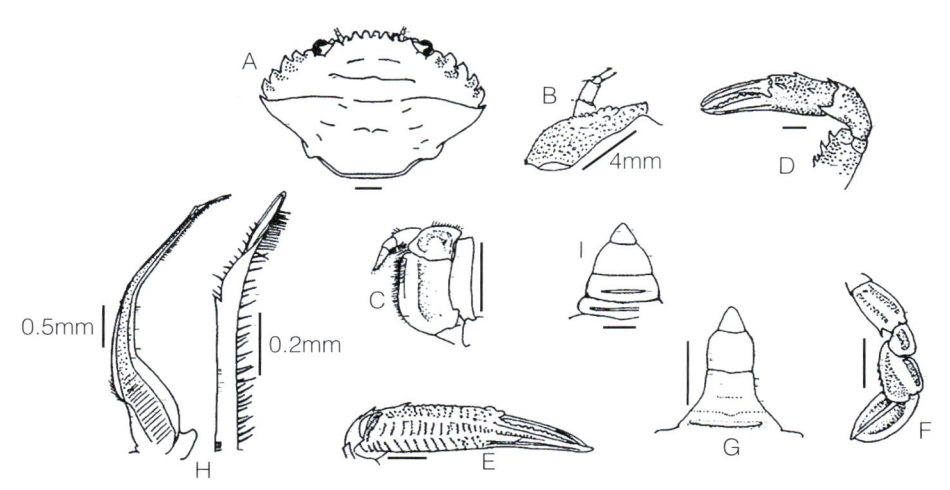

图 132-1　善泳蟳 *Charybdis* (*Charybdis*) *natator* (Herbst, 1794)（引自杨思谅等，2012）
A. 头胸甲；B. 第 2 触角基节；C. 第 3 颚足；D. 螯足；E. 螯足掌节腹面；F. 游泳足；G. 雄性腹部；
H. 雄性第 1 腹肢及其末端放大；I. 雌性腹部
比例尺：未注明者均为 10mm

图 132-2　善泳蟳 *Charybdis* (*Charybdis*) *natator* (Herbst, 1794)（引自杨思谅等，2012）

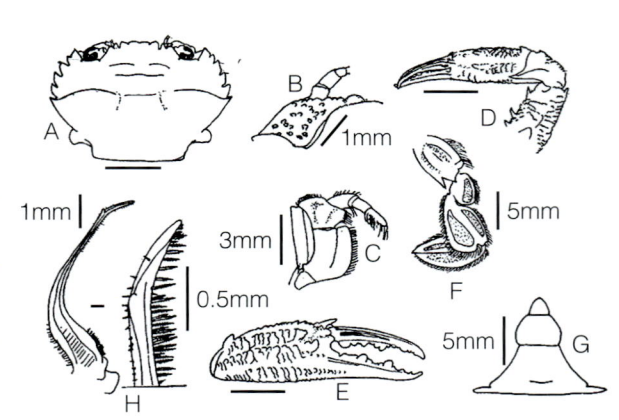

直额蟳
Charybdis (*Archias*) *truncata* (Fabricius, 1798)

同物异名： *Charybdis* (*Goniohellenus*) *truncata* (Fabricius, 1798)；*Charybdis truncata* Fabricius, 1798；*Portunus truncatus* Fabricius, 1798；*Thalamita truncata* (Fabricius, 1798)

标本采集地： 海南三亚。

形态特征： 头胸甲的宽度约为长度的 1.3 倍，密覆绒毛，分区明显，额后区与侧胃区各有 1 对颗粒隆线，中胃区、后胃区及前鳃区具通常的几条隆线，中鳃区及心区有成对的颗粒群。额分 6 钝齿，中央 1 对稍突出，第 1 侧齿内缘斜，与中额齿重叠，第 2 侧齿较小，与第 1 侧齿间隔较深。前侧缘分 6 齿，第 1 齿斜切，第 2～4 齿大小递增，末端尖锐，第 5 齿较小，第 6 齿最小，各齿的外缘及表面分别具锯齿与颗粒。后缘平直，两端角状。第 2 触角基节具低平的颗粒隆脊。螯足粗壮，不等称，长度约等于头胸甲长度的 2.7 倍，长节前缘具 3 刺，后缘具小刺，表面具排列成横脊的颗粒，腕节背面的 3 条颗粒隆脊清晰可辨，内末角具 1 强壮齿，外末角具 3 齿，掌节背面具 3 刺，外缘中部有时具 1 小刺，一共具 7 条颗粒隆脊，大螯指节与掌部等长，小螯指节稍长于掌部。游泳足长节后缘近末端处具 1 锐刺，后末角具 1 小刺，前节后缘具小刺。

生态习性： 热带和温带种。生活于 10～100m 泥沙质海底。

地理分布： 浙江，福建，广东，广西，台湾，香港，南沙群岛沿岸；日本，澳大利亚，越南，印度尼西亚，菲律宾，马来群岛，新加坡，泰国，印度，马达加斯加等近海海域。

参考文献： 杨思谅等，2012。

图 133-1 直额蟳 *Charybdis* (*Archias*) *truncata* (Fabricius, 1798)（引自杨思谅等，2012）
A. 头胸甲；B. 第 2 触角基节；C. 第 3 螯足；D. 右螯足；E. 右螯外侧面；F. 游泳足；G. 雄性腹部；H. 雄性第 1 腹肢及其末端放大
比例尺：未注明者均为 10mm

图 133-2　直额蟳 *Charybdis* (*Archias*) *truncata* (Fabricius, 1798)（引自杨思谅等，2012）

蟳属分种检索表

1. 头胸甲后缘直，与后侧缘连接处呈角状或耳状突出 ....直额蟳 *C.* (*Archias*) *truncata*
- 头胸甲的后缘与后侧缘连接处呈弧形 2
2. 前鳃脊之后头胸甲上具明显的隆脊或成堆颗粒 ....善泳蟳 *C.* (*Charybdis*) *natator*
- 前鳃脊之后头胸甲上不具明显隆脊 3
3. 头胸甲的表面具显著的黄色十字色斑；第 1 前侧齿前缘中部具 1 缺刻 ....
....锈斑蟳 *C.* (*Charybdis*) *feriata*
- 头胸甲的表面不具显著的黄色十字色斑；第 1 前侧齿前缘中部不具缺刻 4
4. 游泳足前节后缘具数枚刺 ....莹蟳 *C.* (*Charybdis*) *lucifera*
- 游泳足前节后缘平滑无刺 ....近亲蟳 *C.* (*Charybdis*) *affinis*

短桨蟹属 *Thalamita* Latreille, 1829

钝齿短桨蟹
Thalamita crenata Rüppell, 1830

同物异名：*Talamita crenata* Rüppell, 1830；*Thalamita kotoensis* Tien, 1969；*Thalamita prymna* var. *crenata* Rüppell, 1830；*Thranita crenata* (Rüppell, 1830)；*Thranita kotoensis* (Tien, 1969)

标本采集地：南海北部。

形态特征：头胸甲宽度约为长度的 1.5 倍，表面稍隆，光滑，额与眼窝区后面、前侧齿基部附近及各条隆脊之前覆以绒毛，具通常的几对隆脊。额分 6 叶（间或有 4 叶的），中央 1 对方形，第 1 侧叶内侧缘斜，第 2 侧叶稍小于其他 4 叶，前缘钝圆。眼窝稍隆起，边缘具 2 缺刻，内眼窝齿宽、拱曲，腹眼窝缘具 1 缺刻，其内角突出，钝齿形。前侧缘分 5 齿，第 1 齿最大，侧缘略内凹，末齿最小，居中 3 齿约等大。第 2 触角基节长，表面的隆脊上具低平的颗粒突起。口前板两侧的隆起面上密布小的颗粒。第 3 颚足外肢宽度大于座节宽度的 1/2。螯足粗壮，不对称，长节前缘具 3 大刺，刺间或有 1～2 小刺，前后表面具细微的颗粒，腕节表面除背面近末端略具颗粒外，较为光滑，内末角具 1 强壮刺，外侧面具 3 小刺，掌节粗壮，除外侧面上部与内侧面后基部具颗粒外，表面光滑，背面具 5 齿，外侧面具 2 条低平的隆脊，中部 1 条十分模糊。步足光滑、粗壮，游泳足长节后缘近末端处具 1 刺，前节后缘光滑或具锯齿。雄性第 1 腹肢较粗壮，稍弯曲，末端稍呈匙状，外侧缘具 12～13 根刚毛。腹部塔形，第 3～5 节愈合，节缝稍可辨，第 6 节的宽度明显地大于长度，两侧缘大部分平行，仅末端略靠拢，尾节锐三角形。

生态习性：温带和热带种。生活于珊瑚礁或低潮线附近的岩礁中。

地理分布：东海，南海沿岸；朝鲜，日本，澳大利亚，马来群岛，新加坡，印度，波斯湾，红海，马达加斯加等海域。

参考文献：戴爱云等，1986。

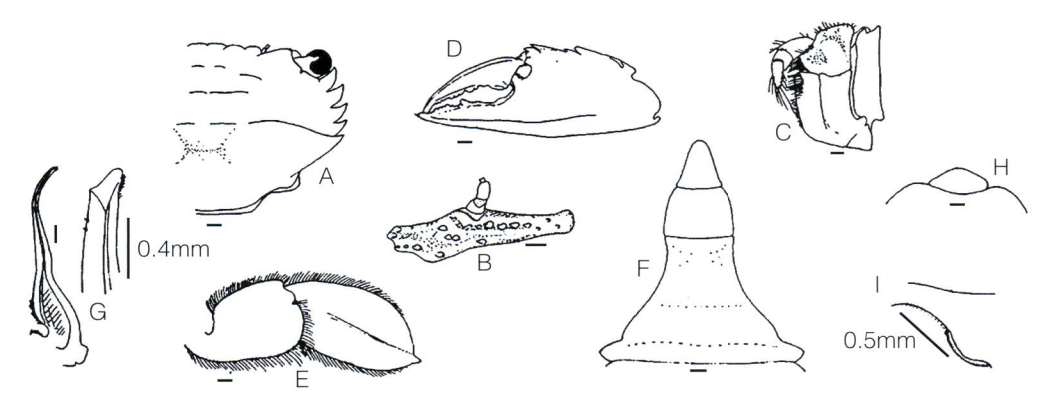

图 134-1　钝齿短桨蟹 *Thalamita crenata* Rüppell, 1830（引自杨思谅等，2012）
A. 头胸甲；B. 第 2 触角基节；C. 第 3 颚足；D. 左螯外侧面；E. 游泳足；F. 雄性腹部；
G. 雄性第 1 腹肢及其末端放大；H. 雌性腹部末 2 节；I. 雌性生殖孔
比例尺：未注明者均为 1mm

图 134-2　钝齿短桨蟹 *Thalamita crenata* Rüppell, 1830（引自杨思谅等，2012）

双额短桨蟹
Thalamita sima H. Milne Edwards, 1834

同物异名： *Portunus* (*Thalamita*) *arcuatus* De Haan, 1833

标本采集地： 南海北部。

形态特征： 头胸甲的宽度约为长度的 1.5 倍，表面密布绒毛，额区、侧胃区、中鳃区、前鳃区各具 1 对颗粒隆脊，中胃区及后胃区各具 1 条颗粒隆线，心区有 1 对不明显的光滑隆线，位于中鳃区隆线的后方。额宽，被 1 深的缺刻分为 2 浅叶，每叶前缘中部凹陷，侧缘稍向外侧倾斜。内眼窝齿宽度略小于额叶，腹眼窝齿钝三角形。前侧缘具 5 齿，第 4 齿稍小于其他各齿，末齿尖锐、突出，各齿基部表面均具颗粒。第 2 触角基节具 1 光滑的隆脊。第 3 颚足长节短于座节，内末角、外末角均突出。两螯相当肿胀，不对称，表面覆以鳞形颗粒，以短毛相隔，长节前缘基部具颗粒，末端具 3 强壮刺，腕节内末角具 1 强壮刺，外侧面具 3 小刺，掌节背面具 5 刺，其中位于外末角的 1 刺呈疣状，外侧面具 3 条近于光滑的隆线，内侧面中部具 1 条宽而低的模糊隆线，指节粗壮，内缘具大小不等的强壮齿。步足较扁平，游泳足长节的长度约为宽度的 1.4 倍，后缘近末端处具 1 刺，前节后缘具少数颗粒，有时无。

生态习性： 温带和热带种。生活于低潮线附近泥滩、岩石海岸或潮间至水下 50m 泥沙质水底。大多出现在 10～30m 的浅海底。

地理分布： 东海，南海，台湾，香港沿岸；日本，夏威夷群岛，新喀里多尼亚，澳大利亚，新西兰，越南，泰国，马来西亚，新加坡，印度尼西亚，印度，斯里兰卡，红海，东非。

经济意义： 可食用。

参考文献： 杨思谅等，2012。

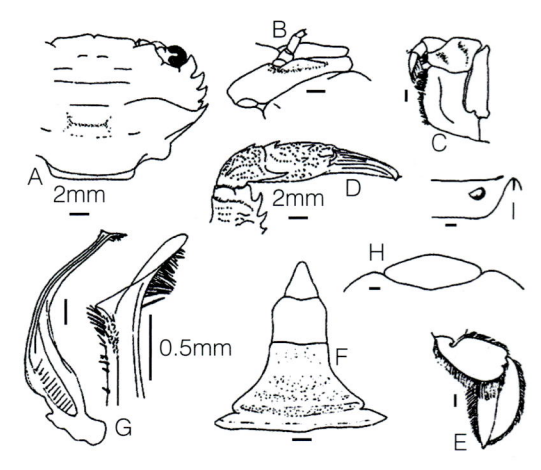

图 135-1 双额短桨蟹 *Thalamita sima* H. Milne Edwards, 1834（引自杨思谅等，2012）
A. 头胸甲；B. 第 2 触角基节；C. 第 3 颚足；D. 螯足；E. 游泳足末 2 节；F. 雄性腹部；G. 雄性第 1 腹肢及其末端放大；H. 雌性腹部末 2 节；I. 雌性生殖孔
比例尺：未注明者均为 1mm

图 135-2 双额短桨蟹 Thalamita sima H. Milne Edwards, 1834（引自杨思谅等，2012）

梭子蟹科分属检索表

1. 前侧齿多于 7 个 .... 梭子蟹属 Portunus
- 前侧齿不超过 7 个 2
2. 额 - 眼窝宽明显地小于头胸甲最大宽度；头胸甲前侧缘拱曲，分为 6 或 7 齿 .... 蟳属 Charybdis
- 额 - 眼窝宽稍小于头胸甲最大宽度；头胸甲前侧缘不明显拱曲，少于 6 齿 ..... 短桨蟹属 Thalamita

梯形蟹科 Trapeziidae Miers, 1886
梯形蟹属 Trapezia Latreille, 1828

双齿梯形蟹
Trapezia bidentata (Forskål, 1775)

同物异名：*Cancer bidentatus* Forskål, 1775；*Grapsillus subinteger* MacLeay, 1838；*Trapezia cymodoce* var. *edentula* Laurie, 1906；*Trapezia ferruginea* Latreille, 1828；*Trapezia ferruginea* var. *typica* Borradaile, 1900；*Trapezia miniata* Hombron & Jacquinot, 1846；*Trapezia subdentata* Gerstaecker, 1856

标本采集地：海南三亚。

形态特征：头胸甲宽稍大于长，近梯形，表面扁平，光滑。额突出，分2叶，每叶内侧突出，呈二角形齿，外侧具细锯齿。背眼窝缘完整，内眼窝角圆钝，前缘较平，外眼窝角锐齿状，腹眼窝缘完整，腹内眼窝角突出，锐齿状，背面可见。头胸甲前、后侧缘相接处具1齿突，前侧缘近于平行。第2触角基节短，第2触角鞭在眼窝外，第3颚足长节外末角圆钝，稍突出。螯足不十分对称，表面光滑，长、腕、掌节的外侧面光滑，长节前缘具5齿，各齿的前缘常具锯齿，腕节内末角锐齿状，掌节腹缘锋锐，内侧面基部具1隆起，两指内缘均呈隆脊状，可动指基半部具几个颗粒，不动指内缘呈不规则的突起，两指尖交叉。步足指、前、腕节具较长的刚毛，指节表面尤为浓密，后缘具刚毛列，前2对步足爪短。雄性第1腹肢细长，近末端稍膨大，末端逐尖。腹部第6节梯形，明显长于尾节，尾节半圆形。酒精浸制的标本，体为浅黄色，额缘、眼缘、螯足各节边缘及腹部腹甲前缘呈铁锈色。

生态习性：热带种。生活于鹿角珊瑚的枝丛间。

地理分布：西沙群岛，海南岛沿岸；日本，夏威夷群岛，塔希提岛，埃利斯岛，社会群岛，苏禄海，安达曼群岛，尼科巴，斯里兰卡，红海。

参考文献：戴爱云等，1986。

图 136 双齿梯形蟹 *Trapezia bidentata* (Forskål, 1775)

指梯形蟹
Trapezia digitalis Latreille, 1828

同物异名： *Trapezia digitalis* var. *typica* Borradaile, 1902；*Trapezia fusca* Hombron & Jacquinot, 1846；*Trapezia leucodactyla* Rüppell, 1830；*Trapezia nigrofusca* Stimpson, 1860；*Trapezia nigro-fusca* Stimpson, 1860

标本采集地： 海南三沙。

形态特征： 头胸甲稍隆，宽稍大于长，呈梯形，表面光滑，具光泽，胃、心区之间的"H"形沟可辨，沿侧胃区外末角具数个大的凹点。前额稍突出，中央具1"V"形缺刻，分2叶，每叶外缘隆起，具小锯齿，内缘齿壮。背眼窝缘完整，内眼窝角圆钝，外眼窝角锐齿状，腹眼窝缘完整，腹内眼窝角锐刺状，背面可见。侧缘中部具1缺刻。第2触角基节短，触角鞭在眼窝外。第3颚足长节外末角稍突。螯足粗短，不甚对称，表面光滑，长节前缘具5～6锯状齿，腕节内末角具1锐齿，指节约与掌部等长，可动指内缘基半部具3～4小齿，不动指内缘锋锐，基半部具齿状突起。步足短粗，前节前半部与指节表面具刚毛，指节腹面具横的刚毛列，指端向腹面弯曲，呈爪状，腹面具沟。雄性第1腹肢粗短，向末端逐渐趋尖，末端两侧共许多小刺。腹部第6节梯形，长度明显地大于尾节，尾节半圆形，酒精浸制的标本全身为深褐色，螯足指节末端3/4及步足指节为浅褐色，掌节表面具黄褐色的花纹。

生态习性： 热带种。生活于珊瑚枝丛间。

地理分布： 西沙群岛，海南岛沿岸；整个印度-太平洋热带区。

参考文献： 戴爱云等，1986。

图 137　指梯形蟹 *Trapezia digitalis* Latreille, 1828

幽暗梯形蟹
Trapezia septata Dana, 1852

同物异名： *Trapezia areolata inermis* A. Milne-Edwards, 1873；*Trapezia reticulata* Stimpson, 1858

标本采集地： 海南三亚。

形态特征： 头胸甲背面网眼较小，数量较多。额较窄，比内眼窝齿突出得多，中央缺刻深，内眼窝齿前缘较隆。螯足长节前缘齿较钝，腕节内缘中部几乎不内凹，螯足掌节较长，可动指稍短于掌节背缘。雄性第 1 腹肢末端突出较短，内、外缘具较多刺，雌性腹部尾节长度大于第 6 节。

生态习性： 热带种。生活于鹿角珊瑚枝丛间。

地理分布： 西沙群岛，海南岛沿岸；日本近海。

参考文献： 戴爱云等，1986。

梯形蟹属分种检索表

1. 头胸甲前后侧缘相接处圆钝，仅有 1 微小的齿或缺刻 .... 指梯形蟹 *T. digitalis*
 - 头胸甲前后侧缘之间具 1 明显的齿 2
2. 头胸甲及螯足表面具网状花纹 .... 幽暗梯形蟹 *T. septata*
 - 头胸甲无网状花纹，额缘、眼缘及螯足各节的边缘呈铁锈色 .... 双齿梯形蟹 *T. bidentata*

图 138　幽暗梯形蟹 *Trapezia septata* Dana, 1852

扇蟹科 Xanthidae MacLeay, 1838

仿银杏蟹属 *Actaeodes* Dana, 1851

绒毛仿银杏蟹
Actaeodes tomentosus (H. Milne Edwards, 1834)

同物异名：*Actaea tomentosa* (H. Milne Edwards, 1834)；*Zozymus tomentosus* H. Milne Edwards, 1834

标本采集地：海南三亚。

形态特征：头胸甲呈横卵圆形，其宽度约为长度的 1.6 倍，表面被许多深沟将各区分成许多小区，各小区呈隆块状，表面密盖短绒毛和泡状颗粒。中胃区分 3 小块，与心区之间有 1 横条隆块，侧胃区分为完整的 2 纵叶，心、肠区亦有纵沟相隔，鳃区亦分成数隆块。额向前下方垂直，前缘中部被 1 浅缺刻分为 2 叶，与内眼窝之间有浅沟相隔。背眼窝缘隆起。前侧缘呈弧形，分 4 叶，第 1～3 叶依次渐大，第 2～4 叶约等大，后侧缘较前侧缘为短，内凹，后缘短、较平直。两螯对称，密盖绒毛和颗粒，两指外侧面的基半部亦具颗粒，内缘具钝齿，指端匙形。步足扁平，各节短而宽，边缘上特别是前缘上均具长刚毛。雄性第 1 腹肢细长，末端趋尖，稍弯向腹外方，具长刚毛。腹部窄长，第 3～5 节愈合，节缝可辨，第 6 节呈纵长方形，尾节呈圆钝的长三角形。雌性腹部长卵圆形。

生态习性：热带种。生活于沿岸带的岩石缝中或珊瑚礁的浅水中。

地理分布：西沙群岛，海南岛，台湾，福建沿岸；日本，新喀里多尼亚，澳大利亚，菲律宾，新加坡，印度尼西亚，印度洋，非洲东岸。

参考文献：戴爱云等，1986。

图 139 绒毛仿银杏蟹 *Actaeodes tomentosus* (H. Milne Edwards, 1834)

盖氏蟹属 *Gaillardiellus* Guinot, 1976

高睑盖氏蟹
Gaillardiellus superciliaris (Odhner, 1925)

同物异名： *Actaea superciliaris* Odhner, 1925

标本采集地： 海南三亚。

形态特征： 头胸甲横卵圆形，前、后向及左右向均隆起，宽将近长的1.4倍，表面密具颗粒及长、短刚毛，大区及小区清晰可辨，2M区纵分为2，1M区与2M区的内叶不完全愈合，1P区界限清晰。额窄而突出，前缘具颗粒，中部被1"V"形缺刻分成2圆叶，每叶外侧具1钝齿。背眼窝缘具2缺刻，内眼窝角钝，外眼窝角隆块状，腹眼窝缘完整，具颗粒，腹内眼窝角钝齿形，前侧缘分4钝叶，隆块状，第1、第2叶小，第3、第4叶大，表面具颗粒及刚毛。后侧缘明显地小于前侧缘。第2触角基节短粗，表面具颗粒，第2触角鞭位于眼窝缝中。第3颚足长节短，外末角圆钝，稍突出。螯足及步足粗短，表面具颗粒及刚毛，两螯对称，腕节粗大，表面具不明显的隆块，掌节除内侧面末端光滑外，表面具刚毛及颗粒，指节粗壮，基半部表面具颗粒及刚毛，两指内缘具强壮齿，指端尖。步足宽扁，各节表面具颗粒及刚毛，腕、前节具细浅沟，末端刺状。雄性第1腹肢较纤细，末端弯向外侧，长匙形，内侧具长的羽状毛。腹部长条形，第6节近哑铃形，长稍小于基缘宽度，尾节圆锥形，稍短于第6节。

生态习性： 热带种。生活于低潮线附近的礁石中。

地理分布： 海南沿岸；夏威夷群岛，萨摩亚，吉尔伯特群岛，马绍尔群岛，菲律宾近岸海域。

参考文献： 戴爱云等，1986。

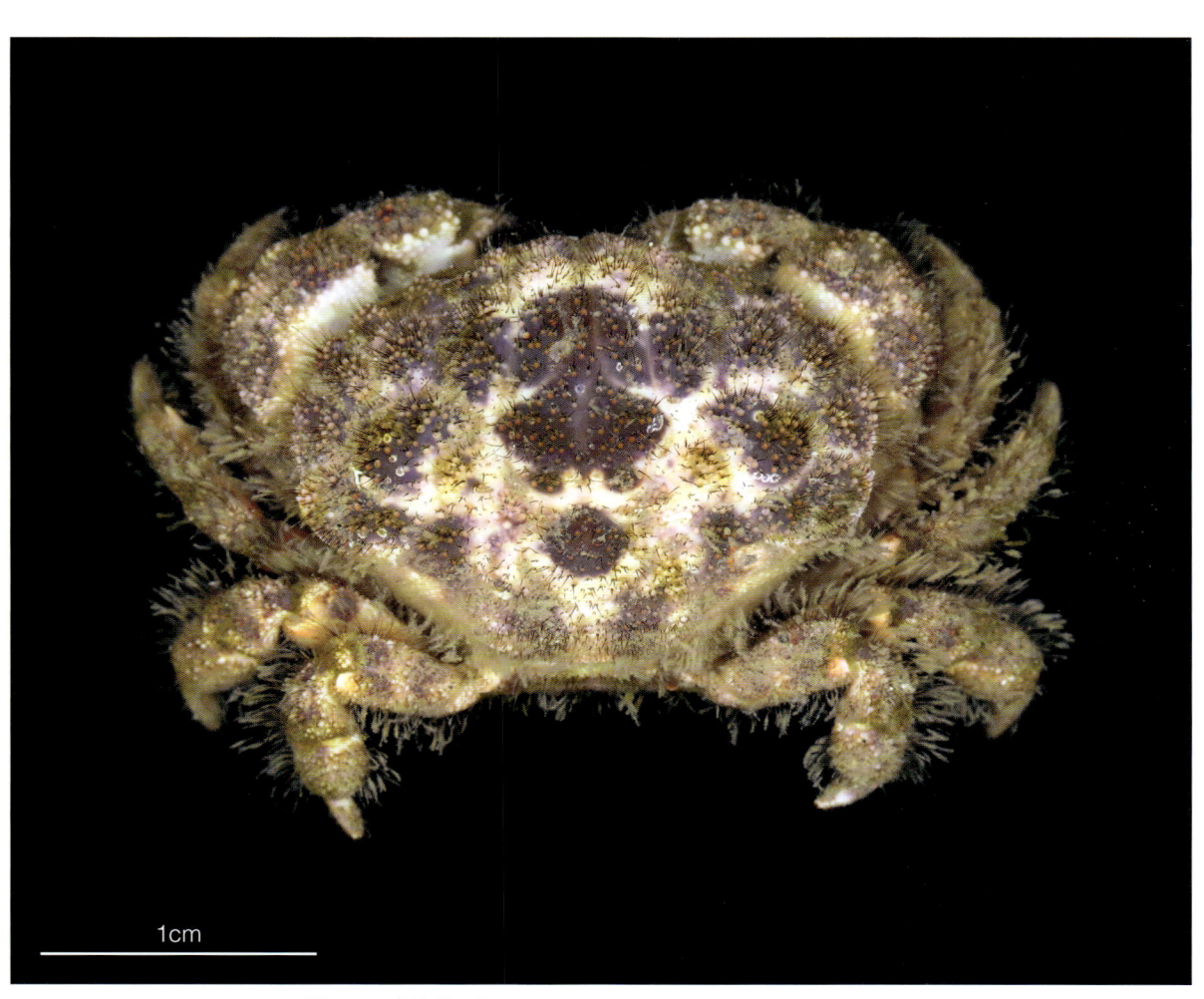

图 140　高睑盖氏蟹 *Gaillardiellus superciliaris* (Odhner, 1925)

绿蟹属 *Chlorodiella* Rathbun, 1897

黑指绿蟹
Chlorodiella nigra (Forskål, 1775)

同物异名： *Cancer clymene* Herbst, 1801；*Cancer niger* Forskål, 1775；*Chlorodius* (*Chlorodius*) *nebulosus* Dana, 1852；*Chlorodius depressus* Heller, 1860；*Chlorodius hirtipes* White, 1848；*Chlorodius niger* (Forskål, 1775)；*Chlorodius rufescens* Targioni Tozzetti, 1877

标本采集地： 海南三亚。

形态特征： 头胸甲呈横六角形，宽约为长的 1.5 倍，表面扁平光滑，分区模糊，唯"L"区间的分界清晰，胃、心区具"H"形沟。额宽，中央缺刻明显，分 2 叶，每叶前缘隆起，额后具可辨的隆脊。眼窝隆起，背眼窝缘具 2 浅缝，内眼窝角平钝，外眼窝角以浅沟与前侧齿相隔，腹眼窝缘完整。前侧缘具 4 齿，第 1 齿钝，后 3 齿尖锐，刺状，第 3 齿较大，但在大型的个体中，前 3 齿较平钝。后侧缘稍长于前侧缘。第 3 颚足长节外末角略向外侧突出。螯足不对称，大螯长度约为头胸甲长的 2 倍，表面光滑，长节前缘近基部具 1 齿，腕节内末角突出，扁平，掌部长大于宽，大螯可动指内缘中部具 1 大钝齿，基半部具 2 小齿，不动指内缘中部具 1 大钝齿，小螯不动指内缘具 1 或 2 小齿，除上述齿外，其基部另具 1 齿，指节末端匙形。步足从长节末半部至指节密具刚毛，长节前缘末半部具锯齿，指节内缘具刺，指端具双爪。雄性第 1 腹肢纤细，末端弯曲向外，末端铲形。腹部长条形，分 7 节，第 6 节近似长方形，尾节圆锥形。

生态习性： 热带种。生活于珊瑚礁丛中或有石块的岸滩上。

地理分布： 西沙群岛，海南，台湾沿岸；日本，夏威夷群岛，萨摩亚群岛，吉尔伯特群岛，塔希提岛，斐济群岛，汤加，印度，红海及东非等。

参考文献： 戴爱云等，1986。

图 141 黑指绿蟹 *Chlorodiella nigra* (Forskål, 1775)

波纹蟹属 *Cymo* De Haan, 1833

黑指波纹蟹
Cymo melanodactylus Dana, 1852

同物异名： Cancer (*Cymo*) *meladactylus* De Haan, 1833；*Cymo melanodactylus savaiiensis* Ward, 1939；*Cymo melanodactylus* var. *purus* Chen, 1933

标本采集地： 南海北部。

形态特征： 头胸甲近圆形，稍隆，表面不平，覆有短绒毛，额区上的绒毛稍长，鳃区、侧胃区及心区具对称的毛簇，毛簇下具颗粒团，肝区及其附近一些颗粒红色。额宽，中央被"V"形缺刻分2叶，每叶前缘具锐齿列，两侧及中部的锐齿明显而突出。眼窝扁平，背缘具1缝，内眼窝角圆钝，外眼窝角背面具圆钝的红色颗粒，腹眼窝缘完整，具钝颗粒，内角较尖锐。前侧缘分成不明显的4叶，每一叶的顶端具1大的颗粒齿，第1齿红色，后3齿白色。第3颚足长节内末角尖锐，外末角突出，圆钝。两螯甚不对称，表面密具绒毛及大小颗粒，腕节外侧面颗粒大，内末角具2个大的颗粒齿，大螯掌节外侧面下半部具一些横行、断续的平滑区，两指除末端外，呈棕黑色，内缘各具2～3齿，小螯两指内缘基部各具1齿。步足粗壮，密具绒毛及锐颗粒。雄性第1腹肢末端趋窄，弯向腹面，末端匙形。腹部窄长，第6节近于矩形，尾节钝三角形，稍短于第6节。

生态习性： 热带种。生活于珊瑚礁丛中。

地理分布： 西沙群岛，广东沿岸；日本，萨摩亚群岛，土阿莫土群岛，社会群岛，斐济群岛，加里曼丹，澳大利亚，安达曼群岛，斯里兰卡，红海。

参考文献： 戴爱云等，1986。

图 142 黑指波纹蟹 *Cymo melanodactylus* Dana, 1852

花瓣蟹属 *Liomera* Dana, 1851

脉花瓣蟹
Liomera venosa (H. Milne Edwards, 1834)

同物异名: *Cancer obtusus* De Haan, 1835; *Carpilius venosus* H. Milne Edwards, 1834; *Carpilodes granulosus* Haswell, 1882; *Carpilodes socius* Lanchester, 1900

标本采集地: 海南三亚。

形态特征: 头胸甲横椭圆形，宽约为长的 1.7 倍，表面光滑，分区清晰，M 区与 2M 区分隔，2M 区纵分为 2。2-3L 区、1-2R 区分别愈合。额宽，向下弯曲，前缘中部具 1 缺刻，近缺刻处稍拱，向两侧延伸至内眼窝角下成 1 钝叶。内眼窝角圆钝，外眼窝角与 1L 区愈合，腹内眼窝角宽叶状，腹外眼窝角与前侧缘相连续。前侧缘分 4 叶，钝三角形，第 2 叶最大，第 3 叶最突出，末叶最小。第 2 触角鞭位于眼窝缝中。第 3 颚足长节表面具颗粒，外末角圆钝。两螯短小、对称，表面具细颗粒，腕节的表面及掌节背面具不十分突出的隆块，可动指稍长于掌节的背缘，两指内缘具大小不等的强壮齿，指端稍凹。步足较长，长节前缘不具隆脊，腕节及前节瘤结状，指节末端前、后缘具刚毛，指端角质。雄性第 1 腹肢细长，末端喙状，弯向腹外侧，内侧具长羽状毛，腹部长条形，第 6 节矩形，宽略大于长，尾节圆锥形。雌性腹部长椭圆形，尾节圆锥形，明显地长于第 6 节。

生态习性: 热带种。生活于浅海岩石或珊瑚礁缝中。

地理分布: 广西，海南沿岸；日本，塔希提岛，澳大利亚，新加坡，墨吉群岛，苏禄海。

参考文献: 戴爱云等，1986。

图 143 脉花瓣蟹 *Liomera venosa* (H. Milne Edwards, 1834)

皱蟹属 *Leptodius* A. Milne-Edwards, 1863

火红皱蟹
Leptodius exaratus (H. Milne Edwards, 1834)

同物异名： *Cancer inaequalis* Audouin, 1826; *Chlorodius exaratus* H. Milne Edwards, 1834; *Leptodius lividus* Paulson, 1875; *Xantho exaratus* (H. Milne Edwards, 1834)

标本采集地： 海南三亚。

形态特征： 头胸甲呈横卵形，宽约为长度的 1.4 倍，背面稍隆，表面具细颗粒及皱襞，分区明显，各区均有细沟相隔。额宽约为头胸甲宽的 1/3，前缘中部被 1 浅缺刻分为 2 叶，各叶前缘近外侧处稍凹，其侧缘与内眼窝角之间约呈直角形缺刻。背眼窝缘具 2 细缝，腹眼窝缘内、外侧各具圆钝齿。前侧缘在外眼窝之后分 4 叶，第 1 叶小而平钝，第 2 叶宽大，第 3 叶顶端较突，末叶小而突。后侧缘稍内凹，具绒毛。螯足不对称，长节的背缘及前腹缘具长绒毛，腕节外侧面具微细颗粒及细皱襞，内末角圆钝，掌节背面亦具细皱襞，两指内缘具圆钝齿，指端匙形，具 1 簇刚毛。步足平滑，长节前缘及前节后缘均具绒毛，指节前、后缘亦密具短毛。雄性第 1 腹肢细长，末端匙形，弯向内上方，具"T"字形刺。腹部窄长，第 3～5 节愈合，但节缝可辨，第 6 节的末半部较基半部稍宽，尾节末缘呈钝角状。

生态习性： 热带和温带种。生活于沿岸带的石下及石缝中或珊瑚礁的浅水中。

地理分布： 西沙群岛，广东，福建，台湾沿岸；日本，夏威夷群岛，泰国，从印度洋至红海及非洲东岸。

参考文献： 戴爱云等，1986。

图 144　火红皱蟹 *Leptodius exaratus* (H. Milne Edwards, 1834)

斗蟹属 *Liagore* De Haan, 1833

红斑斗蟹
Liagore rubromaculata (De Haan, 1835)

同物异名： Cancer (*Liagore*) *rubromaculata* De Haan, 1835；*Carpilius praetermissus* Gibbes, 1850

标本采集地： 南海北部。

形态特征： 头胸甲呈横卵形，全身具对称分布的红色圆斑，表面平滑而隆起，具微细凹点，分区不甚明显，唯胃、心区之间有显著的"H"形细沟。前侧缘光滑无齿，与后侧缘相连处略有不明显的棱角，后缘中部稍凹。额宽，中间被1细缝分为2叶，各叶前缘靠近内眼窝角处稍凹入。眼窝小，眼柄粗短。螯足对称、光滑，长节边缘具短毛，背缘具数钝齿，腕节外末角及内末角钝而突出，掌节与指节约等长，两指内缘均具不规则的钝齿。步足瘦长，呈圆柱状，平滑有光泽，以第1对步足为最长，此后各对依次渐短，指节尖锐，均具短毛。雄性第1腹肢细长，末端趋窄，内侧具长刚毛，外侧面具尖锐的颗粒。腹部呈长三角形，第3～5节愈合，但节缝仍可分辨，尾节末端钝圆，边缘具短毛。雌性腹部长壶形。

生态习性： 热带种。生活于水深15～30m的岩石岸边及珊瑚礁中。

地理分布： 海南，福建沿岸；日本，夏威夷群岛，印度，红海，东非近岸海域。

参考文献： 戴爱云等，1986。

图 145 红斑斗蟹 *Liagore rubromaculata* (De Haan, 1835)

拟扇蟹属 *Paraxanthias* Odhner, 1925

显赫拟扇蟹
Paraxanthias notatus (Dana, 1852)

同物异名：Xantho (Xanthodes) notatus Dana, 1852；Xanthodes notatus Dana, 1852

标本采集地：海南三沙。

形态特征：头胸甲光滑，胃心区具环绕的倒"Y"形细沟，前胃及侧胃区具平坦隆起，前鳃区具花瓣状隆起，向后有大、小2突起。额缘较为平直，中部有"V"形浅凹，侧缘与内眼窝角之间约成直角，背眼缘具2缝。前侧缘分4叶，第1叶小而低平，第2叶钝突，第3、第4叶呈锐齿状。螯足甚不对称，腕、掌节的背、外侧面均具突起，小螯的较大螯的密而锐，两螯掌部的内侧面具1锐突起，指节短小，两指间无空隙。步足具长刚毛，长、腕、前节背缘均具锐刺，指节背、腹面具大量锐刺。雄性第1腹肢弯向腹外方，末端趋尖，背叶具三角形隆起。腹部窄长，第3～5节近愈合，节缝可辨，第6节近方形，尾节三角形。

生态习性：热带种。生活于岩石海岸石下或岩缝中或珊瑚礁丛的浅水中。

地理分布：西沙群岛；日本，夏威夷群岛，社会群岛，土阿莫土群岛，新喀里多尼亚，安达曼群岛，斯里兰卡近岸海域。

参考文献：戴爱云等，1986。

图 146　显赫拟扇蟹 *Paraxanthias notatus* (Dana, 1852)

华美拟扇蟹
Paraxanthias elegans (Stimpson, 1858)

同物异名：*Xantho hirtipes* H. Milne Edwards, 1834；*Xanthodes atromanus* Haswell, 1881；*Xanthodes elegans* Stimpson, 1858

标本采集地：海南三亚。

形态特征：头胸甲近椭圆形，头胸甲表面光滑。1M、2M、2L、3L、4L 区各具 1 短隆脊，某些脊前具 1～2 根大头棒状毛。额稍弯曲向下，前缘中部具 1 缺刻把额分成 2 叶，每叶前缘拱曲，近外末端处稍凹，外侧缘以 1 缺刻与眼窝相隔，前侧缘具 4 钝齿，末 2 齿大。螯足粗壮，两螯十分不对称，长节后侧面光滑隆起，内侧面内凹，前缘具细颗粒，腕节外侧面雕刻状，隆起的末端呈齿形，内侧缘具 2 齿，掌节内侧面、腹面及外侧面的下半部光滑，外侧面上半部约具 3 列纵行的齿突，背面与外侧面之间具 1 纵沟，沟缘背面一侧也具 1 纵行齿突；指节粗壮，内缘具齿，小螯不动指外侧面中部具 1 明显的纵沟。雄性第 1 腹肢末半部弯向外侧，末端尖，呈指状，内侧缘具长羽状毛。雄性腹部分 5 节，第 6 节长方形，宽大于长，尾节末端圆锥形。雌性腹部长椭圆形，尾节近半圆形。

生态习性：热带种。常栖息于珊瑚礁海域中。

地理分布：海南，台湾沿岸；日本，澳大利亚近岸海域。

参考文献：戴爱云等，1986。

图 147　华美拟扇蟹 *Paraxanthias elegans* (Stimpson, 1858)

爱洁蟹属 *Atergatis* De Haan, 1833

花纹爱洁蟹
Atergatis floridus (Linnaeus, 1767)

同物异名： *Cancer floridus* Linnaeus, 1767

标本采集地： 海南三亚。

形态特征： 头胸甲的宽度大于长度，呈横卵圆形，表面平滑，具微细凹点，分区可辨。背部为棕褐色，间有黄色斑纹。额宽约为头胸甲宽度的 1/3，中部稍隆，被 1 短浅缝分为 2 宽叶，额后叶与侧胃区隆叶均可辨。眼窝小，眼柄短而粗，常藏入眼窝内。前侧缘埋起，隆脊形，被 3 浅缝分为 4 叶，末叶呈短小的角状。螯足对称，长节短而呈三棱形，前缘具短毛，腕节背缘圆钝，背外侧面隆起，内末角具 1 钝齿，掌节较扁平，背缘呈锋锐的隆脊形。步足扁平，表面具凹点，各节边缘锋锐，前节的前缘末端及后缘均具短毛，指节密具短毛及长刚毛。雄性第 1 腹肢细长，略弯向腹外方，末端呈圆钝的三角形，具长刚毛。腹部窄长形，第 3～5 节愈合，第 6 节纵长方形，尾节呈圆钝的三角形。雌性腹部呈长卵圆形，边缘具短毛。

生态习性： 热带种。生活于低潮线的岩石岸边及珊瑚礁浅水中。

地理分布： 西沙群岛，海南岛，台湾沿岸；日本，夏威夷群岛，塔希提岛，土阿莫土群岛，社会群岛，斐济，马绍尔群岛，吉尔伯特群岛，加罗林群岛，澳大利亚，马来西亚，印度，斯里兰卡，红海，毛里求斯，非洲东岸及南岸。

参考文献： 戴爱云等，1986。

图 148　花纹爱洁蟹 *Atergatis floridus* (Linnaeus, 1767)

正直爱洁蟹
Atergatis integerrimus (Lamarck, 1818)

同物异名：*Atergatis subdivisus* White, 1848；*Cancer integerrimus* Lamarck, 1818

标本采集地：海南三亚。

形态特征：头胸甲的宽度大于长度的 1.6 倍，呈横卵圆形。前半部有明显的凹点，尤以额区及前侧缘处为密，心区两侧具"八"字形浅沟。全身为橘红色具黄色凹点。额稍突，前缘中部具 1 缺刻分为 2 叶，侧缘和内眼窝角之间凹入。眼窝小，约为额叶宽的 1/4。前侧缘强呈弧形，隆脊状，具 3 个不甚明显的浅缝、分为 4 叶；后侧缘较短，稍内凹。螯足对称，长节背缘及内腹缘呈隆脊形，腕节内缘具刚毛 3 簇，内末缘具 1 钝齿及 1 钝叶，掌节背缘隆脊形，外侧面有网形皱纹，可动指基部具短毛，不动指内侧中部有 1 束短毛，两指内缘各具 4 大钝齿。步足扁平，各节背、腹缘均锋锐，前节后缘的末端各具 1 束短刚毛，指节也均具短毛。雄性第 1 腹肢细长，末端弯向腹面，末端圆钝。腹部窄长，第 3～5 节愈合，第 6 节纵长方形，尾节呈圆钝的三角形。雌性腹部长椭圆形，尾节圆锥形。

生态习性：热带种。生活于水深 10～30m 具岩石的海底上。

地理分布：广东，海南沿岸；日本，菲律宾，新加坡，印度，斯里兰卡，毛里求斯，东非等近岸海域。

参考文献：戴爱云等，1986。

图 149　正直爱洁蟹 *Atergatis integerrimus* (Lamarck, 1818)

隐螯蟹科 Cryptochiridae Paulson, 1875
珊隐蟹属 Hapalocarcinus Stimpson, 1859

袋腹珊隐蟹
Hapalocarcinus marsupialis Stimpson, 1859

标本采集地： 海南三沙。

形态特征： 全身柔软，呈黄褐色或淡黄色，头胸甲长宽相近，表面光滑，向两侧隆起，前部较平，后部较隆。额向前突出，稍弯向下方，分成不明显的3齿。头胸甲侧缘完整，前半部较直并向前稍靠拢，后半部甚拱曲，呈弧形，后缘中部稍凹。第3颚足座节宽大，内末端突出成圆叶状，边缘具长刚毛，长节短而粗，位于座节的外末端，腕节稍大于前节，指节最小。螯足纤细，稍大于步足，长节圆柱状，掌节长，背腹缘较锋锐，指节短于掌节，两指内缘无齿。步足细长，指节爪状，密覆短刚毛。雌性腹部宽大如圆袋，向后突出，由7节构成，抱卵腹部的长度约为头胸甲长的2倍，雌性腹肢不呈双叉形。

生态习性： 热带种。生活环境为海水，一般与环形珊瑚共生。

地理分布： 西沙群岛；夏威夷群岛，菲律宾，越南，密克罗尼西亚，托雷斯海峡，马尔代夫。

参考文献： 戴爱云等，1986。

图 150　袋腹珊隐蟹 *Hapalocarcinus marsupialis* Stimpson, 1859

毛带蟹科 Dotillidae Stimpson, 1858

股窗蟹属 *Scopimera* De Haan, 1833

长趾股窗蟹
Scopimera longidactyla Shen, 1932

标本采集地： 南海北部。

形态特征： 头胸甲的宽度约为长度的 1.5 倍，背面隆起，密具明显的颗粒，鳃区具鳞状突起。外眼窝角呈三角形，基部向背后方引入 1 短隆线并与侧缘平行，约抵其中部，因而形成 1 短沟，侧缘向后延至第 3 步足基部，有细小颗粒及短毛。第 3 颚足长节及座节的表面均具颗粒。雄性螯足腕节长度与长节相近，掌部的长度约为高度的 1.6 倍，外侧面因具颗粒及蜂窝状而高低不平，掌节末半部近腹缘具细隆线，可动指内缘基半部具不明显的钝齿，平钝和突出的程度因个体而有差异，不动指内缘具整齐的细齿。第 2 对步足最长，显著长于第 1 对步足，第 4 对步足指节的长度约为其前节长度的 1.5 倍。雄性第 1 腹肢弯向背方，末端趋尖，腹面内侧的刺较外侧的长而密。腹部尾节的宽度约为长度的 1.3 倍。雌性腹部呈长卵圆形。

生态习性： 热带和温带种。穴居于潮间带的泥沙滩上，洞口常覆盖许多细沙。

地理分布： 台湾，山东沿岸海域；朝鲜西岸。

参考文献： 戴爱云等，1986。

图 151　长趾股窗蟹 *Scopimera longidactyla* Shen, 1932

大眼蟹科 Macrophthalmidae Dana, 1851

原大眼蟹属 *Venitus* Barnes, 1967

拉氏原大眼蟹
Venitus latreillei (Desmarest, 1822)

同物异名：*Gonoplax latreillei* Desmarest, 1822；*Macrophthalmus* (*Venitus*) *latreillei* (Desmarest, 1822)；*Macrophthalmus granulosus* De Man, 1904；*Macrophthalmus laniger* Ortmann, 1894；*Macrophthalmus polleni* Hoffmann, 1874

标本采集地：广东湛江。

形态特征：头胸甲横长方形，表面密具粗糙颗粒，有些个体兼具绒毛，胃、心区两侧的沟较深，前鳃区由第1前侧齿基部引入1横行沟。额窄，表面具颗粒，中部具1较深的纵沟。眼柄细长，角膜未达第1前侧齿的末端，背眼缘稍拱，具细小颗粒，腹眼缘具明显的锯齿状。第3颚足座节的两侧缘稍凹，长节较为宽扁，外侧缘的基半部拱起。口前板中部稍凹。前侧缘连外眼窝齿在内共具4齿，第1齿较宽大，三角形，指向外前方，第2齿呈较窄的三角形，第3齿较小，呈锐三角形，末齿小，仅为1突出的齿痕。雄性螯足粗壮，掌部外侧面光滑，近腹缘无1纵行隆脊，内侧面的上半部及末半部密具绒毛，下半部及基半部密具颗粒，不动指内缘具圆钝的颗粒状齿，可动指内侧面密具绒毛，内缘近基部具1方形齿。步足粗壮，除指节外，各节均具不同程度的绒毛，尤以第2、第3步足显著。雄性第1腹肢挺直，末端具1圆钝的角质状突起。腹部窄长，尾节末缘半圆形。雌性腹部圆大，尾节呈宽扁的三角形。

生态习性：热带种。常栖息于热带浅海潮下带及浅水水域。

地理分布：广东沿岸；日本，澳大利亚，新喀里多尼亚，菲律宾，马来西亚，泰国湾，印度，马达加斯加，南非。

参考文献：戴爱云等，1986。

图 152 拉氏原大眼蟹 *Venitus latreillei* (Desmarest, 1822)

和尚蟹科 Mictyridae Dana, 1851
和尚蟹属 *Mictyris* Latreille, 1806

短指和尚蟹
Mictyris longicarpus Latreille, 1806

同物异名：*Myctiris longicarpus* Latreille, 1806；*Ocypode* (*Mictyris*) *deflexifrons* De Haan, 1835

标本采集地：广西北海。

形态特征：头胸甲呈圆球形，长度稍大于宽度，表面甚隆，光滑，胃、心区两边的纵沟明显，鳃区膨大，额甚窄、并向下弯、中部与触角隔板相连。无眼窝，眼柄不甚长。前侧角呈刺状突起，后缘直，有软毛。第 3 颚足宽大，呈叶片状，但外肢甚为细长，部分藏入内肢下，无触须。螯足对称，长节下缘具 3～4 刺，愈向末端则愈大，腕节甚长，末端宽，指节很长，末端尖锐，可动指内缘基部具 1 钝齿。步足瘦长，第 4 对步足似乎较短，指节弯曲，其他步足的指节直伸。雄性第 1 腹肢细小，直立，末端弯向背外方。两性腹部同形，分 7 节，第 1、第 2 节之间最窄，依次渐宽，第 5 节末缘最宽，第 6 节稍窄，尾节短小，半圆形。

生态习性：热带种。生活于河口的泥滩上。

地理分布：广西，广东，海南，台湾，福建沿岸；日本，新喀里多尼亚，塔斯马尼亚，澳大利亚，菲律宾，马来群岛，新加坡，尼科巴，安达曼群岛。

参考文献：戴爱云等，1986。

图 153　短指和尚蟹 *Mictyris longicarpus* Latreille, 1806

沙蟹科 Ocypodidae Rafinesque, 1815
管招潮属 *Tubuca* Bott, 1973

弧边管招潮
Tubuca arcuata (De Haan, 1835)

同物异名： *Gelasimus arcuatus* (De Haan, 1835)；*Gelasimus brevipes* H. Milne Edwards, 1852；*Ocypode* (*Gelasimus*) *arcuata* De Haan, 1835；*Uca* (*Tubuca*) *arcuata* (De Haan, 1835)；*Uca arcuata* (De Haan, 1835)

标本采集地： 海南三亚。

形态特征： 头胸甲前宽后窄，状似菱角，表面光滑，中部各区与侧鳃区之间有浅沟相隔，中部各区分界明显。额小，中部具1细缝向后延伸，眼窝宽而深，背缘中部凸出，侧部凹入。眼柄细长。外眼窝角三角形，指向前方。前侧缘末端向背后方引入1斜行隆线，形成1凹入的后侧面。雄螯极不对称，大螯长节背缘甚隆，颗粒稀少，内腹缘具锯齿，腕节背面观呈长方形，掌节外侧面具粗糙颗粒，掌部的长度约为高度的1.2倍，两指间的空隙很大，有时稍小，两指侧扁，可动指的长度约为掌节长度的1.3倍，内缘平直，具不规则的颗粒状齿，不动指内缘弧形或中部突出1明显齿。步足的长节宽且壮，前缘具细锯齿，腕节前面有2条平行的颗粒隆线。第4对仅前缘具微细颗粒，前节隆线与腕节相似，指节扁平。雄性第1腹肢稍弯向背方，末端圆钝，背外方具2角质突齿。腹部窄长，第6节基部的宽度约为长度的2.3倍，尾节半圆形。雌性腹部卵圆形，尾节末缘半圆形，基部嵌入第6节中。

生态习性： 热带和温带种。穴居于港湾中的沼泽泥滩上。

地理分布： 广东，台湾，福建，浙江，山东沿岸；朝鲜西岸，日本，澳大利亚，新喀里多尼亚，新加坡，加里曼丹岛，菲律宾。

参考文献： 戴爱云等，1986。

图 154 弧边管招潮 *Tubuca arcuata* (De Haan, 1835)

方蟹科 Grapsidae MacLeay, 1838

大额蟹属 *Metopograpsus* H. Milne Edwards, 1853

宽额大额蟹
Metopograpsus frontalis Miers, 1880

同物异名：*Metopograpsus messor* var. *frontalis* Miers, 1880；*Metopograpsus messor* var. *gracilipes* De Man, 1891

标本采集地：海南三亚。

形态特征：头胸甲近方形，宽度大于长度，表面平滑，两侧具斜行隆线，分区可辨，各区之间的细沟稍可察见。额宽约为头胸甲宽的 3/5，前缘中部稍突，中部稍凹，平直，两侧具细小颗粒，额后隆脊分 4 叶，各叶表面有横行隆线。外眼窝角锐，腹内眼窝齿较尖锐，内缘与额缘相隔。两侧缘向后靠拢，无齿。螯足稍不对称，长节内腹缘末端突出成叶状，具 4 锐齿，腕节具皱襞及细颗粒，内末角具 2～3 小刺，掌节背面具斜行短褶及颗粒，腹面及内侧面亦具皱褶，外侧面光滑，可动指背缘具颗粒状突起，两指内缘具大小不等的钝齿，指端匙形。步足扁平，长节较宽，表面具横褶纹，前缘近末端处具 1 齿，后缘末端突出成叶状，具 3 小刺，腕节背面具隆脊，前缘具少数刚毛及小刺，第 1～3 步足前节前缘具小刺及刚毛，第 4 步足前缘除小刺及长刚毛外尚有 1 列绒毛。雄性第 1 腹肢粗壮，末半部膨胀，几丁质末端突出如 1 叶片状的匙形。腹部三角形。雌性腹部圆大。

生态习性：热带种。生活于潮间带的岩石缝中或碎石下。

地理分布：海南沿岸；澳大利亚，印度尼西亚，新加坡，马来西亚，斯里兰卡。

参考文献：戴爱云等，1986。

图 155 宽额大额蟹 *Metopograpsus frontalis* Miers, 1880

斜纹蟹科 Plagusiidae Dana, 1851

盾牌蟹属 *Percnon* Gistel, 1848

中华盾牌蟹
Percnon sinense Chen, 1977

标本采集地： 海南三亚。

形态特征： 头胸甲扁平，长度稍大于宽度，略呈卵圆形，背面有一些对称的隆脊，隆脊上有细颗粒，除隆起部分外，密布短毛。前鳃区基部具4个颗粒突起，呈方形排列，后侧缘中部有1斜列3个细颗粒，后部具1横列6个小颗粒。额窄，具4锐齿，内眼窝角具3锐齿，背眼窝缘具小刺，口前板前缘具3锐刺，居中1刺最大。螯足雄性较大，稍不对称，雌性较小。长节细长，背缘具1列4～5短刺，腹内缘末端具1短刺，腹外缘末端具2～3小刺，内侧面密布短毛，腕节短小，背面具7～9短刺，并密布短毛，掌节的长度略大于宽度，外缘基部具1刺，背面具6～7短刺，刺的周围有短毛，指节末端匙形。第2、第3对步足最长，第1、第4步足较短，第4对步足的底节背面具3小刺。雄性第1腹肢粗壮，末端长钩状，近末端有许多毛。腹部呈三角形，第3～5节愈合，尾节末缘钝圆。雌性腹部呈圆形。

生态习性： 热带种。生活于潮间带的珊瑚礁间。

地理分布： 海南沿岸。

参考文献： 戴爱云等，1986。

图 156　中华盾牌蟹 *Percnon sinense* Chen, 1977

斜纹蟹属 *Plagusia* Latreille, 1804

鳞突斜纹蟹
Plagusia squamosa (Herbst, 1790)

同物异名：*Cancer squamosus* Herbst, 1790；*Grapse tuberculatus* Latreille in Milbert, 1812；*Plagusia depressa squamosa* (Herbst, 1790)；*Plagusia depressa tuberculata* Lamarck, 1818；*Plagusia orientalis* Stimpson, 1858；*Plagusia tuberculata* Lamarck, 1818

标本采集地：南海北部。

形态特征：头胸甲近圆形，宽度稍大于长度，分区明显，背面密具鳞片状及圆形颗粒突起，沿着这些突起的前缘密具短毛。额宽，中央被1条纵沟分成2叶，额后部具1对并列的突起。额部侧缘与内眼窝齿之间具1"U"字形缺刻。口前板的前缘中央具1宽齿，两侧各具3～4锐齿，向两侧渐小。前侧缘连外眼窝齿在内共具4齿，依次渐小。螯足的长度约为头胸甲的长度，长节的背缘及内腹缘均具短绒毛，外侧面有鳞片状皱纹，背缘近末端具1齿，腕节背面具细沟及细颗粒，背面具毛，掌节光滑，背面及近内、外侧面处各具1条纵细沟及颗粒，在内侧的1条细沟上还有稀疏的短毛，两指光滑，末端呈匙状。步足以第3对最长，第1步足的底节具齿状突起1个，第2～4步足底节背面各具齿状突起2个，各足长节较宽，背缘近末端处具1锐齿，沿后缘各具刚毛1列，末3节的背面均具1列刷状刚毛，指节腹缘具小刺2列。雄性第1腹肢粗壮，末端圆钝，几丁质突起双齿状，周围密具刚毛。腹部呈三角形，第4～6节愈合，尾节末端圆钝。雌性腹部呈圆形。

生态习性：热带种。生活于潮间带的岩石间及珊瑚礁中。

地理分布：广东，海南岛，西沙群岛，台湾沿岸；日本，夏威夷群岛。

参考文献：戴爱云等，1986。

图 157 鳞突斜纹蟹 *Plagusia squamosa* (Herbst, 1790)

节肢动物门参考文献

陈惠莲，孙海宝．2002．中国动物志 无脊椎动物 第三十卷 节肢动物门 甲壳动物亚门 短尾次目 海洋低等蟹类．北京：科学出版社：1-597．

崔冬玲．2015．中国海鼓虾属（*Alpheus* Fabricius, 1798）的分类学研究．中国科学院大学硕士学位论文：1-224．

戴爱云，杨思谅，宋玉枝，等．1986．中国海洋蟹类．北京：海洋出版社．

董栋．2011．中国海域瓷蟹科（Porcellanidae）的系统分类学和动物地理学研究．中国科学院大学（中国科学院海洋研究所）博士学位论文．

董聿茂．1991．浙江动物志 甲壳类．杭州：浙江科学技术出版社：1-481．

甘志彬．2016．中国海域真虾类部分小科系统分类学研究．中国科学院海洋研究所博士后工作报告：1-53．

韩源源．2017．中国海陆生寄居蟹科和寄居蟹科（甲壳动物亚门：异尾下目）的系统分类学研究．山西师范大学硕士学位论文：1-181．

姜启吴．2014．中国海域猬虾下目（Stenopodidea）的系统分类学和动物地理学研究．中国科学院大学硕士学位论文：1-99．

李新正，刘瑞玉，梁象秋，等．2007．中国动物志 无脊椎动物 第四十四卷 甲壳动物亚门 十足目 长臂虾总科．北京：科学出版社：1-381．

廖永岩，李晓梅，洪水根．2002．中国鲎幼体阶段（黄皮鲎）的形态特点．动物学报，48(1)：93-99．

刘瑞玉．2008．中国海洋生物名录．北京：科学出版社：1-1267．

刘瑞玉，任先秋．2007．中国动物志 无脊椎动物 第四十二卷 甲壳动物亚门 蔓足下纲 围胸目．北京：科学出版社：1-633．

任先秋．2012．中国动物志 无脊椎动物 第四十三卷 甲壳动物亚门 端足目 钩虾亚目（二）．北京：科学出版社：1-670．

宋海棠，俞存根，薛利建，等．2006．东海经济虾蟹类．北京：海洋出版社：1-145．

汪宝永，钱周兴，董聿茂，1998．中国近海蝉虾科 Scyllaridae 的研究（甲壳纲：十足目）．厦门大学学报（自然科学版）：135-145．

王亚琴．2017．中国海域玻璃虾总科（Pasiphaeoidea）系统分类学和动物地理学研究．中国科学院大学（中国科学院海洋研究所）博士学位论文．

王艳荣．2017．中国海鼓虾科（Alpheidae Rafinesque, 1815）分类学研究．中国科学院大学硕士学位论文：1-287．

肖丽婵．2013．中国海活额寄居蟹科（Diogenidae）系统分类学研究．中国科学院大学硕士学位论文：1-245．

许鹏．2014．中国海域藻虾科（Hippolytidae）系统分类学和动物地理学研究．中国科学院大学博士学位论文：1-120.

杨德渐，王永良，等．1996．中国北部海洋无脊椎动物．北京：高等教育出版社：1-538.

杨思谅，陈惠莲，戴爱云．2012．中国动物志 无脊椎动物 第四十九卷 甲壳动物亚门 十足目 梭子蟹科．北京：科学出版社．

于海燕．2002．中国扇肢亚目（甲壳动物：等足目）的系统分类学研究．中国科学院海洋研究所博士学位论文：1-246.

张昭．2005．中国海龙虾下目 Infraorder Palinuridea 分类和动物地理学特点．中国科学院研究生院硕士学位论文：1-138.

Ahyong S T. 2001. Revision of the Australian Stomatopod Crustacea. Records of the Australian Museum, Supplement 26: 1-326.

Ahyong S T, Chan T Y, Liao Y C. 2008. A Catalog of the Mantis Shrimps (Stomatopoda) of Taiwan. Keelung: Taiwan Ocean University Press: 190 pp.

Cara V D W, Ahyong S T. 2017. Expanding Diversity in the Mantis Shrimps: Two New Genera from the Eastern and Western Pacific (Crustacea: Stomatopoda: Squillidae). Nauplius, 25: e2017012.

Chace F A Jr. 1976. Shrimps of the Pasiphaeid Genus *Leptochela* with Descriptions of Three New Species (Crustacea: Decapoda: Caridea). Smithsonian Contributions to Zoology, 222: 1-51.

Chan B K K, Prabowo R E, Lee K S. 2009. Crustacean Fauna of Taiwan: Barnacles. Vol. I Cirripedia: Thoracica excluding the Pyrgomatidae and Acastinae. Keelung: Taiwan Ocean University: 15-16, 48-49, 195-197, 230-231.

Mclaughlin P A, Komai T, Lemaitre R, et al. 2010. Annotated Checklist of Anomuran Decapod Crustaceans of the World (Exclusive of the Kiwaoidea and Families Chirostylidae and Galatheidae of the Galatheoidea). Part I. Lithodoidea, Lomisoidea and Paguroidea. The Raffles Bulletin of Zoology, Supplement 23: 5-107.

Osawa M, Boyko C B, Chan T Y, et al. 2010. Crustacean fauna of Taiwan: crab-like anomurans (Hippoidea, Lithodoidea and Porcellanidae). Keelung: Taiwan Ocean University.

Shen C J, Dai A Y. 1964. Illustrations of animals in China (Crustacea part II). Beijing: Science Press.

苔藓动物门
Bryozoa

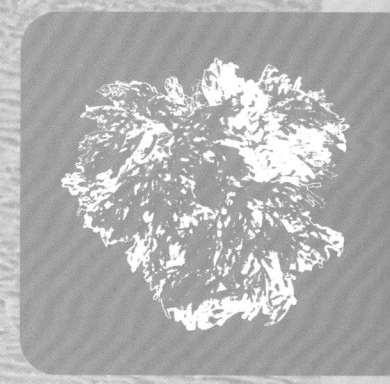

栉口目 Ctenostomatida
袋胞苔虫科 Vesiculariidae Hincks, 1880
愚苔虫属 *Amathia* Lamouroux, 1812

裸唇纲 Gymnolaemata

分离愚苔虫
Amathia distans Busk, 1886

标本采集地： 广东惠州。

形态特征： 群体淡黄色至黄褐色，不规则双歧分枝。匍茎节间部长度略不规则，通常末端较粗。自个虫由匍匐茎成对生出，在匍茎分歧处呈 2 螺旋列。自个虫长圆筒形，末端稍狭。室口位于个虫顶端，四方形，触手 8 条，无咀嚼器。

生态习性： 温带和热带种。于潮间带及浅水区固着生活。

地理分布： 黄海，渤海，东海，南海；热带、亚热带广分布种，也见于温带。

经济意义： 污损生物，对贝类养殖有危害。

参考文献： 刘锡兴等，2001；刘锡兴和刘会莲，2008。

图 158　分离愚苔虫 *Amathia distans* Busk, 1886

唇口目 Cheilostomatida
膜孔苔虫科 Membraniporidae Busk, 1852
别藻苔虫属 *Biflustra* d'Orbigny, 1852

大室别藻苔虫
Biflustra grandicella (Canu & Bassler, 1929)

同物异名： *Acanthodesia grandicella* Canu & Bassler, 1929；*Membranipora grandicella* (Canu & Bassler, 1929)

标本采集地： 广东惠州。

形态特征： 群体呈牡丹花状，"花瓣"由个虫背向排列构成，常卷曲成木耳状。个虫近长方形，相邻个体界限清晰，墙缘薄而隆起，表面呈锯齿状，前膜大，卵圆形或椭圆形，占虫体前区大部分。室口新月形，无卵胞，无鸟头体。

生态习性： 温带和热带种。固着于岩礁、石块、柱桩等基质上，在养殖网笼等人工养殖设施上较为常见。

地理分布： 渤海，黄海，东海，南海；新西兰。

经济意义： 污损生物，对筏式养殖和网箱养殖有危害。

参考文献： 杨德渐等，1996；刘锡兴等，2001；刘锡兴和刘会莲，2008；曹善茂等，2017。

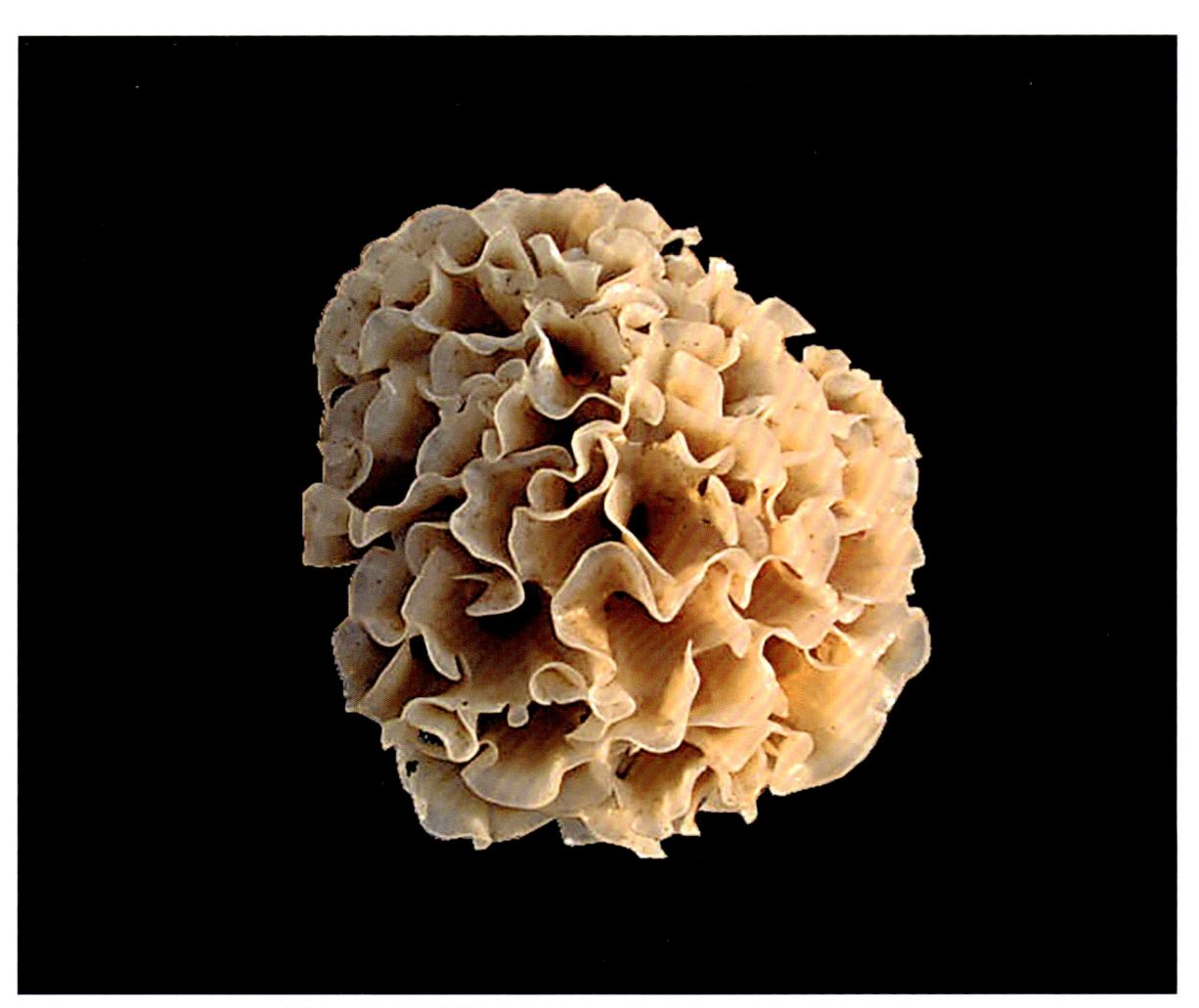

图 159　大室别藻苔虫 *Biflustra grandicella* (Canu & Bassler, 1929)

草苔虫科 Bugulidae Gray, 1848
草苔虫属 Bugula Oken, 1815

多室草苔虫
Bugula neritina (Linnaeus, 1758)

同物异名： *Sertularia neritina* Linnaeus, 1758

标本采集地： 北部湾。

形态特征： 群体粗壮、直立。幼小群体红棕色，呈扇形；老成群体红棕色、紫褐色或黑褐色，呈树枝状。分枝由双列个虫交互排列而成。个虫略呈长方形，始端比末端稍狭。前膜几乎占满整个前区。无口盖，无鸟头体。卵胞球形，白色，附于个虫末端背面内顶角。

生态习性： 于潮间带及浅水区固着生活。

地理分布： 中国各海区；除两极外，广泛分布于世界各地。

经济意义： 污损生物，对海水养殖有危害。

参考文献： 杨德渐等，1996；刘锡兴和刘会莲，2008。

图 160　多室草苔虫 *Bugula neritina* (Linnaeus, 1758)

血苔虫科 *Watersiporidae* Vigneaux, 1949
血苔虫属 *Watersipora* Neviani, 1896

颈链血苔虫
Watersipora subtorquata (d'Orbigny, 1852)

同物异名： *Cellepora subtorquata* d'Orbigny, 1852；*Escharina torquata* d'Orbigny, 1842；*Watersipora edmondsoni* Soule & Soule, 1968

标本采集地： 北部湾。

形态特征： 群体圆盘状或扇状，边缘常脱离附着基质直立生长成褶皱状，有时可呈牡丹花状。群体在基质的覆盖面积可达 5～10cm^2，相邻群体可通过边缘融合形成大面积的复合群体。体色血红、暗红或黑褐色，有时褪色至灰白色。个虫长方形，交互排列成五点形，个虫界限分明。前壁稍凸，具很多圆形小孔，孔缘凸。室口半圆形，周围隆起成口围，光滑无刺。口盖与室口同形，始端两侧各具 1 圆形暗纹。无鸟头体，无卵胞。

生态习性： 栖息于潮间带及浅海，固着于岩礁、石块、贝壳、藻类等基质上。

地理分布： 渤海，黄海，东海，南海；西太平洋，大西洋。

经济意义： 污损生物，对海水养殖有危害。

参考文献： 杨德渐等，1996；刘锡兴和刘会莲，2008；曹善茂等，2017。

苔藓动物门参考文献

曹善茂，印明昊，姜玉声，等．2017．大连近海无脊椎动物．沈阳：辽宁科学技术出版社．

刘锡兴，刘会莲．2008．苔藓动物门 Phylum Bryozoa Ehrenberg, 1831 // 刘瑞玉．中国海洋生物名录．北京：科学出版社：812-840．

刘锡兴，尹学明，马江虎．2001．中国海洋污损苔虫生物学．北京：科学出版社．

杨德渐，王永良，等．1996．中国北部海洋无脊椎动物．北京：高等教育出版社．

图 161 颈链血苔虫 *Watersipora subtorquata* (d'Orbigny, 1852)

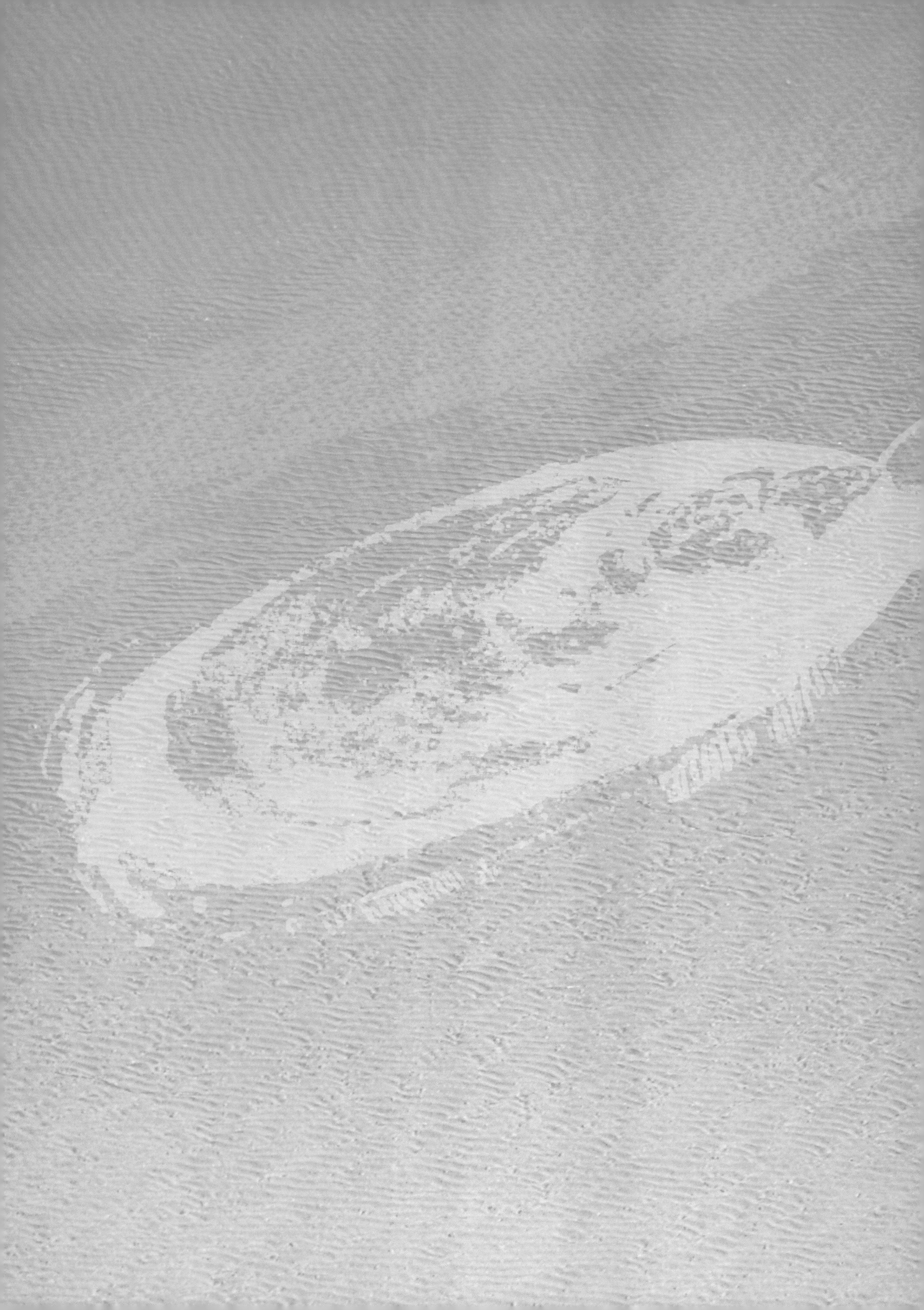

腕足动物门
Brachiopoda

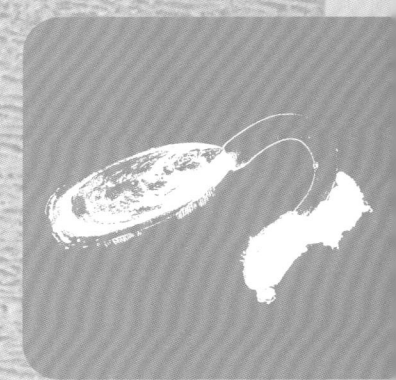

海豆芽目 Lingulida
海豆芽科 Lingulidae Menke, 1828
海豆芽属 *Lingula* Bruguière, 1791

鸭嘴海豆芽
Lingula anatina Lamarck, 1801

同物异名： *Lingula affinis* Hancock, 1858；*Lingula hirundo* Reeve, 1859；*Lingula murphiana* Reeve, 1859；*Lingula smaragdina* Adams, 1863；*Lingula unguis* (Linnaeus, 1758)

标本采集地： 广西北海。

形态特征： 触手冠属裂冠型，双叶状。背腹两壳呈扁平鸭嘴形，带绿色。背壳较小，后部较圆；腹壳较大，后部较尖。壳表面光滑，生长线明显，壳缘外套生有刚毛，伸出壳外。肉茎粗而长，圆柱形，由壳后端伸出。角质层半透明，具环纹。肌肉层肌肉丰富，收缩能力强。壳质为磷酸钙。

生态习性： 栖息于潮间带、潮下带泥沙滩。

地理分布： 渤海，黄海，东海，南海；印度-西太平洋，非洲。

经济意义： 肉可供食用。

参考文献： 杨德渐等，1996；曹善茂等，2017；Richardson et al., 1989。

图 162　鸭嘴海豆芽 *Lingula anatina* Lamarck, 1801

亚氏海豆芽
Lingula adamsi Dall, 1873

同物异名： *Lingula shantungensis* Hatai, 1937

标本采集地： 南海北部。

形态特征： 背腹两壳扁平，鸭嘴形，末端平截，棕褐色或红棕色。腹壳稍长于背壳，背壳后部较圆，腹壳后部稍尖。壳表稍粗糙，生长线明显。壳缘外套生有刚毛，生出壳外。肉茎圆柱形，粗而长，表面具环纹。

生态习性： 栖息于潮间带及浅海泥沙滩或沙质滩涂中。

地理分布： 黄海，东海，南海；西太平洋。

经济意义： 肉可供食用。

参考文献： 杨德渐等，1996；曹善茂等，2017；Richardson et al.，1989。

图 163　亚氏海豆芽 *Lingula adamsi* Dall, 1873

腕足动物门参考文献

曹善茂，印明昊，姜玉声，等．2017．大连近海无脊椎动物．沈阳：辽宁科学技术出版社．

杨德渐，王永良，等．1996．中国北部海洋无脊椎动物．北京：高等教育出版社．

Richardson J R, Stewart I R, Liu X X. 1989. Brachiopods from China Seas. Chinese Journal of Oceanology and Limnology, 7(3): 211-224.

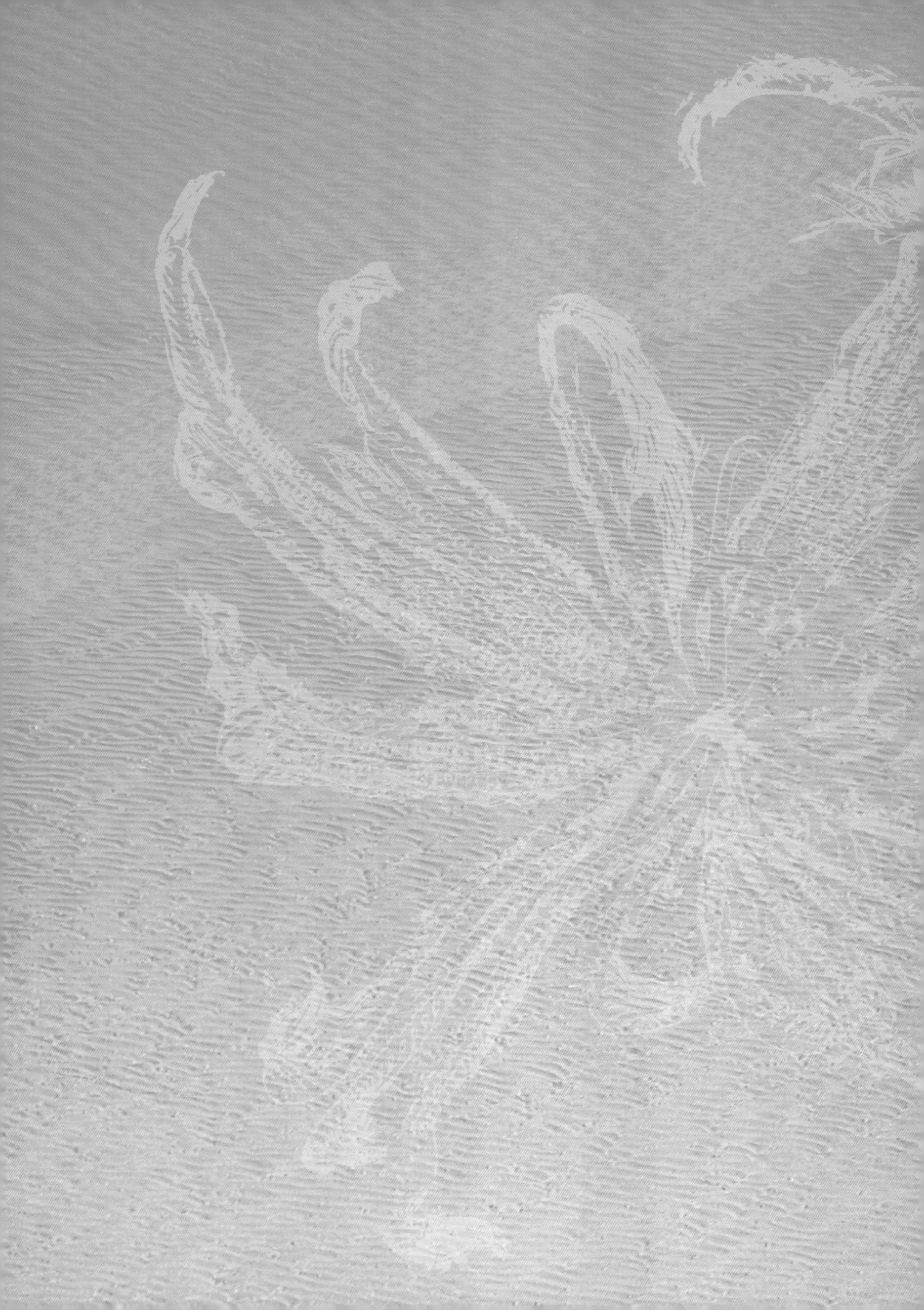

棘皮动物门
Echinodermata

栉羽枝目 Comatulida
栉羽枝科 Comatulidae Fleming, 1828
栉羽星属 *Comaster* L. Agassiz, 1836

许氏栉羽星
Comaster schlegelii (Carpenter, 1881)

同物异名： *Actinometra duplex* Carpenter, 1888；*Actinometra regalis* Carpenter, 1888；*Actinometra schlegelii* Carpenter, 1881；*Comanthina schlegelii* (Carpenter, 1881)；*Comanthus callipeplum* H. L. Clark, 1915

标本采集地： 海南三亚。

形态特征： 腕数很多，一般为 160～190 条；中背板为五角形或星形，很扁，与辐板齐平，或稍陷入其下面；老年个体常无卷枝，或仅有 1～2 个卷枝，卷枝由 15 节构成，起首 2 节很短，宽为长的 3 倍；第 3 节宽为长的 2 倍，第 4 节长宽相等，从第 7～8 节以后逐渐变短；峙棘很小；辐板呈四角形，ⅠBr2 为分歧轴，其宽为长的 1.5～2 倍，侧缘也相接；ⅡBr 为 4（3+4）板；ⅢBr 的内枝为 4（3+4）板，外枝仅有 2 板，ⅣBr、ⅤBr 和 ⅥBr 均为 4（3+4）板；腕长为 90～150mm，不动关节在（3+4）、（10+11）和（18+19）腕板间；盘的直径为 30～35mm，盘的盖裸出，口不在中央；肛门在中央，肛区很大，PD 较粗壮，长 32mm，由 65～70 节构成；栉状体由 8～11 个小圆三角齿构成。

生态习性： 热带种。生活于珊瑚礁区。

地理分布： 南海；澳大利亚，所罗门群岛和菲律宾。

参考文献： 张凤瀛，1964。

图 164　许氏栉羽星 *Comaster schlegelii* (Carpenter, 1881)

海齿花属 Comanthus A. H. Clark, 1908

小卷海齿花
Comanthus parvicirrus (Müller, 1841)

同物异名： Actinometra annulata Bell, 1882; Actinometra elongata Carpenter, 1888; Actinometra parvicirra (Müller, 1841); Actinometra polymorpha Carpenter, 1879; Actinometra quadrata Carpenter, 1888; Actinometra rotalaria Carpenter, 1888; Actinometra valida Carpenter, 1888; Alecto parvicirra Müller, 1841; Alecto timorensis Müller, 1841; Comanthus annulata (Bell, 1882); Comanthus intricata A. H. Clark, 1908; Comanthus parvicirra (Müller, 1841); Comanthus parvicirra comasteripinna Gislén, 1922; Comanthus rotalaria (Carpenter, 1888); Comanthus timorensis (Müller, 1841); Comaster tenella A. H. Clark, 1931; Comaster tenellus (A. H. Clark, 1931); Comatula (Alecto) parvicirra Müller, 1841; Comatula mertensi Grube, 1875; Comatula parvicirra Müller, 1841; Comatula timorensis Müller, 1841

标本采集地： 广东。

形态特征： 中背板小而薄扁，呈不规则的五角形，或近乎圆形。卷枝弱小，发育完全者长为 7～8mm，发育不全者长仅 3～4mm。卷枝窝不规则地位于中背板的边缘，或仅位于其间辐部。卷枝的数目很少，最多者不过 10～15 个，少者仅有 3～5 个，还有不具卷枝的。发育完全的卷枝由 12～13 节构成，第 1 节较短，宽为长的 2 倍，以后逐渐增长，到第 6～7 节为最长，长为宽的 2 倍，再向后又急剧变短，最外 4 节长和宽几相等。卷枝没有背棘，峙棘也不发达，端爪细，略弯曲。辐板仅露出其外缘。II Br 为 4（3+4）板，偶然有为 2 板的。III Br 多数为 4（3+4）板，少数为 2 板。腕数标准的为 20 条，最多不超过 30 条。腕的长短和粗细变化都很大，前边的腕或靠近口侧的腕常较后边的长大。不动关节在（3+4）和（11+12）腕板。羽枝中以 PD 为最长。栉状体的形状和数目也常不一定。生活时体色变化很大，多为黄褐或灰褐色，并夹有白色和红色斑点；酒精标本为黄褐色。其为福建和广东沿岸最普通的海羊齿之一。

生态习性： 常生活于水深 1～110m 的海域。

地理分布： 东海，南海；印度洋-西太平洋。

参考文献： 张凤瀛，1964。

图 165 小卷海齿花 *Comanthus parvicirrus* (Müller, 1841)
A. 口面；B. 反口面

海羊齿科 Antedonidae Norman, 1865

海羊齿属 *Antedon* de Fréminville, 1811

锯羽丽海羊齿
Antedon serrata A. H. Clark, 1908

同物异名： *Compsometra serrata* (A. H. Clark, 1908)

标本采集地： 广东。

形态特征： 中背板为半球形。卷枝窝紧密排列，呈不规则的 2～3 圈。卷枝为 XL～LV 个，各有 10～14 节，长 8mm；起首 2 节短，第 4 节以后，各节中央稍压缩，外端膨大，且稍向腹面延伸，长等于宽的 1.5 倍，最末 3 节的长仍大于其宽。峙棘小，不明显。端爪狭窄，其长略等于前一节。卷枝节的背面平滑，无背棘。辐板隐蔽。I BR$_1$ 短，宽为长的 3 倍，侧缘完全游离。I Br$_2$ 为分歧轴，呈三角形，宽为长的 2 倍。腕数为 10 个，长 30～65mm。第 1～2 腕板为楔状，外边长；第 3～4 腕板也为楔状，里边长；以后 4 块腕板呈盘状。腕板外缘皆光滑，不突出，带细刺。不动关节在（3+4）、（9+10）、（14+15）和（18+19）腕板间。P$_1$ 最为长大，有 18～25 节，长为 10～12mm，起首 2 节很短，以后各节的长为宽的 2～3 倍，各节的外端膨大，向外突出，且具细刺，呈锯齿状。P$_2$ 短，长仅 3～4mm，有 8～10 节。P$_3$ 比 P$_2$ 略长，有 10～12 节。腕中部和远端的羽枝都很细。酒精标本为黄褐色，腕上常有深色斑纹。

生态习性： 多生活在潮间带下区或潮下带、岩石底或带贝壳的石砾底。

地理分布： 东海，南海。

参考文献： 张凤瀛，1964。

图 166　锯羽丽海羊齿 *Antedon serrata* A. H. Clark, 1908
A. 口面；B. 反口面

柱体目 Paxillosida

砂海星科 Luidiidae Sladen, 1889

砂海星属 *Luidia* Forbes, 1839

斑砂海星
Luidia maculata Müller & Troschel, 1842

同物异名： *Luidia maculata* var. *ceylonica* Döderlein, 1920；*Luidia varia* Mortensen, 1925

标本采集地： 广东。

形态特征： 7～9 腕，多数 8 腕。反口面侧面小柱体大而密挤，呈四角形，随着身体的大小，每腕基部有 11～16 行小柱体纵向规则排列；体盘中央和腕中央小柱体较小，呈多角形；各小柱体有 7～20 个中央圆形颗粒，周围有 12～30 个小棘。上边缘板近乎方形，与邻近小柱体类似，无叉棘。下边缘板很大，占据口面的大部分，各板有 3～5 个大棘横向排列，大棘间还夹有小棘。侧步带板有 3 个大棘，其中沟棘弯曲而侧扁；大棘外侧有 2～4 个 3 瓣叉棘，还有 10～15 个小棘。腹侧板小，不明显，间辐部通常有 9～10 个，每板有 10 多个纤细的小棘，腹侧板成一列延伸到腕端，通常每板有 1 个 3 瓣叉棘。口板狭长，略弯曲，口面隆起部有 10 余个排列不规则的大棘，口边和步带沟平行的隆起部有 7～10 个小棘。背面为黑色或橙红色，盘中央布满黑斑，各腕上有 5～7 块稍呈同心圆排列的大黑斑。

生态习性： 栖息于 4～50m 的沙、泥沙和沙砾底。

地理分布： 南海。

参考文献： 刘伟，2006。

图 167　斑砂海星 *Luidia maculata* Müller & Troschel, 1842
A. 反口面；B. 口面

砂海星
Luidia quinaria von Martens, 1865

同物异名：*Luidia limbata* Sladen, 1889；*Luidia maculata* var. *quinaria* von Martens, 1865

标本采集地：广东。

形态特征：体型较大，R 可达 140mm，$R：r$ 为 5～7，盘小，间辐角几乎等于直角，腕数一般为 5 个，脆而易折。反口面密生小柱体，盘中央和腕中部的小柱体较小，排列无规则，腕边缘的 3～4 行小柱体较大，呈方格形；下缘板横宽，占腕口面的大部分；各板上有 1 大的侧棘和 1 行较小的鳞状棘；侧棘的基部在近口侧，有 1 大的直形叉棘；腹侧板小而圆，成单行排列到腕端，每板上有 1 大的直形叉棘和 4～6 个排列成栉状的小棘；侧步带板与腹侧板及下缘板相应、排列成横行，各板上有 1 大的直形叉棘和 3～5 个大棘，最内 1 棘为沟棘，较短，弯曲成镰刀形。口板小而凸起，各有 5～8 个边缘棘和 5～6 个较小的口面棘；各口板在口端深处，还有 1～2 对直形叉棘。生活时背面边缘为黄褐色到灰绿色，盘中央到腕端有纵走的黑灰或浅灰色带；口面为橘黄色。

生态习性：栖息于 4～50m 的沙、泥沙和沙砾底。

地理分布：各个海域；日本。

参考文献：张凤瀛，1964。

图 168 砂海星 *Luidia quinaria* von Martens, 1865
A. 反口面；B. 口面

槭海星科 Astropectinidae Gray, 1840

槭海星属 Astropecten Gray, 1840

单棘槭海星
Astropecten monacanthus Sladen, 1883

同物异名： *Astropecten notograptus* Sladen, 1888；*Astropecten squamosus* Sluiter, 1889

标本采集地： 广东。

形态特征： 辐径（R）一般为 30～40mm，间辐径（r）为 8.5～11mm，$R：r$ 为 3：5，反口面的小柱体很密集，筛板被小柱体所覆盖；腕基部的小柱体比较大，顶上具 5～8 个中央小棘和 10～16 个周缘小棘；盘中央隆起成圆锥状或内陷成 1 小凹；上缘板较小，表面仅生有低且平的像鳞片状的颗粒，没有棘；下缘板很宽，全面生有稀疏和扁平似鳞片的小棘，仅外缘有 1 发达的矛形侧棘；各侧步带板有 3 个扁平、略弯曲和末端呈截断形的沟棘，随后有 2 个短小和窄扁的棘，与沟棘排列成弧形；在它们的外侧更有 1 对舌片状的棘；口板狭长，有 8～12 个边缘棘和 7～10 个口面小棘排列成 1 行。

生态习性： 热带和亚热带种。常栖息于沙质或泥沙质底近岸海域。

地理分布： 南海；红海，安达曼群岛和菲律宾。

参考文献： 张凤瀛，1964。

图 169 单棘槭海星 *Astropecten monacanthus* Sladen, 1883
A. 反口面；B. 口面

瓣棘目 Valvatida
瘤海星科 Oreasteridae Fisher, 1908
五角海星属 Anthenea Gray, 1840

中华五角海星
Anthenea pentagonula (Lamarck, 1816)

同物异名： *Asterias pentagonula* Lamarck, 1816；*Astrogonium articulatum* Valenciennes (MS) in Perrier, 1869；*Goniaster articulatus* (L. Agassiz, MS) Gray, 1866；*Goniodiscus articulatus* Perrier, 1869；*Goniodiscus pentagonulus* Müller & Troschel, 1842

标本采集地： 广东。

形态特征： 体呈坚实的五角星状，腕5个，短宽，末端略翘起向上；最大者R可达120mm，$R:r$大致为1.6～1.8；反口面隆起，硬而粗糙，各间辐中线有1明显的裸出沟；背面骨板结合成网状，板上有平顶和大小不等的疣及小颗粒，并散生着许多小瓣状叉棘；皮鳃区不规则地散布在全体背面；筛板大，略呈椭圆形，靠近盘的中央；上缘板12～19个，呈长方形；各板上有许多球形颗粒，内端者常小而少，外端者大而多，有的板上还有1小的叉棘；下缘板和上缘板大致相应，但略微突出，各板上有许多较小的颗粒和1～2个瓣状叉棘；腹侧板比较整齐，接近步带沟者排列成纵行；各板中央有1狭长的瓣状叉棘，周围有6～18个大小不等的球形颗粒；每个侧步带板有棘3行：内行为5个沟棘，比较短小；中行2棘最粗壮和钝扁；外行3棘与中行2棘相似，但较短小；口板大，呈三角形，各板有小的边缘棘10～12个；口面棘2行，与边缘棘平行，每行有4～6棘。生活时背面为暗褐色，有黄、红、紫或黑绿色斑点。

生态习性： 多栖息于低潮线至水深75m，带有碎贝壳和石块的沙泥质海底。

地理分布： 东海，南海；西太平洋和印度洋热带及亚热带地区。

参考文献： 张凤瀛，1964。

图 170 中华五角海星 *Anthenea pentagonula* (Lamarck, 1816)
A、C. 反口面；B、D. 口面

粒皮海星属 *Choriaster* Lütken, 1869

粒皮海星
Choriaster granulatus Lütken, 1869

同物异名： *Bothriaster primigenius* Döderlein, 1916；*Choriaster niassensis* (Sluiter, 1895)；*Culcita niassensis* Sluiter, 1895

标本采集地： 西沙群岛。

形态特征： 体呈肉红色，皮鳃区呈较深的棕色，腕末端的颜色较浅。全体被有厚而柔软、似皮革的皮肤，表面光滑，在解剖镜下可看到密布的颗粒。体盘大而厚。腕5个，又短又粗，特别钝，几乎呈圆柱状。皮鳃不规则。筛板1个，位于反口面间辐部，呈椭圆形。上、下缘板不明显。侧步带板极不明显。沟棘由7～8个一组的扁平棘组成，亚步带棘由3个一组的扁平棘组成。口面间辐部有放射状凹陷，不明显。最大体长27cm。

生态习性： 栖息于水深8～15m的珊瑚礁海域，以珊瑚虫、小型无脊椎动物及腐肉为食。

地理分布： 台湾，西沙群岛海域；印度-西太平洋。

参考文献： 魏建功等，2020。

图 171　粒皮海星 *Choriaster granulatus* Lütken, 1869

面包海星属 *Culcita* Agassiz, 1836

面包海星
Culcita novaeguineae Müller & Troschel, 1842

同物异名： *Anthenea spinulosa* (Gray, 1847)；*Culcita acutispinosa* Bell, 1883；*Culcita arenosa* Valenciennes (MS) in Perrier, 1869；*Culcita grex* Müller & Troschel, 1842；*Culcita novaeguineae* f. *nesiotis* Fisher, 1925；*Culcita novaeguineae* f. *novaeguineae* Muller & Troschel, 1842；*Culcita novaeguineae* var. *acutispinosa* Bell, 1883；*Culcita novaeguineae* var. *arenosa* Valenciennes (MS) in Perrier, 1869；*Culcita novaeguineae* var. *leopoldi* Engel, 1938；*Culcita novaeguineae* var. *plana* Hartlaub, 1892；*Culcita novaeguineae* var. *typica* Doderlein, 1896；*Culcita pentangularis* Gray, 1847；*Culcita plana* Hartlaub, 1892；*Culcita pulverulenta* Valenciennes (MS) in Perrier, 1869；*Goniaster multiporum* Hoffman in Rowe, 1974；*Goniaster sebae* (de Blainville, 1830)；*Goniodiscides sebae* (Müller & Troschel, 1842)；*Goniodiscus sebae* Müller & Troschel, 1842；*Hippasteria philippinensis* Domantay & Roxas, 1938；*Hosia spinulosa* Gray, 1847；*Pentagonaster spinulosus* (Gray, 1847)；*Randasia granulata* Gray, 1847；*Randasia spinulosa* Gray, 1847

标本采集地： 海南岛。

形态特征： 腕足不明显，与体盘连成一团。个体颜色多变，体表有许多圆形突起。幼小标本体扁平，缘板大而明显，和成体很不一样。盘直径超过80mm，才逐渐膨大成面包状，缘板也逐渐消失。

生态习性： 生活于热带海域珊瑚礁区。

地理分布： 西沙群岛，南沙群岛，海南南部海区和台湾等海域。

参考文献： 廖玉麟，1980。

图 172　面包海星 *Culcita novaeguineae* Müller & Troschel, 1842

瘤海星科分属检索表

1. 体型不巨大，也不显著凸起；缘板大而明显 .... 五角海星属 *Anthenea*
- 体型巨大；背面显著凸起或稍微凸起；缘板较大但从上方看不明显 2
2. 体形接近五边形或圆形；体盘半径超过总体半径的 2/3；缘板被厚的皮肤覆盖 ....
 .... 面包海星属 *Culcita*
- 腕发育良好，具龙骨状突起；体盘半径小于总体半径的 2/3 .... 粒皮海星属 *Choriaster*

蛇海星科 Ophidiasteridae Verrill, 1870

指海星属 *Linckia* Nardo, 1834

蓝指海星
Linckia laevigata (Linnaeus, 1758)

同物异名： *Asterias laevigata* Linnaeus, 1758；*Linckia browni* Gray, 1840；*Linckia crassa* Gray, 1840；*Linckia hondurae* Domantay & Roxas, 1938；*Linckia laevigata* f. *hondurae* Domantay & Roxas, 1938；*Linckia miliaris* (Muller & Troschel, 1840)；*Linckia rosenbergi* von Martens, 1866；*Linckia suturalis* von Martens, 1866；*Linckia typus* Nardo, 1834；*Ophidiaster clathratus* Grube, 1865；*Ophidiaster crassa* (Gray, 1840)；*Ophidiaster laevigatus* (Linnaeus, 1758)；*Ophidiaster miliaris* Müller & Troschel, 1842；*Ophidiaster propinquus* Livingstone, 1932

标本采集地： 西沙群岛。

形态特征： 身体坚硬，一般个体有 5 支长而粗壮的腕足，偶尔有 4 支或 6 支腕。体色多为亮蓝色，亦有紫蓝色或橙色。

生态习性： 生活于热带海域珊瑚礁区。

地理分布： 西沙群岛，南沙群岛，海南南部海区和台湾等海域。

参考文献： 张凤瀛，1964；黄晖，2018。

图 173　蓝指海星 *Linckia laevigata* (Linnaeus, 1758)

长棘海星科 Acanthasteridae Sladen, 1889
长棘海星属 Acanthaster Gervais, 1841

长棘海星
Acanthaster planci (Linnaeus, 1758)

同物异名： *Acanthaster echinites* (Ellis & Solander, 1786)；*Acanthaster echinus* Gervais, 1841；*Acanthaster ellisi* (Gray, 1840)；*Acanthaster ellisi pseudoplanci* Caso, 1962；*Acanthaster pseudoplanci* Caso, 1962；*Acanthaster solaris* (Schreber, 1793)；*Asterias echinites* Ellis & Solander, 1786；*Asterias echinus* Gervais, 1841；*Asterias planci* Linnaeus, 1758；*Asterias solaris* Schreber, 1793；*Echinaster ellisi* Gray, 1840；*Echinaster solaris* (Schreber, 1793)；*Echinities solaris* (Schreber, 1793)；*Stellonia echinites* L. Agassiz, 1836

标本采集地： 南沙群岛。

形态特征： 成体冠状，反口面密生十分尖锐的、有毒的棘刺。腕部外端棘刺特别发达，又名棘冠海星。

生态习性： 栖息于珊瑚礁区内，主要以活珊瑚为食。

地理分布： 西沙群岛，南沙群岛，海南南部海区和台湾等海域；遍布印度 - 西太平洋区域，从非洲东岸到夏威夷群岛。

参考文献： 张凤瀛，1964；黄晖，2018。

图 174 长棘海星 *Acanthaster planci* (Linnaeus, 1758)

有棘目 Spinulosida
棘海星科 Echinasteridae Verrill, 1867
棘海星属 Echinaster Müller & Troschel, 1840

吕宋棘海星
Echinaster luzonicus (Gray, 1840)

标本采集地： 海南。

形态特征： 盘小，腕细，呈圆柱状，数目为 4～7 个，一般为 6 个，腕的长短不一致，几乎每一个标本都不同；有的个体呈彗星状，仅 1 腕延长，其他腕皆短；反口面骨板的形状和大小都有变化，结合成圆或不规则的网目状；每个网目中有皮鳃 4～8 个，由骨板连在结节上，各有 1 小的钝棘，全体都有皮膜；筛板 1～3 个；上缘板和下缘板都不明显，并且没有腹侧板，下缘板生有 1 行排列比较规则的棘；上下缘板间有成组的皮鳃，每组有皮鳃 2～3 个；侧步带板宽大于长，板间有间隙，各板上有 3 棘；步带沟深处的 1 棘短而扁，稍弯曲，顶端伸到第 2 棘的基部；第 2 棘在沟缘，最强大，末端钝，有膜与其左右的邻棘相连，使沟缘呈锯齿状；第 3 棘在第 2 棘的外侧，其顶端倾向外方。

生态习性： 多生活于潮间带珊瑚礁内。

地理分布： 海南岛南部和西沙群岛；印度 - 西太平洋海域。

参考文献： 张凤瀛，1964。

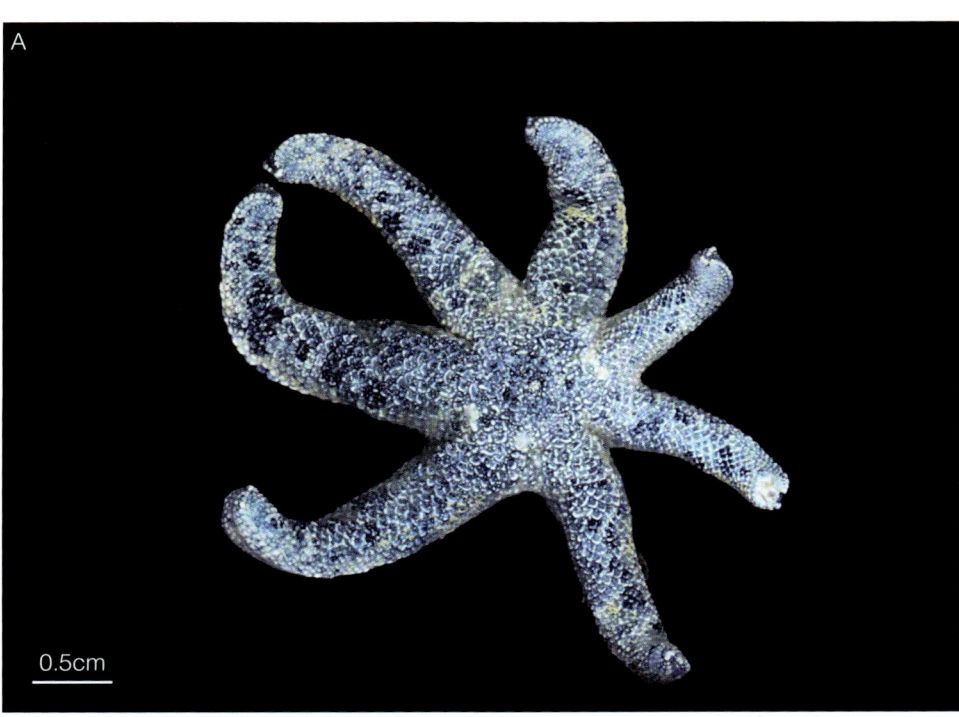

图 175　吕宋棘海星 *Echinaster luzonicus* (Gray, 1840)
A. 反口面；B. 口面

真蛇尾目 Ophiurida
阳遂足科 Amphiuridae Ljungman, 1867
三齿蛇尾属 Amphiodia Verrill, 1899

细板三齿蛇尾
Amphiodia (*Amphispina*) *microplax* Burfield, 1924

同物异名： *Amphiodia microplax* Burfield, 1924

标本采集地： 海南。

形态特征： 盘小，腕细长，长度超过盘直径的15倍。盘背面盖满细小的覆瓦状鳞片，初级板不易区分或者缺失，盘边缘鳞片具突出的细刺，但有时难以看清。辐盾狭长，长约占盘半径的1/2，彼此充分相接。腹面间辐部也盖有鳞片，且比背面者小。口盾矛头形，长大于宽，内角尖锐，外端有1突出叶。侧口板内窄外宽，彼此仅略微相接，外部有1延伸部把口盾和第1侧腕板分开。口板狭长，具口棘3个，齿下口棘宽而略尖，远端口棘近三角形，中央口棘略长。背腕板大，占据腕背面的大部分，宽大于长，略呈卵形或圆的三角形，彼此稍相接。第1腹腕板六角形，长大于宽。以后的腹腕板五角形，宽大于长，彼此分离。腕棘3个，短小，略呈锥形，长相当于1个腕节，腹面者略粗壮。触手鳞1个。

生态习性： 生活于潮间带到水深69m的泥底或沙泥质海底。

地理分布： 海南。

参考文献： 廖玉麟，2004。

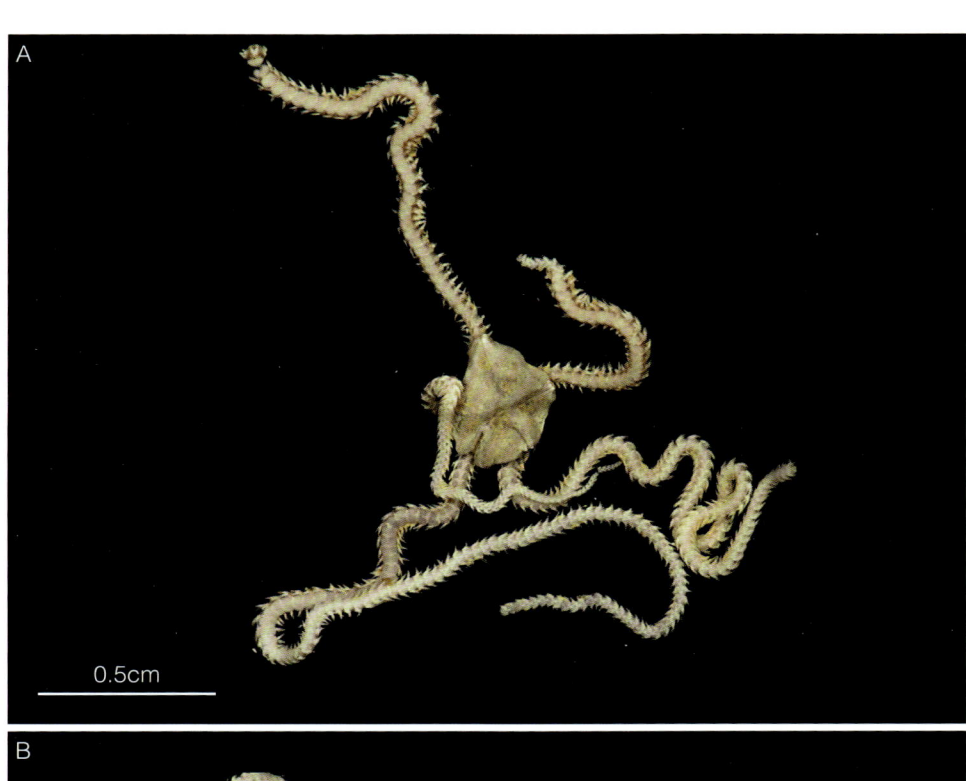

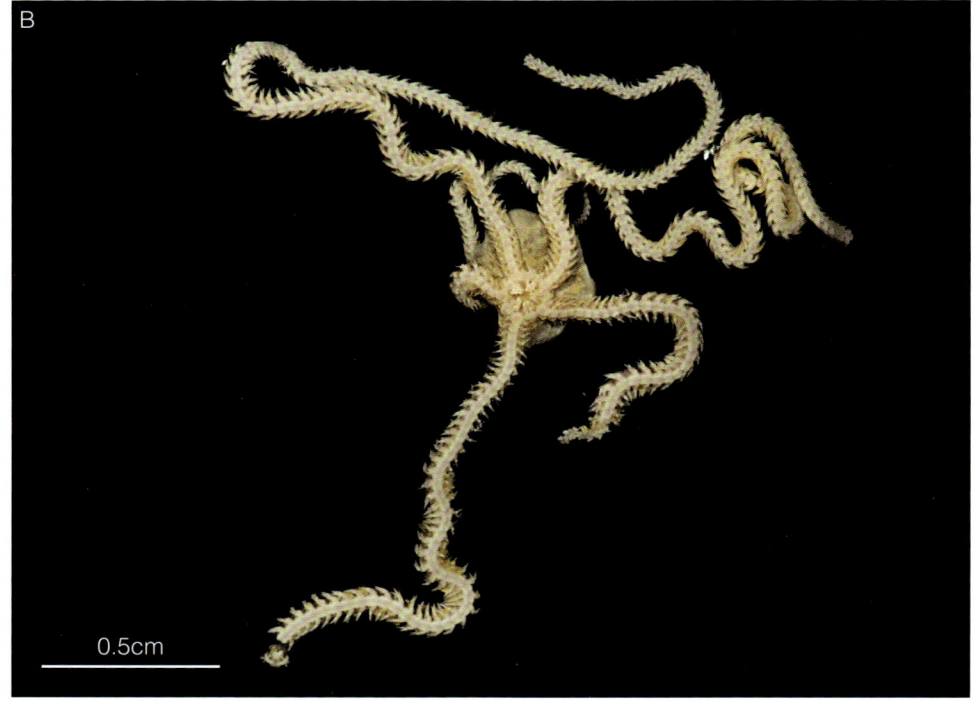

图 176　细板三齿蛇尾 Amphiodia (Amphispina) microplax Burfield, 1924
A. 背面；B. 腹面

倍棘蛇尾属 *Amphioplus* Verrill, 1899

洼颚倍棘蛇尾
Amphioplus (*Lymanella*) *depressus* (Ljungman, 1867)

同物异名： Amphioplus depressa (Ljungman, 1867); Amphioplus depressus (Ljungman, 1867); Amphipholis depressa Ljungman, 1867; Amphiura relicta Koehler, 1898; Ophiophragmus affinis Duncan, 1887; Amphioplus relictus (Koehler, 1898)

标本采集地： 广东。

形态特征： 腕长为盘直径的5～6倍；盘厚，辐部弯进，间辐部膨出。盘背面有覆瓦状鳞片，中央的鳞片稍大，盘缘鳞片较小；腹面间辐部也盖有鳞片；背腹面鳞片在边缘有明显的界限。辐盾大，彼此相接；口盾变化大，小个体的口盾很窄，呈菱形，大个体的口盾半部加宽，呈三角形或矛头形。侧口板为三角形，彼此相接。颚短而低，以侧口板为界，形成1花瓣状凹陷。口棘每侧为4个：齿下口棘较大，为长方形，垂直于口的深部，其余3个口棘以中央1个较大，为三角形，外侧1个较小，为方形。背腕板较宽；第1腹腕板很小，呈梯形，其余腹腕板为五角形，宽大于长。腕棘3个，呈圆柱形，中央1个粗壮；大个体腕基部腹面腕棘常弯曲；触手鳞2个，很大。

生态习性： 生活于水深0～160m的沙或泥沙底。

地理分布： 东海，南海；日本，菲律宾，斯里兰卡和印度尼西亚。

参考文献： 廖玉麟，2004。

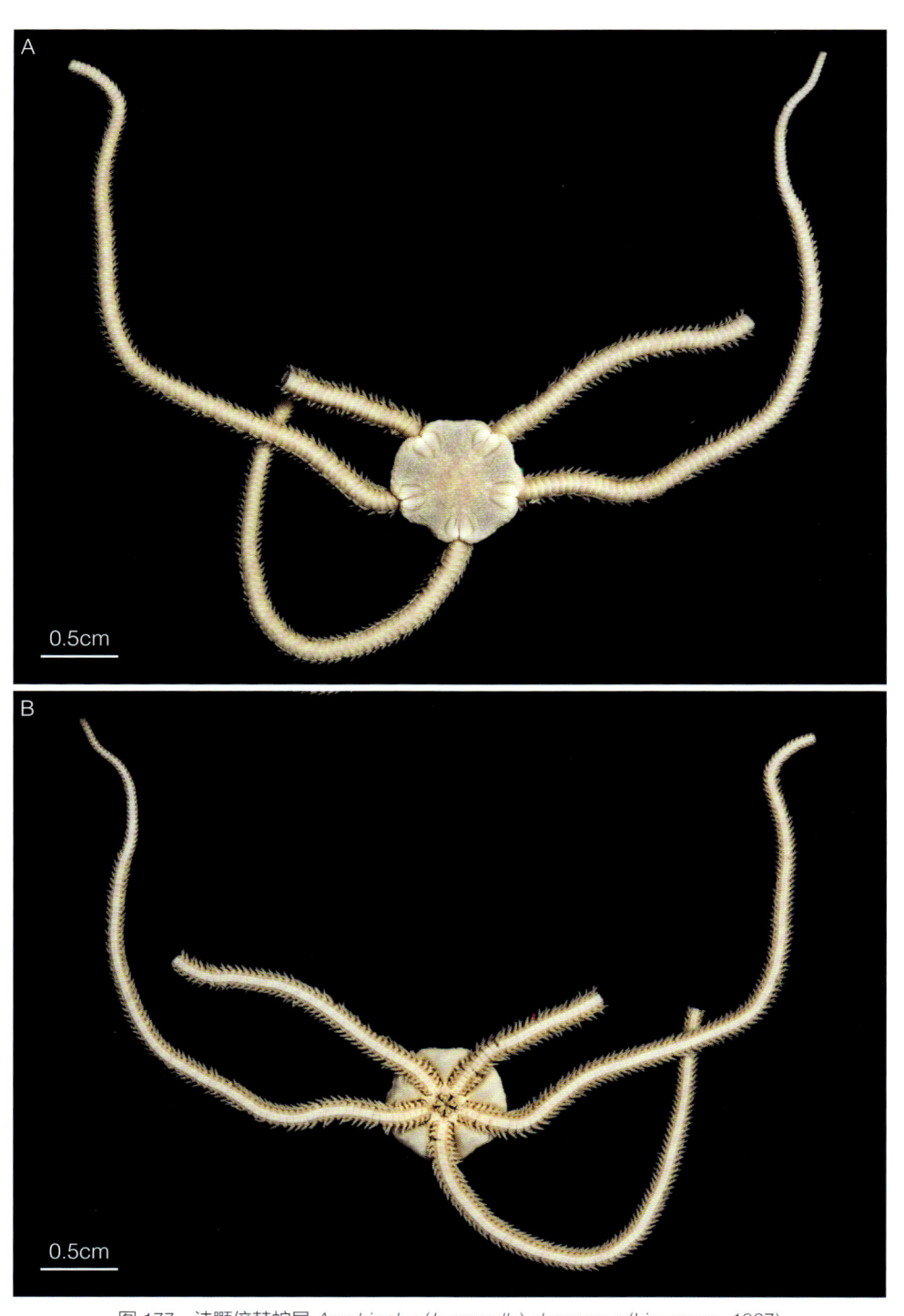

图 177　洼颚倍棘蛇尾 Amphioplus (Lymanella) depressus (Ljungman, 1867)
A. 背面；B. 腹面

光滑倍棘蛇尾
Amphioplus (*Lymanella*) *laevis* (Lyman, 1874)

标本采集地： 广西。

形态特征： 腕长约为盘直径的 8 倍；盘薄而扁平，背面盖有细小而薄的覆瓦状鳞片，盘中央鳞片较大，但初级板不明显。盘边缘附近鳞片小，盘腹面间辐部鳞片较小，背面和腹面的鳞片在盘缘相交处有明显的下限或边缘鳞片。辐盾狭长，内端很尖，彼此有 2/3 相接。口盾长，呈矛头形，内角尖锐，外缘中央有 1 小的突出部。侧口板小，彼此相接。颚短小。口棘 4 个：齿下口棘为长形，垂直于口的深部，其余 3 个为三角形，末端钝，以中央 1 个较大。外侧口棘和内侧 2 个口棘常不连续。腕扁平，背中央有 1 条透明纵线。背腕板很宽，呈半圆形；小个体背腕板外缘平直，大个体背腕板外缘弯曲，中央稍突出。第 1 腹腕板小，长方形；其余的腹腕板为五角形，宽大于长，外缘平直或稍凹进。腕棘 3 个，大致等长，上部渐细；但腕基部 2～3 节的腕棘长扁平，稍弯曲，并且中央 1 个较粗壮。触手鳞 2 个，很发达。

生态习性： 热带和亚热带种。生活于水深 7～180m 的泥底。

地理分布： 东海，南海；印度-西太平洋区域，分布广泛且常见。

参考文献： 廖玉麟，2004。

图 178　光滑倍棘蛇尾 Amphioplus (Lymanella) laevis (Lyman, 1874)
A. 背面；B. 腹面

中华倍棘蛇尾
Amphioplus sinicus Liao, 2004

标本采集地： 广西。

形态特征： 盘圆，极易缺失，间辐部稍凹进。盘背面全部盖有中等大小的鳞片；盘上下面均平滑。辐盾长为宽的3倍，大部分分离，仅外端相接；辐盾长小于盘半径的1/2；各辐盾外端有指状突出，突起末端有细刺。腹面间辐部裸出。口盾略呈矛头形，长大于宽，内角和侧角皆圆，有1突出的外叶。侧口板为三角形。口板小，高大于宽。颚的两侧有4个口棘，齿下口棘明显成对，厚而钝，其他口棘小而呈鳞片状；第3口棘较大，第4口棘最小，第3口棘和第4口棘有空隙。背腕板大，几乎把腕背面全部盖满，呈椭圆形。第1腹腕板很小，呈三角形，长大于宽，以后的腹腕板四方形，侧缘凹进，长大于宽，或长宽相近。侧腕板上下均不相接。腕棘在腕基部为6～7个，以后多为5个；棘小而细长，接近等长，所有腕棘末端钝尖，不带任何钩刺。

生态习性： 生活于水深7～86m的泥底。

地理分布： 渤海，黄海，东海，南海；西北太平洋的部分区域。

参考文献： 肖宁，2015。

倍棘蛇尾属分种检索表

1. 辐盾大部分分离，仅外端相接；4个口棘不成行排列，口裂不被封闭……中华倍棘蛇尾 *A. sinicus*
- 辐盾全部或有2/3相接；4个口棘，成行排列，且把口裂封闭……2
2. 背腕板薄，外缘中央突出；辐盾狭长，长宽比为3.5～4.0：1；腕长约为盘直径的8倍……光滑倍棘蛇尾 *A. (Lymanella) laevis*
- 背腕板厚，外缘均匀地突出或平直；辐盾较宽，长宽比为2～3：1；腕不特别长，腕长为盘直径的5～6倍……洼颚倍棘蛇尾 *A. (Lymanella) depressus*

图 179　中华倍棘蛇尾 *Amphioplus sinicus* Liao, 2004
A. 背面；B. 腹面

阳遂足属 *Amphiura* Forbes, 1843

滩栖阳遂足
Amphiura (Fellaria) vadicola Matsumoto, 1915

同物异名： *Amphiura vadicola* Matsumoto, 1915；*Ophionephthys vadicola* (Matsumoto, 1915)

标本采集地： 广东。

形态特征： 盘间辐部凹进，背面覆以裸出的皮肤，皮肤内有圆形穿孔板骨片。辐盾狭长，外端相接，内端及周围有数行椭圆形鳞片。口盾小，呈五角形，宽大于长。侧口板呈三角形，内缘凹进。口板细长。口棘2个，齿下口棘细长，远端口棘位于侧口板前方，呈棘状。齿5～6个，呈长方形。腹面间辐部也盖有裸出的皮肤。生殖口狭长。背腕板呈卵圆形，在盘下或腕基部的2～3个较小，或不规则，以后的宽略大于长，彼此相接。第1腹腕板小，呈长方形；第2和第3腹腕板近乎方形，以后的腹腕板增宽，呈五角形，宽大于长；所有的腹腕板都隔有皮膜。腕棘在腕基部为6～8个，中部为5～6个，末端为4个，形状扁平，腕远端腹面第2棘末端明显粗糙，具细刺或带小钩，呈斧状。触手孔大，但缺触手鳞。

生态习性： 穴居于潮间带的泥沙底。

地理分布： 黄渤海，东海，南海；西北太平洋地区，印度-太平洋区域。

参考文献： 廖玉麟，2004。

图 180 滩栖阳遂足 *Amphiura* (*Fellaria*) *vadiccla* Matsumoto, 1915
A. 背面；B. 腹面

盘棘蛇尾属 *Ophiocentrus* Ljungman, 1867

异常盘棘蛇尾
Ophiocentrus anomalus Liao, 1983

标本采集地： 广东。

形态特征： 体型大，腕长约为盘直径的 8 倍，腕基部宽约为 3.5mm。盘稍膨胀，盖有厚皮，有细薄鳞片，明显的鳞片各具有 1 个延长的小棘；腹面间辐部同背部一样盖有皮膜，内有细小鳞片，有些鳞片生有和背面一样的细棘；盘周围鳞片较为密集。生殖裂口宽，其内缘有 1 行略宽的鳞片。口盾小，长大于宽，邻近角钝，远端具 1 小叶。侧口板小，呈半圆形，侧口板缺远端口棘或仅留残迹。颚顶成对的齿下口棘明显。背腕板小，腕背面大部分被侧腕板所占据；除起首的 1～2 板外，背腕板呈心形，远端角明显，侧边直，邻近中央凹进，各板重叠。第 1 腹腕板小，宽大于长，以后的板为长方形，长大于宽，角圆，第 4、第 5 板后的板呈五角形，或四角形，宽大于长，外缘凹进。侧腕板发达，上下均不相接，各板有 10 个钝尖的腕棘；所有腕棘表面光滑，但腹面的第 2 棘顶端偶尔弯曲，但不形成钩状。触手孔大。

生态习性： 生活于水深 19～62m 的泥沙底。

地理分布： 东海，南海；印度 - 太平洋区域。

参考文献： 廖玉麟，2004。

图 181　异常盘棘蛇尾 *Ophiocentrus anomalus* Liao, 1983
A. 背面；B. 腹面

女神蛇尾属 *Ophionephthys* Lütken, 1869

女神蛇尾
Ophionephthys difficilis (Duncan, 1887)

同物异名： *Amphiodia* (*Amphiodia*) *picardi* Cherbonnier & Guille, 1978；*Amphiodia picardi* Cherbonnier & Guille, 1978；*Amphioplus difficilis* (Duncan, 1887)；*Ophiophragmus difficilis* Duncan, 1887；*Ophiophragmus difficilis* Duncan, 1887

标本采集地： 广西。

形态特征： 腕特别细而长，长度可达盘直径的 20 倍。盘上鳞片减少，仅限于每对辐盾周围，并且有带状鳞片沿着盘边缘向间辐部延伸。辐盾狭长，长约为宽的 3 倍，彼此充分相接。腹面间辐部完全裸出。生殖裂口明显。口盾大，梨形，长大于宽，内角尖锐，外缘宽圆。侧口板大，彼此相接。口板狭长，仅在邻近端相接，在侧口板相会处留有 1 个三角形的裸出区。口棘 3 个或 4 个，成行排列。口触手鳞常和口棘排在一起。背腕板横卵形，纤细，半透明，宽稍大于长，或长宽相当，彼此相接。腕棘在盘附近为 4 个，很快减为 3 个。棘细长而尖，带透明的细纹。触手鳞通常为 2 个，有时为 1 个，小而不明显。

生态习性： 生活于潮间带水深 50m 的泥底。

地理分布： 东海，南海；印度 - 太平洋区域。

参考文献： 廖玉麟，2004。

图 182 女神蛇尾 *Ophionephthys difficilis* (Duncan, 1887)

四齿蛇尾属 *Paramphichondrius* Guille & Wolff, 1984

四齿蛇尾
Paramphichondrius tetradontus Guille & Wolff, 1984

标本采集地：广东。

形态特征：小型种。腕长约为盘直径的 5 倍。盘很平，圆形，盖有少数平滑的大板，中背板和 5 个初级辐板明显可辨，在盘中央形成初级板，各板中央有透明点。辐盾大，稍呈三角形，长约为宽的 2 倍。辐盾彼此完全相接，但邻近端被 1 楔形小板所分隔。各间辐部有大板和小板各 3 个。腹面间辐部盖有很细的颗粒。生殖裂口明显，生殖鳞呈覆瓦状排列，数目为 10 个。口盾小，略呈菱形，长稍大于宽，具相当尖锐的内角和圆的外角。侧口板三角形，在间辐部中线彼此相接。口棘常为 4 个，少数为 3 个，最内的齿下口棘短而厚，第 2 个略小，第 3 个明显大于第 4 个，第 4 口棘常较小而发育不全。腕狭细。背腕板稍呈三角形，宽大于长，外缘的两侧角稍圆，除起首的 2～3 板外，以后的板均相连。腹腕板五角形，长稍大于宽或长等于宽。腕棘 3 个，细，末端钝，中央 1 个略长。触手鳞 2 个，型小。

生态习性：生活于水深 35～164m 的泥底。

地理分布：东海，南海；印度尼西亚苏拉威西。

参考文献：廖玉麟，2004。

阳遂足科分属检索表

1. 颚的两侧各有 2 个口棘 2
 - 颚的两侧各有 3～4 个连续的口棘 3
2. 盘鳞片被皮膜掩盖，生有分散的棘或小棘；无触手鳞 .... 盘棘蛇尾属 *Ophiocentrus*
 - 盘鳞片明显，起码是在背面，少数缺鳞片；盘上无棘；1 或 2 个触手鳞，少数缺触手鳞 .... 阳遂足属 *Amphiura*
3. 颚的两侧各有 3 个口棘 .... 三齿蛇尾属 *Amphiodia*
 - 颚的两侧各有 4 个口棘 4
4. 盘接近裸出，仅辐盾周围有鳞片；盘边缘间辐部也有一行鳞片 .... 女神蛇尾属 *Ophionephthys*
 - 盘全部盖有鳞片 5
5. 盘上鳞片特别大，腹面裸出，内含细颗粒；生殖鳞片宽而呈覆瓦状 ...... 四齿蛇尾属 *Paramphichondrius*
 - 盘上鳞片适度大，腹面常具鳞片，少数裸出；生殖鳞片不宽而呈覆瓦状 .... 倍棘蛇尾属 *Amphioplus*

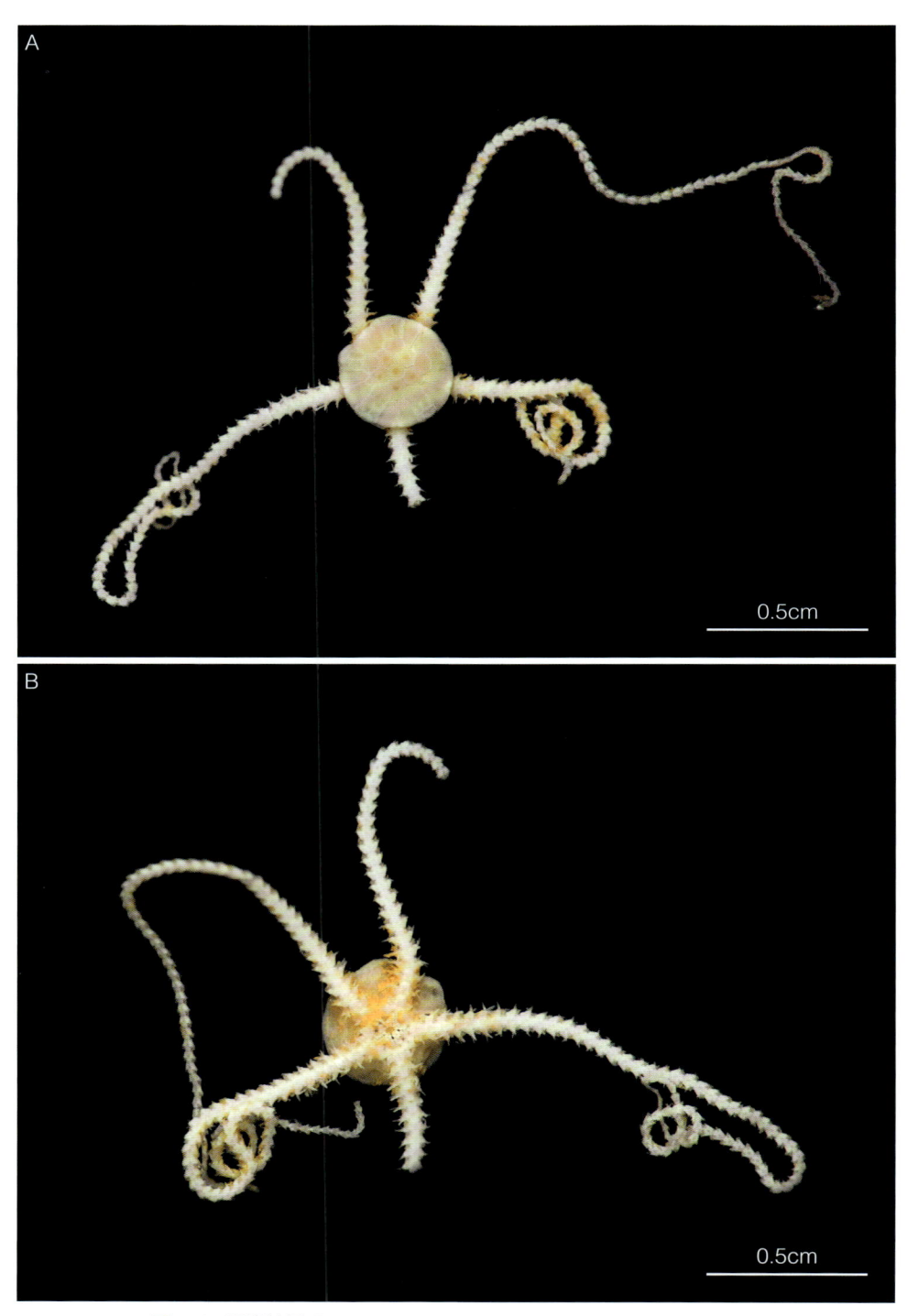

图 183　四齿蛇尾 *Paramphichondrius tetradontus* Guille & Wolff, 1984
A. 背面；B. 腹面

辐蛇尾科 Ophiactidae Matsumoto, 1915

辐蛇尾属 *Ophiactis* Lütken, 1856

近辐蛇尾
Ophiactis affinis Duncan, 1879

标本采集地： 广东。

形态特征： 腕短，长为盘直径的 4 倍；盘背面盖有大型鳞片，初级板常明显，仅盘缘鳞片具小棘。辐盾适度大，仅外端相接，内端被 2 个大鳞片所分隔。腹面间辐部鳞片很细，少数鳞片具小棘。口盾低矮，宽大于长，三角形，具圆角和小的突出叶。侧口板变化很大，多数标本在腹部和间辐部均不相连，少数标本在辐部相互靠近，远端口棘 1 个，小，位于扣板内端。背腕板稍呈椭圆形，宽为长的 2 倍，彼此广泛相接。第 1 腹腕板很大，宽为六角形；以后的 4～5 腹腕板五角形，角圆，长和宽相当；从第 6 腹腕板起，呈四角形，角圆，宽大于长，彼此几乎不相接。腕棘 4 个，短而厚，最上 1 棘为最长，但不超过 1 个腕节。触手鳞 1 个，大而圆。酒精保存标本带绿色，混有白色。

生态习性： 栖息于水深 0～90m 的沙或碎石底。

地理分布： 从渤海到南海；日本南部，朝鲜半岛，菲律宾，印度尼西亚。

参考文献： 廖玉麟，2004。

图 184 近辐蛇尾 *Ophiactis affinis* Duncan, 1879
A. 背面；B. 腹面

辐蛇尾
Ophiactis savignyi (Müller & Troschel, 1842)

同物异名： *Ophiactis brocki* de Loriol, 1893；*Ophiactis conferta* Koehler, 1905；*Ophiactis incisa* v. Martens, 1870；*Ophiactis krebsii* Lütken, 1856；*Ophiactis maculosa* von Martens, 1870；*Ophiactis reinhardti* Lütken, 1859；*Ophiactis reinhardtii* Lütken, 1859；*Ophiactis savignyi* var. *lutea* H. L. Clark, 1938；*Ophiactis sexradia* (Grube, 1857)；*Ophiactis versicolor* H. L. Clark, 1939；*Ophiactis virescens* Lütken, 1856；*Ophiolepis savignyi* Müller & Troschel, 1842；*Ophiolepis sexradia* Grube, 1857

标本采集地： 广西。

形态特征： 腕通常为6个，但有时为5个。常因裂体繁殖，有的个体3腕大，3腕小，或者仅有半个体盘的个体。盘上盖有圆形或者椭圆形小鳞片，上生有稀疏的小棘，盘边缘小棘较多。辐盾大，近乎半月形，中间被3～4个鳞片所分隔，仅外端相接。口盾近乎圆形。侧口板大，内端彼此相接，外端和邻近的侧口板也相接。远端口棘2个，薄片状。齿为方形。腹面间辐部大半裸出，仅边缘有少数鳞片和小棘。生殖裂口明显。背腕板大，宽大于长，外缘中央有1小突出部，板面粗糙，具细的颗粒状突出。腹腕板长宽大致相等，外缘圆。侧腕板上下均不相接。腕棘5～7个，短而钝，至腹腕的第6或者第7节后，变为圆锥状。各棘末端有玻璃状透明小棘。触手鳞1个，大片状。生活时背面为灰绿色，腕上有深色横带，酒精标本为黄褐或草黄色。

生态习性： 热带和亚热带种。生活于潮间带到水深100m的硬质底。常隐藏在海绵孔间隙内。

地理分布： 东海，南海；主要分布于印度洋、太平洋和大西洋热带及亚热带地区。

参考文献： 廖玉麟，2004。

图 185　辐蛇尾 *Ophiactis savignyi* (Müller & Troschel, 1842)
A. 背面；B. 腹面

刺蛇尾科 Ophiotrichidae Ljungman, 1867

大刺蛇尾属 Macrophiothrix H. L. Clark, 1938

细大刺蛇尾
Macrophiothrix lorioli A. M. Clark, 1968

标本采集地： 三亚。

形态特征： 盘上密盖棒状棘，棘基部发光，具透明的凸缘，顶端具细刺 3～5 个，多数为 2～3 个。辐盾也盖棒状棘，但比盘上的小，顶端具 3 个小刺。腹面间辐部棒状棘顶端刺少，常呈单尖，止于生殖裂口和口盾附近。背腕板近扇形，外缘略平，小标本侧角略圆，大标本侧角尖锐。腹腕板近六角形，3 个外边略弯曲，外缘稍凸出，游离腕第 12 板长宽比是 0.8：1.3。腕棘在腕基部为 8 个，最长腕棘顶端呈截形，大部分具细锯齿。腕远端腹面第 1 腕棘呈栉状。

生态习性： 热带种。生活于水深 0～24m 的珊瑚礁区域。

地理分布： 西沙群岛和中沙群岛；所罗门群岛和澳大利亚。

参考文献： 廖玉麟，2004。

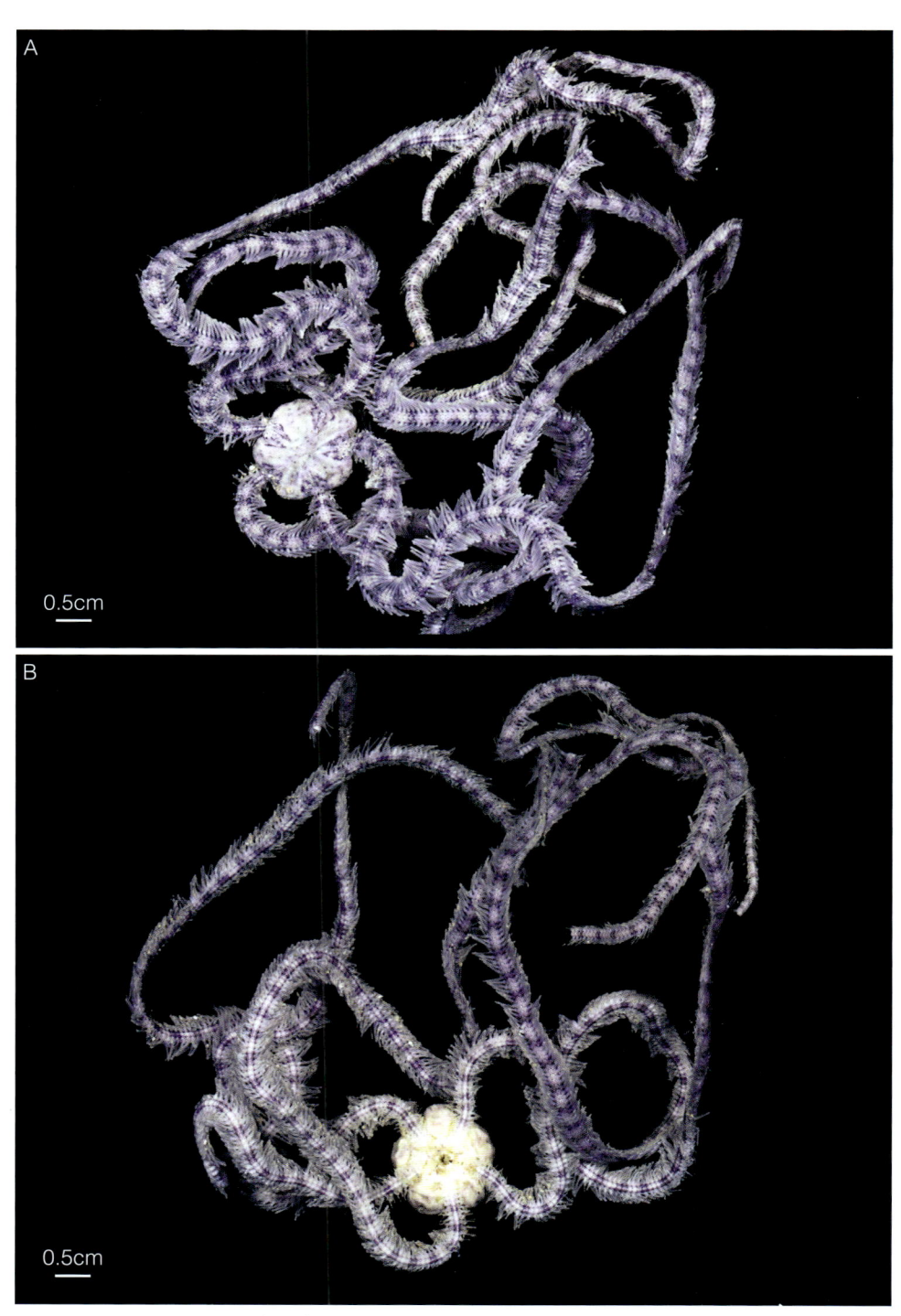

图 186　细大刺蛇尾 *Macrophiothrix lorioli* A. M. Clark, 1968
A. 背面；B. 腹面

条纹大刺蛇尾
Macrophiothrix striolata (Grube, 1868)

同物异名： *Ophiopteron punctocaeruleum* Koehler, 1905；*Ophiopteron punctocoeruleum* Koehler, 1905；*Ophiothrix* (*Placophiothrix*) *striolata* Grube, 1868；*Ophiothrix striolata* Grube, 1868；*Placophiothrix striolata* (Grube, 1868)

标本采集地： 广西。

形态特征： 盘圆，中央和间辐部覆有鳞片，鳞片上多数有长形棒状棘；但棘的多寡和粗细常有变化。辐盾很大，为三角形，占据盘的大部分；外缘稍弯曲，彼此靠近，仅外端相接，中间夹有 3 个狭长的鳞片。腹面间辐部大半裸出，仅边缘附近有少数长形棒状棘。口盾为菱形，宽大于长。侧口板形长，彼此相接。背腕板四角形，宽大于长，外缘略弯出，彼此充分相接。腹腕板起首的 2～3 个小，中央低陷，以后的为六角形，长宽大致相等，彼此充分相接。腕棘 6 个，背面第 2 个最长。触手鳞 1 个，圆，末端尖。体色很特别：酒精标本底子为灰白色，辐盾上点缀着几个深蓝色斑点，辐盾间有 1 块或 2 块浅蓝色大斑。腕背面有浅蓝色横带，还有由长短蓝色斑点相间排列所构成的 2 个纵条纹；其中短斑点色淡，呈细条状；长斑点色深，浸没于蓝横带的上下。腕腹面也有蓝色横带，但纵条纹不明显。5 个口楯也为蓝色。

生态习性： 栖息于近岸 0～30m 海域中。

地理分布： 东海，南海；菲律宾，印度尼西亚，澳大利亚北部和日本南部。

参考文献： 张凤瀛，1964。

图 187 条纹大刺蛇尾 *Macrophiothrix striolata* (Grube, 1868)
A. 背面；B. 腹面

瘤蛇尾属 *Ophiocnemis* Müller & Troschel, 1842

斑瘤蛇尾
Ophiocnemis marmorata (Lamarck, 1816)

同物异名：*Ophiothrix clypeata* Ljungman, 1866；*Ophiura marmorata* Lamarck, 1816

标本采集地：广东。

形态特征：腕长约为盘直径的 6 倍；盘背面盖有鳞片，鳞片上具有颗粒状小瘤。辐盾特大，呈三角形，全部裸出。盘中央的小瘤呈圆形排列，向辐部和间辐部射出 10 条带，伸及盘的边缘。盘缘另有 1 圈小瘤。口盾三角形，略宽，外缘钝圆，内角尖锐。侧口板也为三角形，位于口盾前方；齿棘很多，常排列成不规则的 4～5 行。腹面间辐部完全裸出，仅盖有平滑的皮膜。生殖裂口较大；背腕板特别宽，宽约为长的 3.5 倍。腹腕板呈哑铃状，宽约为长的 3 倍。腕棘 4～5 个，呈细圆锥形，背面第 1 个大小变化不定，第 2 个最长。腹面第 1 腕棘到腕中部变为钩状，具有 2 个小钩；触手孔大。

生态习性：生活于潮间带到水深 256m 的沙底。

地理分布：东海，南海；菲律宾，斯里兰卡，澳大利亚等地。

参考文献：廖玉麟，2004。

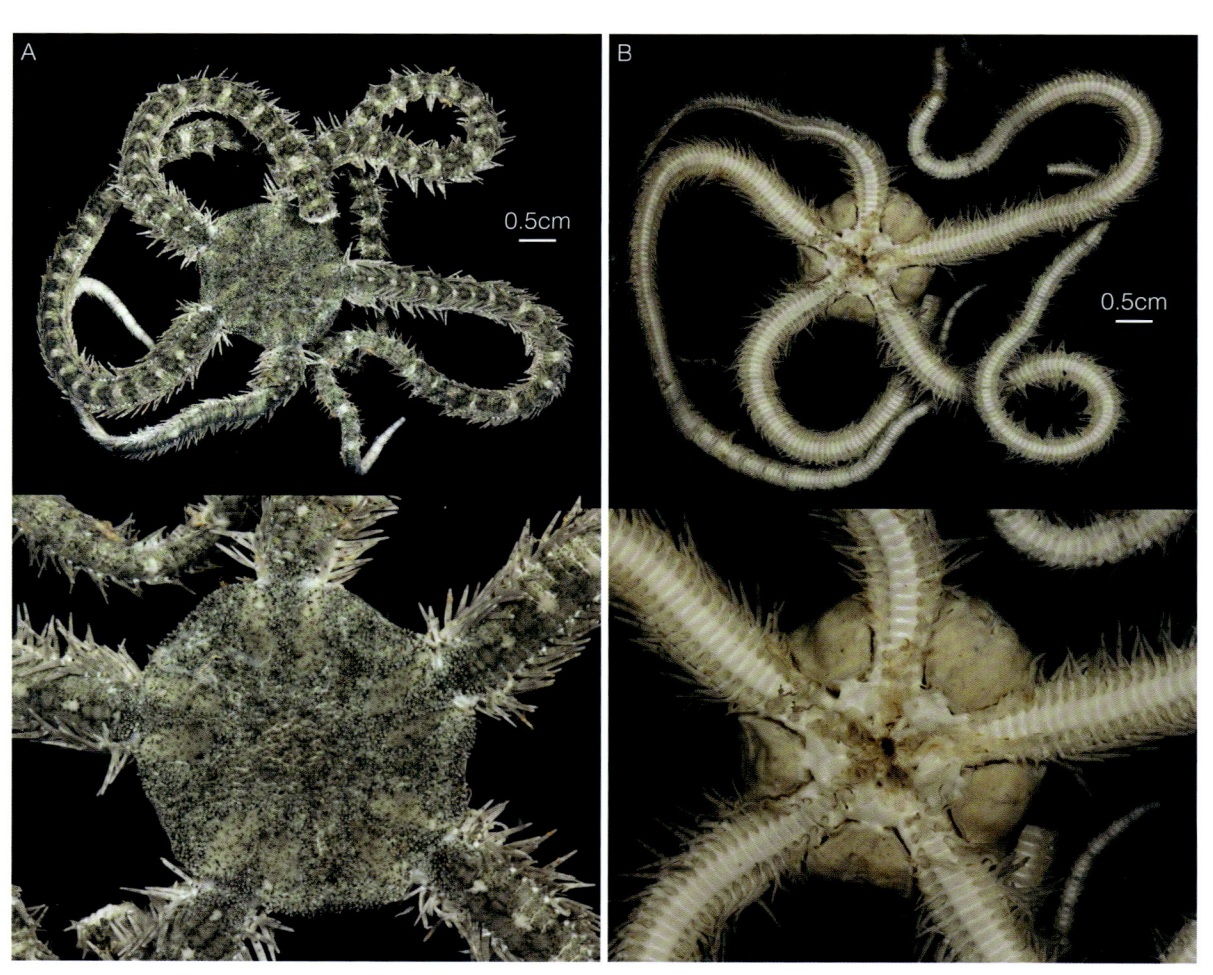

图 188　斑瘤蛇尾 *Ophiocnemis marmorata* (Lamarck, 1816)
A. 背面；B. 腹面

板蛇尾属 *Ophiomaza* Lyman, 1871

棕板蛇尾
Ophiomaza cacaotica Lyman, 1871

同物异名： *Ophiomaza cacaotica picta* Koehler, 1895；*Ophiomaza kanekoi* Matsumoto, 1917

标本采集地： 广东。

形态特征： 腕短，长约为盘直径的3倍；盘圆，其上盖有大型板状鳞片，板面光滑，无任何饰物；中背板和辐板较明显，间辐部仅有1行3～4个长型大板；辐盾大，呈三角形，彼此不相接，中间夹有3～4个狭长的鳞片；腹面间辐部除边缘附近有一些多角形鳞片外，大部分为裸出的皱皮；口盾小，呈五角形，内角大而尖锐；侧口板为圆的三角形；口盾和侧口板板面粗糙，呈细颗粒状；腕圆，略隆起；背腕板呈六角形，宽略大于长；第1腹腕板为圆的三角形，其余的为长方形，宽大于长；腕棘5个，粗而呈圆筒形，末端较尖，背面第3棘最长，腹面第1棘呈钩状。体色变化很大，一般为黑褐色或紫褐色，腕背面中央有白色纵条。

生态习性： 本种蛇尾系著名的寄生种，寄生于海羊齿的盘部，水深0～80m。

地理分布： 东海，南海；东非，菲律宾，日本和澳大利亚等地。

参考文献： 廖玉麟，2004。

图 189 棕板蛇尾 *Ophiomaza cacaotica* Lyman, 1871
A. 背面；B. 腹面

刺蛇尾属 *Ophiothrix* Müller & Troschel, 1840

小刺蛇尾
Ophiothrix (*Ophiothrix*) *exigua* Lyman, 1874

同物异名： *Ophiothrix* (*Ophiothrix*) *marenzelleri* Koehler, 1904；*Ophiothrix hylodes* H. L. Clark, 1911；*Ophiothrix marenzelleri* Koehler, 1904；*Ophiothrix stelligera* Lyman, 1874；*Ophiothrix sensu* Marktanner-Turneretscher, 1887

标本采集地： 广西。

形态特征： 盘五叶状，腕长为盘直径的 4～5 倍。背面密布粗短的棒状棘，顶端有小刺 3～5 个。辐盾大，三角形，外缘凹进，彼此分开；上面也密布有棒状棘，其轮廓常被掩盖。口盾菱形，角圆，外侧与生殖鳞相接。侧口板三角形，内端尖，彼此不相接。腹面间辐部大部分裸出，仅边缘具棒状棘。背腕板菱形，略宽，具突出的外缘，彼此相接。第 1 腹腕板很小，内缘凹进；第 2～3 腹腕板长方形，以后各板变短，呈六角形或椭圆形，外缘凹进，板间有空隙相隔。腕基部腕棘为 7～9 个，长而略扁，透明且带锯齿，末端钝，且较宽大，腹面第 1 腕棘呈钩状，具小钩 2～3 个。体色变化很多；有绿、蓝、褐、紫等色，并常夹杂有黑和白色斑纹，腕上常有深浅不同的环纹。

生态习性： 生活于潮间带岩石下、海藻间或石缝中。

地理分布： 渤海，黄海，东海，南海。

参考文献： 廖玉麟，2004。

图 190　小刺蛇尾 *Ophiothrix* (*Ophiothrix*) *exigua* Lyman, 1874
A. 背面；B. 腹面

朝鲜刺蛇尾
Ophiothrix (*Ophiothrix*) *koreana* Duncan, 1879

同物异名： *Ophiothrix eusteira* H. L. Clark, 1911

标本采集地： 广西。

形态特征： 腕长为盘直径的 4～5 倍；盘上饰物变化很大，有的具棒状棘，有的具带刺的颗粒，有的还夹有真棘；腹面间辐部盖有和背面一样的饰物，但数量和长短也有变化。口盾形状变化也很大，多为菱形，或椭圆形，或扇形。侧口板细，彼此分离。背腕板呈菱形或扇形，宽略大于长，外缘有明显的中央突出角，并且形成显著的中央脊，第 1 背腕板较小。起首的 1～3 块腹腕板较小，长大于宽，以后的腹腕板变成宽大于长，具有直或凹进的外缘，板间空隙也较大。腕基部腕棘通常为 8～10 个，以后减为 5～7 个；棘透明，边缘具细锯齿，但棘的粗细、形状和长短均变化很大，但绝不呈棒状；背面 3～5 个腕棘为最长，长相当于 2～3.5 个腕节；腹面第 1 腕棘呈钩状。

生态习性： 生活于水深 50～395m 的沙底、沙砾和贝壳底。

地理分布： 东海，南海；日本，朝鲜和俄罗斯。

参考文献： 廖玉麟，2004。

刺蛇尾科分属检索表

1. 腕能作背腹弯曲，特别是腕末端，背、腹腕板常改变形状，盘平滑，既无饰物，也不具厚皮把辐盾及鳞片盖住；寄生生活..板蛇尾属 *Ophiomaza*
- 腕只能作水平弯曲，背、腹腕板很发达，其界限也很分明，表面几乎完全裸出，偶尔饰以分散的小棘或不明显的颗粒；常自由生活，不作体表生活..2
2. 盘背面盖有巨大的辐盾，辐盾被 1 行具颗粒的鳞片所分隔；盘腹面间辐部裸出..瘤蛇尾属 *Ophiocnemis*
- 盘背面鳞片饰以棘、小棘或棒状棘，以替代裸出的鳞片；辐盾小到大，但长度不超过盘半径的 2/3，其表面生有棒状棘，或者裸出；盘腹面最多是部分裸出..3
3. 背腕板菱形或扇形，彼此不广泛连接；成熟个体盘直径很少会超过 12mm ....刺蛇尾属 *Ophiothrix*
- 背腕板通常宽为长的 2 倍，或者更宽，彼此广泛连接；成熟个体盘直径通常超过 15mm 或 20mm ....大刺蛇尾属 *Macrophiothrix*

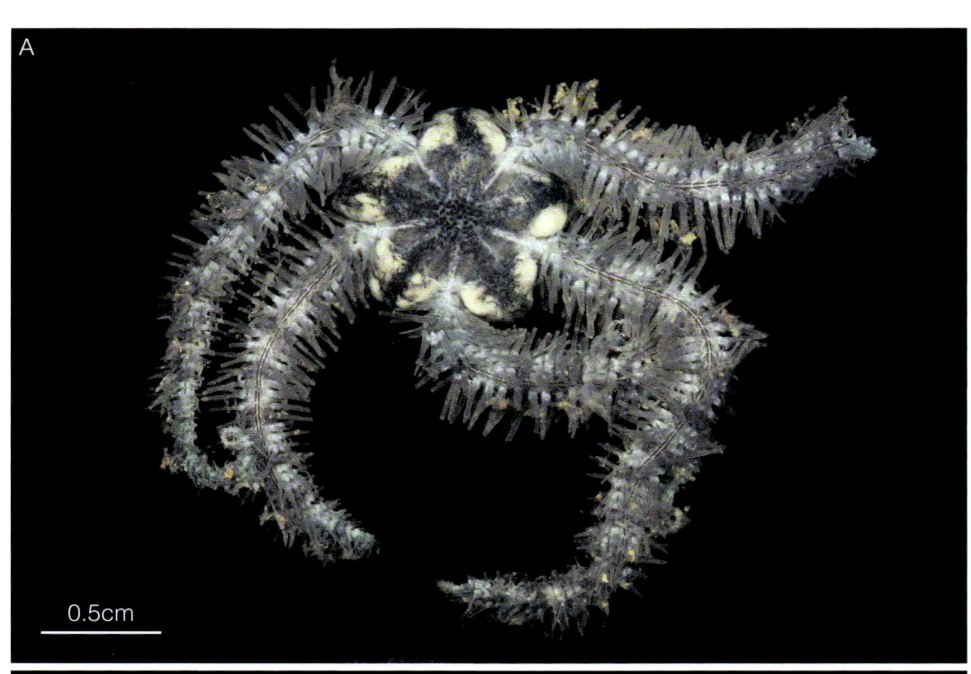

图 191　朝鲜刺蛇尾 *Ophiothrix* (*Ophiothrix*) *koreana* Duncan, 1879
A. 背面；B. 腹面

栉蛇尾科 Ophiocomidae Ljungman, 1867
栉蛇尾属 *Ophiocoma* L. Agassiz, 1836

蜈蚣栉蛇尾
Ophiocoma scolopendrina (Lamarck, 1816)

同物异名：*Ophiocoma alternans* von Martens, 1870；*Ophiocoma lubrica* Koehler, 1898；*Ophiocoma molaris* Lyman, 1861；*Ophiocoma variabilis* Grube, 1857；*Ophiura scolopendrina* Lamarck, 1816

标本采集地：海南。

形态特征：盘圆，腕长为盘直径的 5～7.5 倍。盘背面盖有大而稀疏的颗粒，辐盾亦被掩盖，轮廓不清。腹面间辐部大部分裸出，仅边缘或中央有颗粒。口盾变化很大，通常带方形，外半部略宽。侧口板小，位于口盾旁侧，彼此不相接。口棘 4～5 个，相连成行。齿棘很多，呈方形簇状排列。背腕板轮廓和大小变化很大，后缘和各角均不平整，但宽度一定大于长度；普遍是一个小卵圆形板随着一个大的三角形板相间排列。腹腕板带方形，略宽，彼此相接。腕棘一般为 4 个，背面比腹面强大，并且背面第 1 棘常末端膨大成雪茄状。触手鳞数目不定，为 1 个或 2 个。体色变化多，盘背面有黑褐、灰褐和黄褐等色，并常有黑或白色斑纹；背腕板外缘常有白斑；腕棘上也有横斑；腹面偶尔也有黑斑。

生态习性：多生活在坡度较小的高潮线附近的岩石或死珊瑚礁洞内或缝隙间。

地理分布：西沙群岛，海南南部海区，台湾。

参考文献：廖玉麟，2004。

图 192　蜈蚣栉蛇尾 *Ophiocoma scolopendrina* (Lamarck, 1816)
A. 背面；B. 腹面

蜒蛇尾科 Ophionereididae Ljungman, 1867
蜒蛇尾属 *Ophionereis* Lütken, 1859

厦门蜒蛇尾
Ophionereis dubia amoyensis A. M. Clark, 1953

标本采集地： 台湾海峡。

形态特征： 腕长为盘直径的 7～8 倍。盘背面密布细小的鳞片，鳞片并延伸至腕基部的 2～3 个背腕板。腕基部狭，以后增宽，接近 1/3～1/2 处尤为明显。辐盾小，三角形，彼此广泛分隔。腹面间辐部也盖有细小鳞片。生殖裂口明显，但缺生殖疣。口盾四角形，长略大于宽，4 个角皆钝圆。侧口板三角形，彼此仅略微相接。口棘 5 个，最外 1 个较大，最内 1 个位于齿下，略似齿下口棘。背腕板在腕基部略小，四角形，宽明显大于长，外缘明显突出，内侧缘略凹进，彼此仅略相接。腕最宽处的背腕板特宽，呈横的长方形，宽为长的 3 倍，而且常有裂缝，彼此广泛相接。第 1 腹腕板很小，四方形，宽略大于长；以后的腹腕板为四方形，长宽大致相等，彼此广泛相接。腕棘 3 个，短而钝尖，中央 1 个略微长而较粗壮。触手鳞 1 个，大，卵圆形。酒精标本浅褐色，常有深浅不同的斑纹，腕上有深浅不同的横节。

生态习性： 栖息于潮间带石底，常藏于石下。

地理分布： 东海，南海。

参考文献： 廖玉麟，2004。

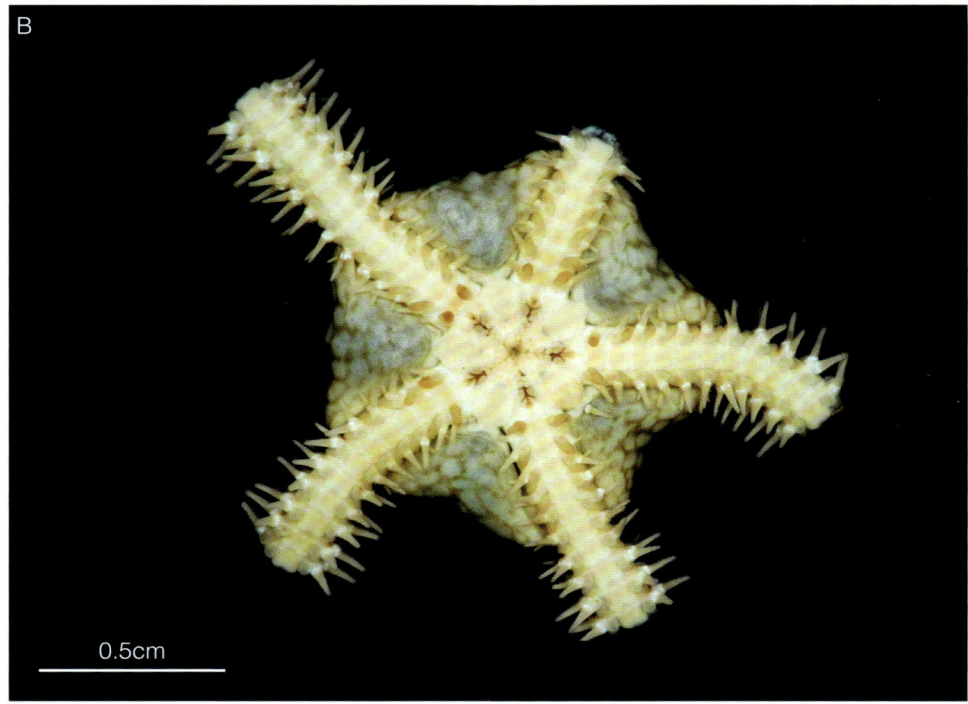

图 193　厦门蜓蛇尾 *Ophionereis dubia amoyensis* A. M. Clark, 1953
A. 背面；B. 腹面

蜓蛇尾
Ophionereis dubia dubia (Müller & Troschel, 1842)

标本采集地： 三亚。

形态特征： 腕长为盘直径的 7～8 倍。盘背面密布覆瓦状细小鳞片，这种鳞片常延伸到腕基部的 1～3 个背腕板的两侧。辐盾小，三角形，分隔甚远。腹面间辐部的鳞片比背面者更细小，轮廓也较不清。生殖裂口大，从口盾外侧延伸到边缘，其边缘上有重叠排列的细鳞片。口盾为菱形，角圆，长宽接近相等。侧口板狭长，彼此稍相接。口棘 4～5 个，厚而短，最外 1 个较薄，末端略尖。齿 4 个，较宽钝。腕细长，基部常较窄，1/4～1/3 处最宽。腕基部的腹腕板为三角形，略宽；腕远端的背腕板为四角或六角形，外缘较宽而平直。各背腕板两侧有 1 发达的半圆形副背腕板，其大小约为背腕板的一半；幼小个体副背腕板外缘常有薄片状的延伸部。腹腕板方形，外缘中央较薄，且稍透明，形如凹陷。腕棘 3 个，短而扁钝。触手鳞 1 个，卵圆形，很大。酒精标本黄褐色，盘上有深色网纹，腕有深浅不同的横节。

生态习性： 生活于潮间带岩石底到水深 230m 的沙底。

地理分布： 南海。

参考文献： 廖玉麟，2004。

图 194　蜒蛇尾 *Ophionereis dubia dubia* (Müller & Troschel, 1842)
A. 背面；B. 腹面

真蛇尾科 Ophiuridae Müller & Troschel, 1840
真蛇尾属 Ophiura Lamarck, 1801

金氏真蛇尾
Ophiura kinbergi (Ljungman, 1866)

同物异名： *Ophioglypha ferruginea* Lyman, 1878；*Ophioglypha kinbergi* Ljungman, 1866；*Ophioglypha sinensis* Lyman, 1871；*Ophiolepis kinbergi* (Ljungman, 1866)；*Ophiura (Dictenophiura) kinbergi* (Ljungman, 1866)；*Ophiura (Ophiuroglypha) kinbergi* Ljungman, 1866

标本采集地： 广东。

形态特征： 盘扁，背面盖有圆形、光滑和大小不等的鳞片，其中背板、辐板和基板大而明显可区别。辐盾大，呈梨子状；腕栉明显，栉棘细长，从上面可以看见 8～12 个。腹面间辐部盖有许多半圆形的小鳞片。生殖裂口明显，有 1 行细的生殖疣。口盾大，呈五角形，长大于宽，内角尖锐，外缘钝圆。侧口板狭长，彼此相接；口棘 3～4 个，短而尖锐。背腕板发达，腕基部者特宽，外缘略弯出；腕中部和末端者为四角形或多角形。侧腕板稍膨起。腹腕板小，呈三角形，外缘弯出，前后不相接。腕基部几个腹腕板前方各有 1 圆形的凹陷。腕棘 3 个，背面者最长；腕末端者中央 1 个最短。触手鳞薄而圆，在第 2 触手孔共有 8～10 个触手鳞；第 3 触手孔共有 4～6 个，第 4 触手孔共有 2～4 个，第 5 触手孔之后减为 1 个。

生态习性： 生活于潮间带到水深约 500m 的沙底或泥沙底。

地理分布： 渤海，黄海，东海，南海；从红海向东到西太平洋。

参考文献： 廖玉麟，2004。

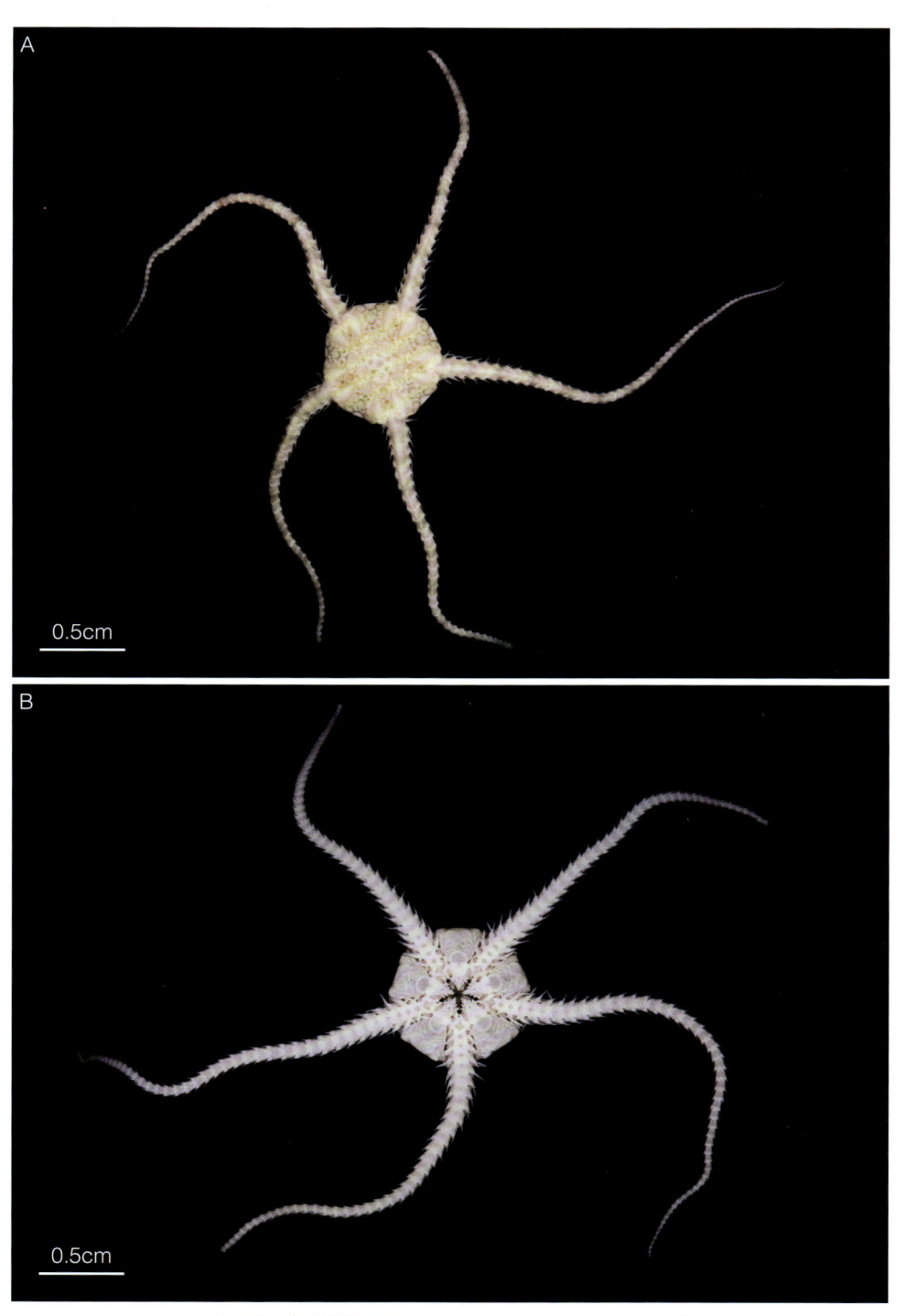

图 195 金氏真蛇尾 *Ophiura kinbergi* (Ljungman, 1866)
A. 背面；B. 腹面

小棘真蛇尾
Ophiura micracantha H. L. Clark, 1911

同物异名： *Gymnophiura micracantha* (H. L. Clark, 1911)

标本采集地： 海南。

形态特征： 腕长约为盘直径的 4 倍。盘背面盖有大小不同的覆瓦状排列的鳞片，常能区别出中背板和辐板。辐盾短宽，内端尖，外端圆，彼此分隔，或仅中部相接。腕栉明显，从上面能看到 6～8 个细长的栉棘。腹面间辐部也盖有鳞片，边缘者常较大。生殖裂口长，但不很明显，生殖疣发达。口盾五角形，稍宽，侧缘凹进，外缘宽平。侧口板狭长，彼此相接。口板短。口棘 3 个，外侧 1 个稍大。腕基部背腕板较宽，四角形，外缘宽且稍突出，彼此相接；以后的背腕板逐渐增长，但内缘越来越窄，到腕中部变为三角形。第 1 腹腕板略宽，外宽内窄；第 2 腹腕板很大，六角形；以后的腹腕板越来越小，变为三角形，彼此分离。腕棘 3 个，很短小，约为腕节的 1/2，下面 1 个略长，中央 1 个最短，还不及下面 1 个的一半。第 2 触手孔每边具 4～5 个鳞片，以后的 2～3 个触手孔，每边有 3～4 个触手鳞，再后者只有 1 个触手鳞。

生态习性： 生活于水深 116～472m 的沙底，或沙和贝壳底。

地理分布： 东海，南海；日本南部，菲律宾，澳大利亚东北和东南部，塔斯曼海。

参考文献： 廖玉麟，2004。

图 196 小棘真蛇尾 *Ophiura micracantha* H. L. Clark, 1911
A. 背面；B. 腹面

管齿目 Aulodontanoidea
冠海胆科 Diadematidae Gray, 1855
冠海胆属 Diadema Gray, 1825

刺冠海胆
Diadema setosum (Leske, 1778)

同物异名： *Calmarius annellata* A. Agassiz, 1872 (ex Gray, MS)；*Centrechinus* (*Diadema*) *setosus* (Leske, 1778)；*Centrechinus setosus* (Leske, 1778)；*Centrostephanus setosum* (Leske, 1778)；*Centrostephanus setosus* (Leske, 1778)；*Cidaris* (*Diadema*) *tenuispina* Philippi, 1845；*Cidarites diadema* (Gmelin, 1791)；*Diadema lamarcki* (Gmelin, 1791)；*Diadema nudum* A. Agassiz, 1864；*Diadema saxatile* (Linnaeus, 1758)；*Diadema setosa* (Leske, 1778)；*Diadema setosum* f. *depressa* Dollfus & Roman, 1981；*Diadema turcarum* Rumph, 1711；*Echinometra setosa* Rumphius, 1705；*Echinometra setosa* Leske, 1778；*Echinus saxatilis* Linnaeus, 1758；*Echinus faxatilis* Linnaeus, 1758

标本采集地： 三亚。

形态特征： 壳薄而脆，呈半球形，直径一般为 70～80mm。步带很窄，稍隆起，在赤道部约等于间步带的 1/4，有孔带到口面宽，管足孔每 3 对排列成弧状；赤道部各步带有大疣 2 纵行及 1 行交错排列的中疣；反口面间步带略低下，各间步带有大疣和中疣 6～7 纵行；大疣顶上有深孔，顶系稍凹陷。生殖板呈长三角形，其上有 1 圆形凹陷。肛门生在圆锥管上。口面的大棘为棒状，反口面的大棘为细长针状，中空且带环轮，长可达 260mm。生活时全体为黑色或暗紫色；间步带的裸出部有明显的白点或绿色斑纹；生殖板上有蓝点，肛门周围有 1 杏黄或红色圈；大棘常有黑白相间的横带，有的带红或绿色。

生态习性： 生活在珊瑚礁内，躲在珊瑚礁缝内或石块下，有时也聚集在珊瑚礁附近的沙滩上。

地理分布： 南海，西沙群岛，南沙群岛；印度 - 西太平洋。

参考文献： 张凤瀛，1964。

图 197　刺冠海胆 *Diadema setosum* (Leske, 1778)

拱齿目 Camarodonta
刻肋海胆科 Temnopleuridae A. Agassiz, 1872
刻肋海胆属 Temnopleurus L. Agassiz, 1841

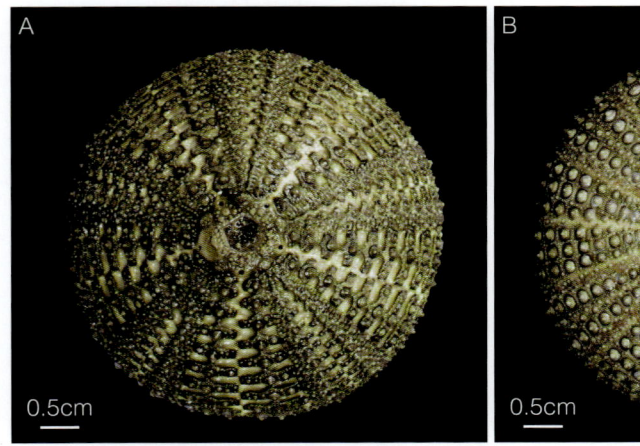

芮氏刻肋海胆
Temnopleurus reevesii (Gray, 1855)

同物异名：*Coptopleura sema* Ikeda, 1940；*Temnopleurus* (*Toreumatica*) *reevesii* (Gray, 1855)；*Temnopleurus reevesi* (Gray, 1855)；*Toreumatica reevesi* Gray, 1855；*Toreumatica reevesii* Gray, 1855

标本采集地：广东。

形态特征：壳小、薄并且脆，呈低半球形，直径一般为 30mm，最大者可达 45mm。步带较窄，约为间步带的 2/3，各步带板上有 1 大疣和 1 中疣，并且在靠近各板上缘有许多小疣，排列成不规则的弧形，几乎成纵行。赤道部各间步带板上有 1 大疣和 2 中疣，排列成 1 横行。壳板缝合线上的凹痕变化很大；间步带板缝合线上左右两侧的凹痕在大疣的下方有 1 细沟或菱形凹陷彼此相通。顶系的构造比较特殊：肛门靠近右后方，接近第 1 生殖板；围肛部有 1 大型的肛上板；第 I 眼板常接触围肛部，各眼板的内端常显有 1~2 个凹痕；赤道部大棘的末端呈截断形，反口面的棘一般为浅绿褐色，口面棘颜色较浅，带绿色。壳为淡灰或带褐色。

生态习性：常在沉积物中挖掘浅坑以隐蔽自身，适宜沙质、泥质底质。

地理分布：东海，南海；印度-西太平洋。

参考文献：张凤瀛，1964。

图 198　芮氏刻肋海胆 *Temnopleurus reevesii* (Gray, 1855)
A. 反口面；B. 口面

长海胆科 Echinometridae Gray, 1855
紫海胆属 Heliocidaris L. Agassiz & Desor, 1846

紫海胆
Heliocidaris crassispina (A. Agassiz, 1864)

同物异名： *Anthocidaris crassispina* (A. Agassiz, 1864)；*Anthocidaris purpurea* (von Martens, 1886)；*Strongylocentrotus globulosus* (A. Agassiz, 1864)；*Strongylocentrotus purpureus* (von Martens, 1886)；*Toxocidaris crassispina* A. Agassiz, 1864；*Toxocidaris globulosa* A. Agassiz, 1864；*Toxocidaris purpurea* von Martens, 1886

标本采集地： 广东。

形态特征： 壳低，为半球形，很坚固。步带到围口部边缘比间步带略低。步带和间步带各有大疣 2 纵行，大疣的两侧各有中疣 1 纵行，此外沿着各步带和间步带的中线还各有交错排列的中疣 1 纵行。大疣到口面减小。赤道部的管足孔通常是 8 对排列成 1 斜弧，口面的管足孔对数减少，有孔带展宽成瓣状。顶系较小，第Ⅰ和第Ⅴ眼板接触围肛部。大棘较大，末端尖锐，常发达不均衡：一侧者长，他侧者短。管足内有弓形骨片，它的两端尖细，背面常有 1 个发达的突起，变成三叉状。全体为黑紫色。幼小个体的棘常为灰褐、灰绿、紫或红紫色，口面的棘常带斑纹。

生态习性： 栖息于沿岸潮间带。

地理分布： 东海，南海；日本。

参考文献： 张凤瀛，1964。

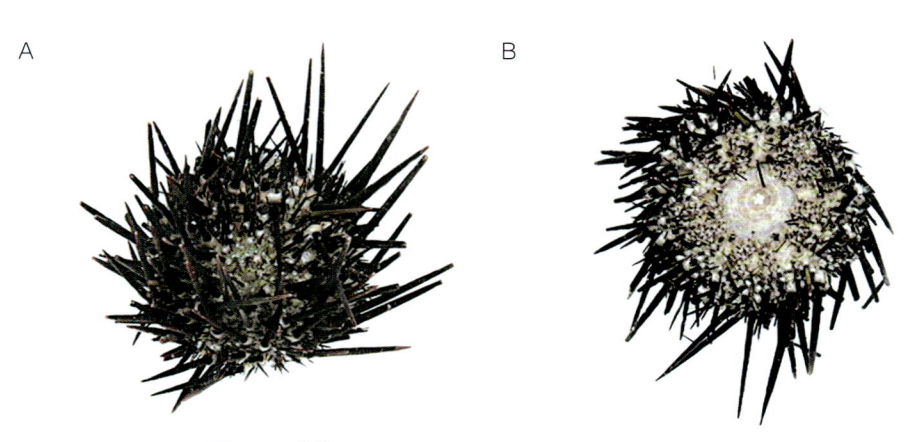

图 199　紫海胆 *Heliocidaris crassispina* (A. Agassiz, 1864)
A. 反口面；B. 口面

石笔海胆属 *Heterocentrotus* Brandt, 1835

石笔海胆
Heterocentrotus mamillatus (Linnaeus, 1758)

同物异名： *Acrocladia blainvillei* (Des Moulins, 1837)；*Acrocladia blainvillii* (Des Moulins, 1837)；*Acrocladia hastifera* L. Agassiz in L. Agassiz & Desor, 1846；*Acrocladia mamillata* (Linnaeus, 1758)；*Acrocladia mammillata* (Linnaeus, 1758)；*Acrocladia planispina* von Martens, 1886；*Acrocladia serialis* Perrier, 1869；*Cidaris mammillata* (Linnaeus, 1758)；*Echinometra (Acrocladia) planispina* von Martens, 1886；*Echinometra blainvillii* Des Moulins, 1837；*Echinometra carinata* (Blainville, 1825)；*Echinometra hastifera* (L. Agassiz in L. Agassiz & Desor, 1846)；*Echinometra mammillata* (Linnaeus, 1758)；*Echinus (Heterocentrotus) carinatus* (Blainville, 1825)；*Echinus (Heterocentrotus) postelsii* Brandt, 1835；*Echinus carinatus* Blainville, 1825；*Echinus castaneus* Perry, 1810；*Echinus mamillatus* Linnaeus, 1758；*Echinus mammillatus* Linnaeus, 1758；*Heterocentrotus carinatus* (Blainville, 1825)；*Heterocentrotus mammillatus* (Linnaeus, 1758)；*Heterocentrotus postelsii* (Brandt, 1835)

标本采集地： 西沙群岛。

形态特征： 体色随栖息环境的不同而发生变化。壳截面为椭圆形，很厚，坚实。背面隆起，口面平坦，围口部大，口缘不凹陷。口面的大棘极粗，其长度约等于壳径或更长些；棘基部为圆柱状，上端膨大成球棒状或三棱状。口侧的大棘末端扁平，呈鸭嘴状，其长度从赤道部到围口部逐渐减小。反口面的大棘段儿粗壮，大小不等；顶端平滑，呈多角形。大棘的颜色变化很大，通常为深浅不均的褐色，有时也带灰色或黑紫色，末端常有1～3条浅色环带；扁平的大棘的末端常为红色。中棘为楔形，呈铺石状生在壳的表面，呈白色、褐色或者黑紫色。

生态习性： 栖息于沿岸珊瑚礁的洞穴中，有时可见于水深25m处。

地理分布： 台湾海域和南海；印度-西太平洋。

参考文献： 魏建功等，2020。

图 200　石笔海胆 *Heterocentrotus mamillatus* (Linnaeus, 1758)

盾形目 Clypeasteroida
饼干海胆科 Laganidae Desor, 1857
饼干海胆属 *Laganum* Link, 1807

十角饼干海胆
Laganum decagonale (Blainville, 1827)

同物异名： *Jacksonaster decagonalis* (Blainville, 1827); *Jacksonaster decagonus* (Blainville, 1827); *Lagana decagona* (Blainville, 1827); *Laganum* (*Peronella*) *decagonale* (Blainville, 1827); *Laganum decagonalis* (Blainville, 1827); *Laganum decagonum* (Blainville, 1827); *Peronella decagonalis* (Blainville, 1827); *Scutella decagona* Blainville, 1827; *Scutella decagonalis* Blainville, 1827

标本采集地： 广东。

形态特征： 壳很薄，稍透明，对着强光可以看见其弯曲的肠管；壳的轮廓为不规则的十角或五角形；最大者壳长为 46mm，宽为 44mm；瓣状区域比较短而宽，并且略偏于前方，末端闭合，向前的一瓣最长，前对瓣次之，后对瓣最短。间步带较窄，边缘稍凹入，向后的间步带缘凹入得更明显。口面向后的间步带略凸起；反口面中央稍隆起，顶系稍偏于前方，生殖孔 5 个，筛板的穿孔集中在 1 "S" 形或不规则的凹槽中。围口部略偏于前方，辐沟深且宽，侧边倾斜，只伸到壳半径的 1/2，沟内生有许多浅褐色的管足，围肛部在口面接近壳的后端，形状呈圆形。反口面大棘长仅 1～2mm，其上部为玻璃状，围口部的大棘稍粗壮，略弯曲，各小棘的上端膨大成冠状。生活时呈暗红色。

生态习性： 多生活在软泥或泥沙底。

地理分布： 台湾海峡，南海，南沙群岛；孟加拉湾，菲律宾，印度尼西亚，澳大利亚。

参考文献： 张凤瀛，1964。

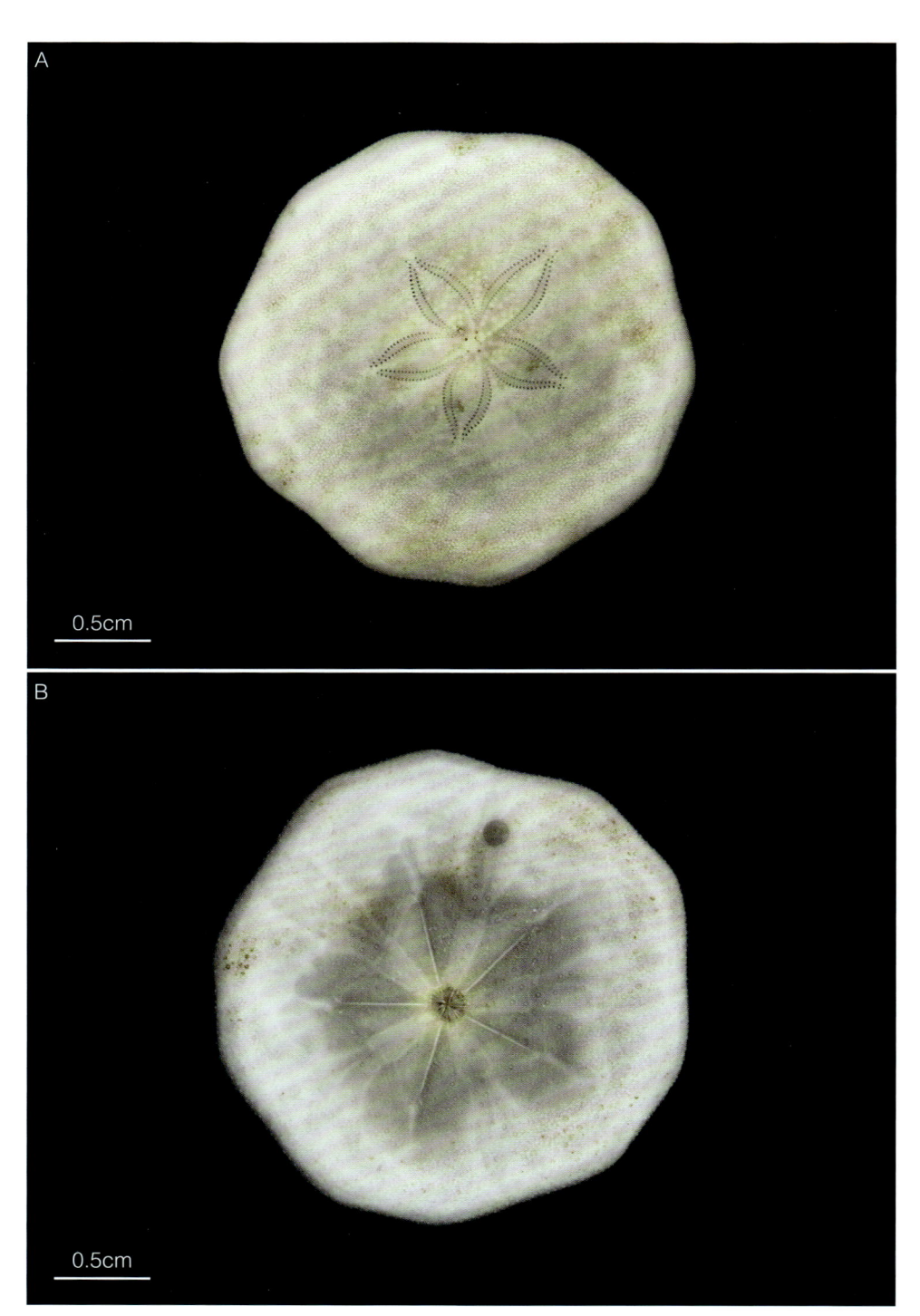

图 201　十角饼干海胆 *Laganum decagonale* (Blainville, 1827)
A. 反口面；B. 口面

饼海胆属 *Peronella* Gray, 1855

雷氏饼海胆
Peronella lesueuri (L. Agassiz, 1841)

同物异名： *Echinodiscus lesueuri* (L. Agassiz, 1841)；*Echinodiscus meijerei* Lambert & Thiéry, 1914；*Laganum elongatum* L. Agassiz, 1841；*Laganum lesueuri* L. Agassiz, 1841；*Michelinia elegans* (Michelin, 1859)；*Polyaster elegans* Michelin, 1859；*Rumphia elongata* (L. Agassiz, 1841)；*Rumphia lesueuri* (L. Agassiz, 1841)

标本采集地： 广东。

形态特征： 壳的形状变化很大，从椭圆形、圆形到不规则的多角形，后部较窄，边缘较厚；壳长最大者可达 110mm；反口面壳缘以内略显低平，靠近顶端渐渐隆起。生殖孔 4 个，瓣状区域狭长，略超过壳的半径，向前的 1 瓣常比其他 2 对瓣略长，并且末端开口；其他 2 对瓣的末端几乎闭口。管足孔对的 2 个孔间有细沟相连。间步带狭窄，到壳缘不超过步带的 1/10。口面很平，辐沟浅而短，约为壳半径的 1/2，无分枝。围口部小，凹陷得很深，被大棘所掩盖，围肛部在口面靠近壳后端，凹陷得也很深。壳表面密生绒毛状的短棘，小棘的顶端稍膨大，口面的大棘稍长，围口部的大棘略弯曲。壳表面的大疣无规则散生，各大疣基部周围有清晰的环沟。生活时呈玫瑰红色。

生态习性： 栖息于浅海的沙底，常潜伏在沙内。

地理分布： 东海，南海；菲律宾，印度尼西亚，日本，澳大利亚。

参考文献： 张凤瀛，1964。

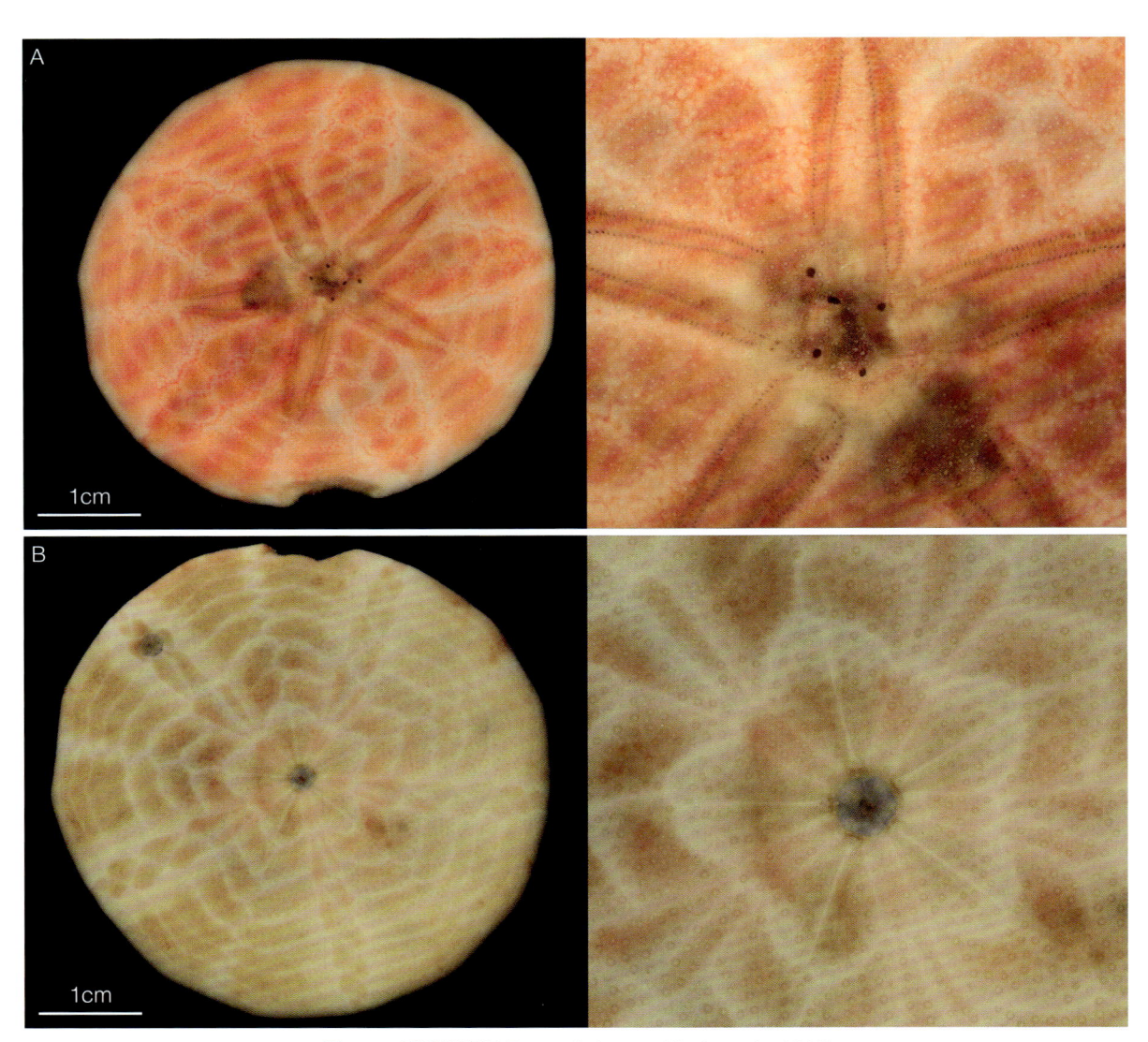

图 202 雷氏饼海胆 *Peronella lesueuri* (L. Agassiz, 1841)
A. 反口面；B. 口面

孔盾海胆科 Astriclypeidae Stefanini, 1912
孔盾海胆属 Astriclyenus Verrill, 1867

曼氏孔盾海胆
Astriclypeus mannii Verrill, 1867

同物异名： *Crustulum gratulans* Troschel, 1868

标本采集地： 广东。

形态特征： 壳平，呈盘状，很坚实；前部稍窄，后部略宽，后缘几乎成一直线。壳很薄，口面很平，反口面从壳缘到中央渐渐隆起。瓣状区短而宽，末端开口，向前的1瓣最长。管足孔对有深而明显的细沟连接。各步带有1个似钥匙孔的透孔，但5个透孔的形状和大小常不一致。顶系靠近中央，生殖孔4个。围口部小。各辐沟从围口部边缘分为左右两条主枝，并沿着透孔的两侧伸到壳的边缘；各主枝向间辐侧伸出多数小枝和细枝。每个辐沟的内端形成1小的龙骨突起，掩护着围口部。围肛部在口面，比较靠近围口部。反口面的大棘像绒毛，很密集；其表面粗糙，略透明，末端膨大成棒状。口面的大棘稍长。生活时为暗褐或紫褐色，边略带草绿色。

生态习性： 栖息于潮间带到水深35m的沙内。

地理分布： 东海，南海；日本。

参考文献： 张凤瀛，1964。

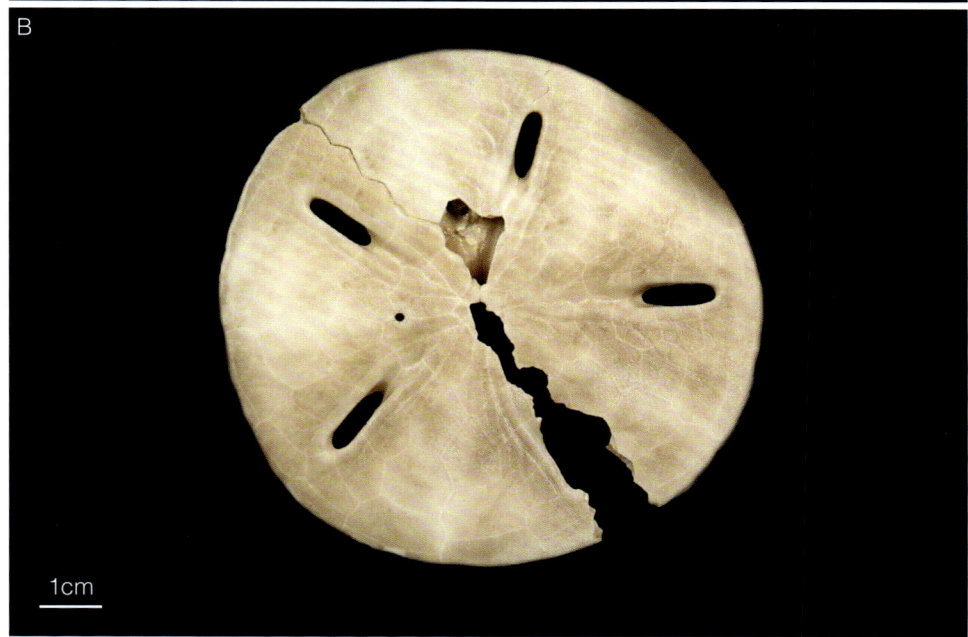

图 203 曼氏孔盾海胆 *Astriclypeus mannii* Verrill, 1867
A. 反口面；B. 口面

猬团目 Spatangoida
裂星海胆科 Schizasteridae Lambert, 1905
裂星海胆属 Schizaster L. Agassiz, 1835

凹裂星海胆
Schizaster lacunosus (Linnaeus, 1758)

同物异名： *Brisaster lacunosus* (Lamarck, 1816); *Echinus lacunosus* Linnaeus, 1758; *Micraster lacunosus* (Lamarck, 1816); *Ova* (*Aplospatangus*) *lacunosus* (Linnaeus, 1758); *Ova lacunosa* (Linnaeus, 1758); *Ova lacunosus*; *Schizaster japonicus* A. Agassiz, 1879; *Schizaster ventricosus* Gray, 1851

标本采集地： 广东。

形态特征： 壳的轮廓为心脏形，后端稍尖，反口面向后的间步带隆起成龙骨状。顶点在后端，上下直立。从顶系向前渐渐倾斜。瓣状区域凹陷很深，前对瓣较长，末端略向外弯；后对瓣较直，长度约为前对瓣的 1/2。向前的布带宽而深陷，并在壳前缘形成 1 "V" 形凹槽，与凹槽左右相接的两个间步带陡然高起，形成 2 个直立的棱角；生在这一步带沟内的管足孔对成规则地单系列排列。顶系略偏于后方，有 2 个大型生殖孔，另外在左前间步带还有 1 个微小的生殖孔。口面稍凸，围口部靠近前端，略呈肾脏形，不甚凹陷。唇板的边缘较厚且略翻转。周花带线较宽，在各瓣区的外端为三角形的带，并在其两侧中部分出侧带线或侧肛带线绕到围肛部的下方。大棘生长的部位似乎有一定范围，瓣状区域的各瓣被大棘所覆盖，此外在口面中央部、赤道部和肛门的两侧，亦生有较长的大棘。棘为红紫或暗紫色。

生态习性： 生活在沙泥质海底，垂直分布为 5～90m。

地理分布： 东海，南海；澳大利亚，东非，日本南部。

参考文献： 张凤瀛，1964。

图 204　凹裂星海胆 *Schizaster lacunosus* (Linnaeus, 1758)
A. 反口面；B. 口面

楯手目 Holothuriida
海参科 Holothuriidae Burmeister, 1837
白尼参属 *Bohadschia* Jaeger, 1833

蛇目白尼参
Bohadschia argus Jaeger, 1833

同物异名：*Holothuria* (*Holothuria*) *argus* Jaeger, 1833

标本采集地：西沙群岛。

形态特征：体呈圆筒状。口偏于腹面，有 20 个触手。肛门位于体后端，开口很大。波里氏囊 2 个，石管 1 个。居维氏器发达。疣足很小，散布于背面。管足很多，不规则地分布于腹面。动物生活时体色很显著，全体为浅黄或浅褐色，背面有许多蛇目状斑纹，排列为不规则的纵行。斑纹直径一般为 5～7mm，但大小常有变化。各斑纹周围有 1 黑色环，环内为黄或白色，中央有 1 深色小疣足，看起来很像蛇目，故名蛇目参。腹面为淡黄色。酒精标本改变为灰褐色。

生态习性：栖息于珊瑚礁海域有少数海草的沙底。夜行性，白天多半埋于粗珊瑚沙中，只露出肛门呼吸。

地理分布：西沙群岛，中沙群岛和南沙群岛等海域；印度 - 西太平洋的珊瑚礁区。

参考文献：魏建功等，2020；廖玉麟，1997。

图 205　蛇目白尼参 *Bohadschia argus* Jaeger, 1833

海参属 *Holothuria* Linnaeus, 1767

黑海参
Holothuria (*Halodeima*) *atra* Jaeger, 1833

标本采集地： 三亚。

形态特征： 体长一般为 200mm，生活在深水中的老个体体长可达 500mm。体呈圆筒状，前端略细。口偏于腹面，具触手 20 个。肛门端位，背面疣足小，排列无规则。腹面管足较多，排列也无规则。无居维氏器。体壁内骨片有两种：一种是桌形体，其底盘小，周缘呈环形，塔部顶端有小齿 12 个，成 4 组排列，每组 3 个，其中一个竖立，其余两个水平分出，从上面看，呈 1 马耳他十字架形；另一种骨片为花纹样体，繁简不同。生活时全体呈黑褐色，或带褐色，管足末端白色，表面常黏有细沙。

生态习性： 生活在珊瑚礁区海水平静、海草多和有机质丰富的沙底。

地理分布： 台湾，海南和西沙群岛；印度 - 西太平洋区域。

参考文献： 廖玉麟，1997。

图 206　黑海参 *Holothuria* (*Halodeima*) *atra* Jaeger, 1833

独特海参
Holothuria (*Lessonothuria*) *insignis* Ludwig, 1875

标本采集地： 三亚。

形态特征： 体长一般为 100mm，直径为 30mm。体呈圆筒状，前端细，后端较粗。口偏于腹面，具触手 20 个，小型。肛门端位。背面有分散的小疣足，腹面具管足，但两者数目均不多，区别也不明显。体壁骨片明显聚集成堆，桌形体底盘边缘有棘状突出，除中央孔外，还有 1 行周缘孔；桌体形塔部低，扣状体多数不完整，常减为单行的穿孔板，具穿孔 3～4 个。生活时体色深，呈褐绿色，背面有 2 行黑斑，腹面色泽明显较浅。

生态习性： 生活在潮间带石下沙内。

地理分布： 东海，南海；东非，红海，孟加拉湾和日本。

参考文献： 廖玉麟，1997。

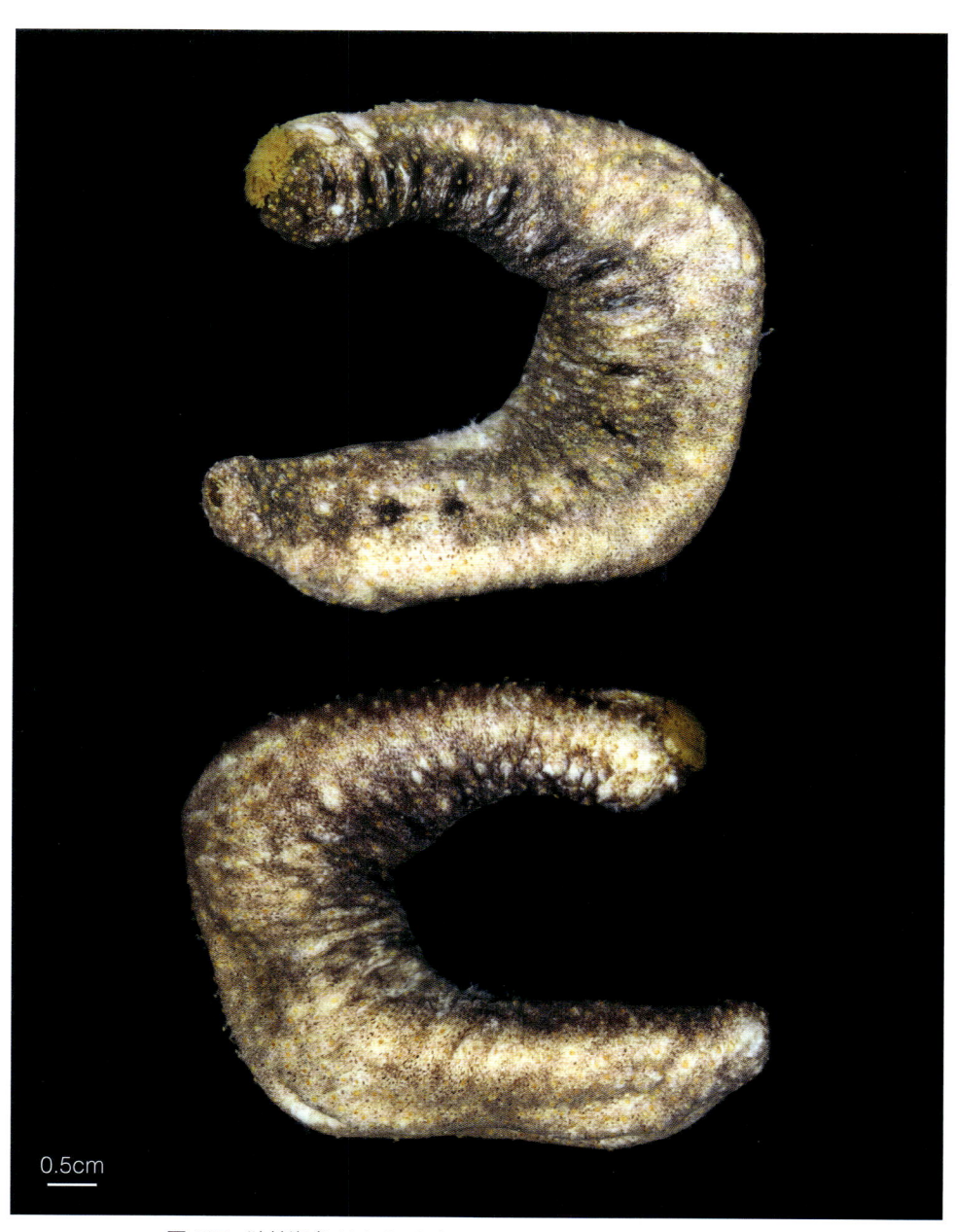

图 207 独特海参 *Holothuria* (*Lessonothuria*) *insignis* Ludwig, 1875

枝手目 Dendrochirotida
瓜参科 Cucumariidae Ludwig, 1894
翼手参属 *Colochirus* Troschel, 1846

方柱翼手参
Colochirus quadrangularis Troschel, 1846

同物异名： *Colochirus coeruleus* Semper, 1867；*Colochirus jagorii* Semper, 1867；*Colochirus tristis* Ludwig, 1875；*Pentacta coerulea* (Semper, 1868)；*Pentacta coerulea* var. *rubra* Clark, 1938；*Pentacta jagorii* (Semper, 1867)；*Pentacta quadrangularis* (Troschel, 1846)；*Pentacta tristis* (Ludwig, 1875)

标本采集地： 广东。

形态特征： 体长 30～180mm，宽 10～45mm，体呈方柱形。沿着身体的 4 个棱角各有 1 行排列较规则的锥形大疣足，大疣足中间常夹有较钝的小疣足；另外，在腹面中央线两端，常有同样的大疣足 1～3 个。腹面平坦，呈足底状，腹面管足很多，排列为 3 纵带，每带有管足 4～6 行。口在身体前端，具触手 10 个，腹面 2 个较小。肛门偏于背面，周围有 5 个齿和 5 个大鳞片。波里氏囊 1 个；石管很多，围成 1 圈。体壁坚实，骨片多而发达；除大鳞片外，还有网状球体形和网状皿形体；皿形体的凹面和开口面有一到数个交叉的横梁，梁的表面光滑或具突起。生活时背面和两侧为灰红色，疣足为红色，触手为灰黄色，分枝为血红或紫红色，管足为浅红色。

生态习性： 生活于潮间带到水深约 100m 的硬质底。

地理分布： 东海，南海；印度-西太平洋。

参考文献： 廖玉麟，1997。

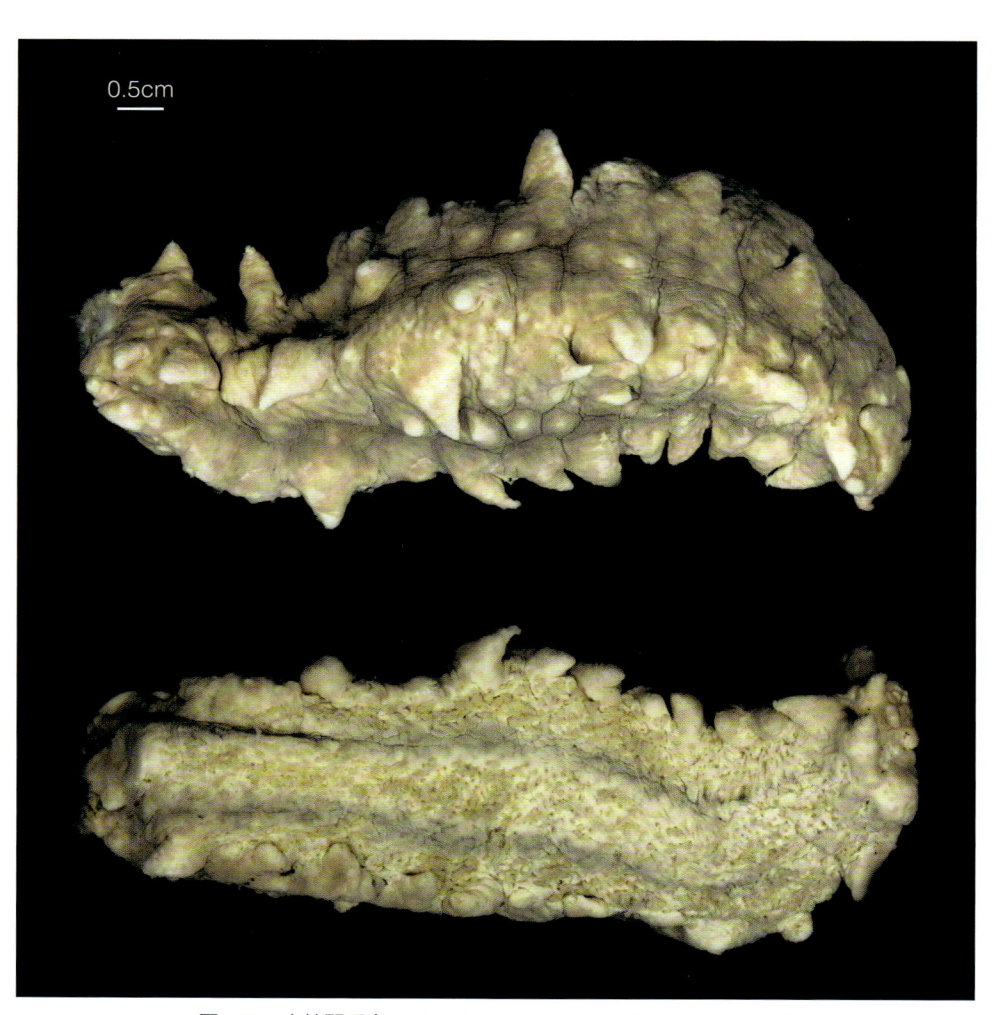

图 208　方柱翼手参 *Colochirus quadrangularis* Troschel, 1846

可疑翼手参
Colochirus anceps Selenka, 1867

同物异名： *Colochirus anceps* Semper, 1867；*Colochirus cucumis* Semper, 1867

标本采集地： 广东。

形态特征： 体长40～120mm，直径10～30mm，呈腊肠形；两端较细而钝圆。背面有很多大小不等、排列不规则的瘤状疣足，每个突起或疣足中央有1个能收缩的管足。腹面稍凸，前后端翘起，形如船底；管足很多，在腹面排列成3纵带，每带有管足4～6行，靠近两端管足数目减少。口和肛门都弯向背面。触手收缩时，口周围有5个瓣；触手10个，腹面1对较小；肛门周围有5个小齿；波里氏囊和石管均为1个。体壁十分坚硬，骨片丰富，有许多大而复杂的网状球形体和网状皿形体，以及瘤穿孔板或扣状体。体壁深部还有许多大型鳞片，鳞片呈卵形。动物生活时颜色十分鲜艳，背部为淡红色，并带有浅黄色云斑；腹面间步带为浅黄色，步带为淡红色；触手为深红或紫红色，并具黄色小斑点；管足为红色。

生态习性： 生活于浅海，从潮间带到水深10m的泥底或沙底。

地理分布： 东海，南海；印度尼西亚，菲律宾和澳大利亚。

参考文献： 廖玉麟，1997。

图 209　可疑翼手参 *Colochirus anceps* Selenka, 1867

细五角瓜参属 *Leptopentacta* Clark, 1938

细五角瓜参
Leptopentacta imbricata (Semper, 1867)

同物异名： *Ocnus imbricatus* Semper, 1867；*Ocnus javanicus* Sluiter, 1880；*Ocnus typicus* Théel, 1886

标本采集地： 海南。

形态特征： 体型很小，最大者体长约 4cm，一般的仅为 2～3cm。身体狭窄，呈纺锤形，并且常有 5 条不很明显的纵棱。身体后端较细，并向背面弯曲。触手 10 个，腹面 2 个较小，无肛门齿。体壁粗硬似革质，表面盖有大小不等的圆形或卵圆形的石灰质鳞片。管足僵硬、直立，无收缩力，沿着 5 个辐部各排列为 1 直行，每行通常有 15～20 个管足，但背面的管足数目较少，排列也比较稀疏。波里氏囊和石管都是 1 个。石灰环的辐片和间辐片的前端都尖而突出，后端呈截断形。皮肤内的骨片主要有两种：一种为不规则、圆或椭圆形的带瘤扣状体，每个扣状体有 4～6 个穿孔，除去中央有 1～2 个瘤状突起外，四周边缘上也有瘤状突起；另一种骨片是微小和不规则的花纹样体。酒精标本为黄白色。

生态习性： 生活于沿岸浅海沙底。

地理分布： 东海，南海。

参考文献： 张凤瀛，1964；廖玉麟，1997。

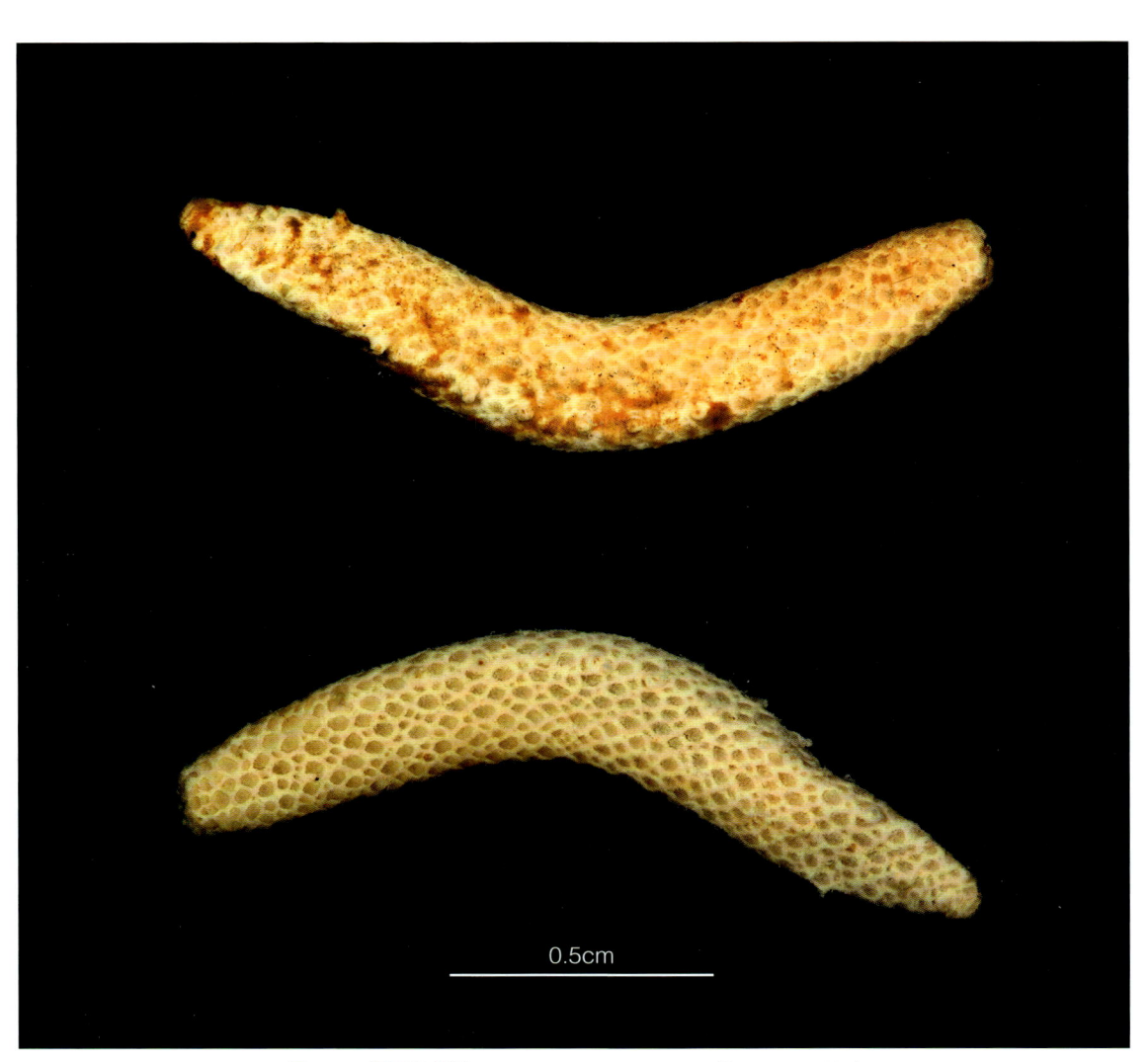

图 210　细五角瓜参 *Leptopentacta imbricata* (Semper, 1867)

伪翼手参属 *Pseudocolochirus* Pearson, 1910

紫伪翼手参
Pseudocolochirus violaceus (Théel, 1886)

同物异名： *Colochirus violaceus* Théel, 1886；*Cucumaria tricolor* Sluiter, 1901；*Pentacta arae* Boone, 1938；*Pseudocolochirus bicolor* Cherbonnier, 1970

标本采集地： 三亚。

形态特征： 体长 110～150mm，宽 70～90mm，体形短钝。口和肛门均朝向背面，背面几乎是平的，而腹面却特别膨胀。肛门周围有 5 个明显的齿。口大，具 10 个等大的触手。管足仅限于腹面 3 个步带。背面疣足小而稀少。体壁肥厚而光滑，体壁内骨片数目和形状均变化很大，有的标本只有少数平滑的穿孔板，有的标本体壁骨片较多，形状十分不规则，从卵形到长形，或杆形都有；穿孔数目变化也大，从无孔到多孔的都有。管足内除有端板外，还有少数的穿孔板。动物生活时颜色十分鲜艳，由红、黄、蓝三色构成；通常间步带为黄色，并夹以蓝色；步带为浅红色，触手基部红色，分枝为黄色。

生态习性： 生活于悬浮物丰富的泥沙底，水深 18～67m 处。

地理分布： 南海；印度 - 西太平洋。

参考文献： 廖玉麟，1997。

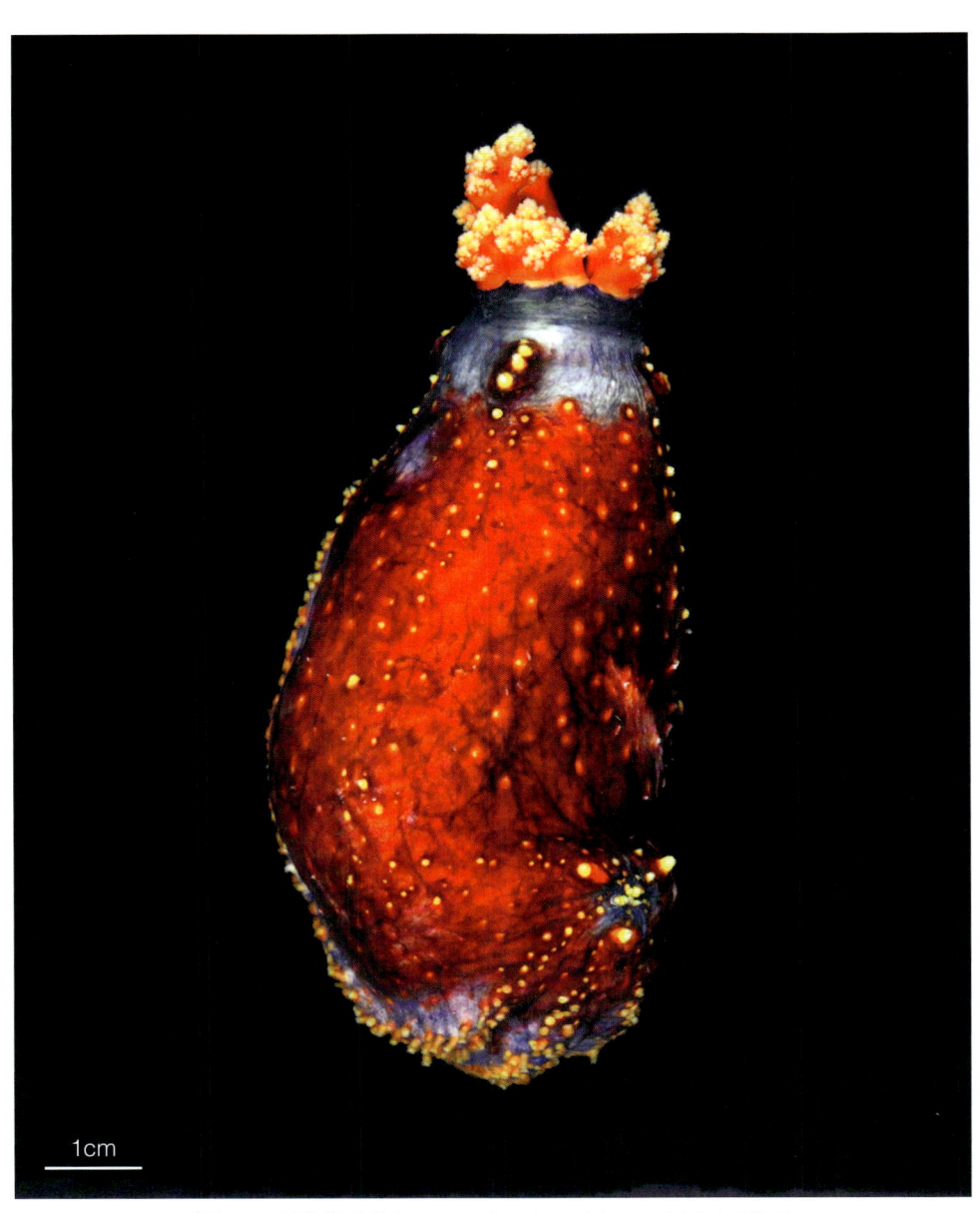

图 211　紫伪翼手参 *Pseudocolochirus violaceus* (Théel, 1886)

辐瓜参属 *Actinocucumis* Ludwig, 1875

模式辐瓜参
Actinocucumis typica Ludwig, 1875

标本采集地： 广东。

形态特征： 体为圆柱状，两端较细，长 5～10cm，直径 1～2.5cm。腹面不很平坦，故背腹面的区别不显著。体壁不厚，但很坚硬。管足僵硬，收缩性很小，腹面的管足较背面的发达和密集。5 个辐部各有管足 4～6 行，两端减为 2 行。口和肛门皆端位并略弯向上方。肛门周围有 5 个小齿。触手 20 个，形状和大小都不同，排列也不规则。石灰环各辐片的前后两端都略凹入成浅叉状，后端没有延长部。波里氏囊和石管都是 1 个。呼吸树发达。体壁内的骨片有很多小的"8"字形体和扣状体。扣状体有 4 个小孔。管足内有大型支持杆状体。生活时身体和管足为暗褐色或略带红色，触手为黑褐色。酒精标本为灰褐色。

生态习性： 主要栖息于潮间带岩石底。

地理分布： 东海，南海；马尔代夫，斯里兰卡，孟加拉湾和菲律宾群岛。

参考文献： 张凤瀛，1964。

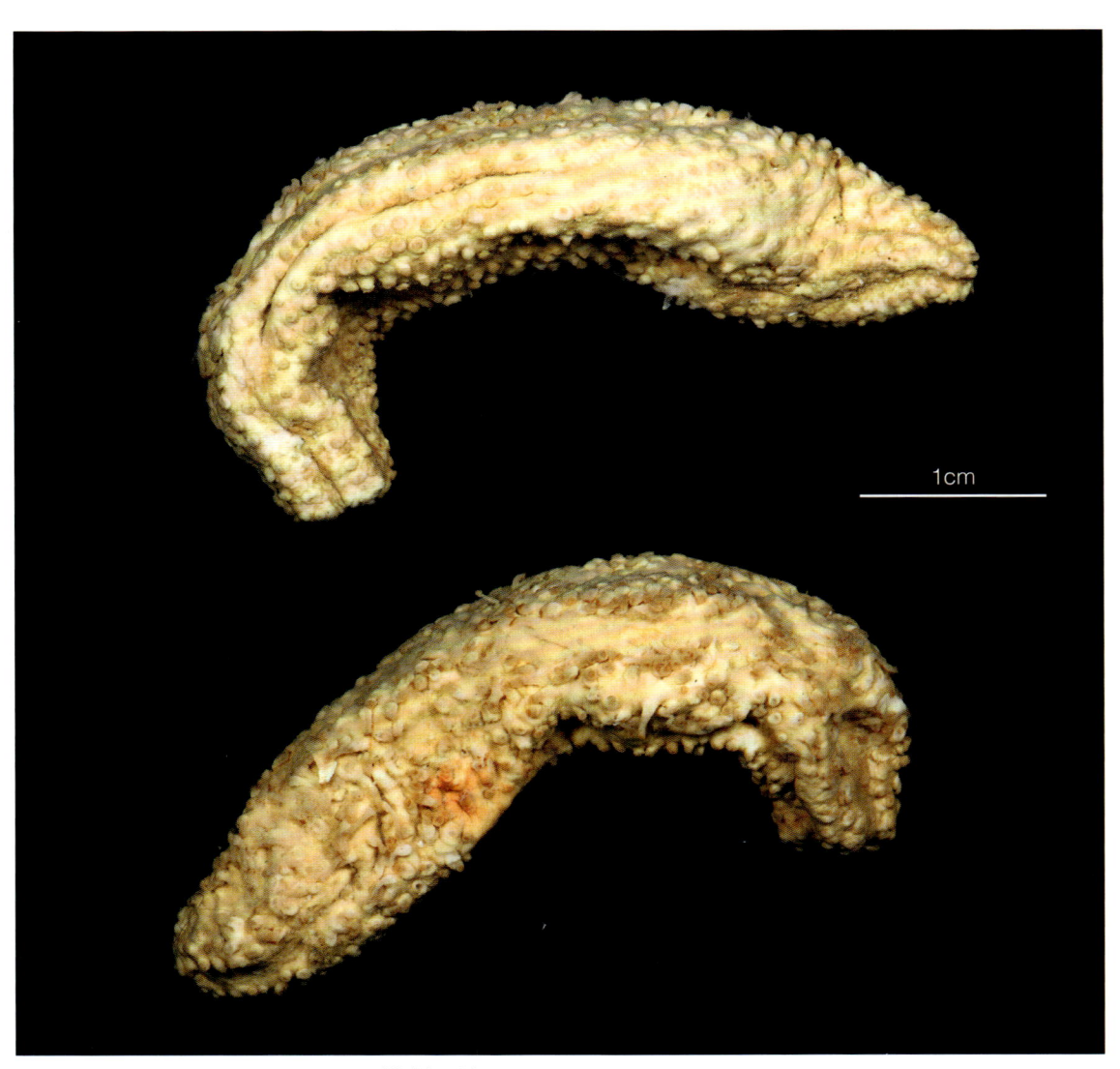

图 212 模式辐瓜参 *Actinocucumis typica* Ludwig, 1875

桌片参属 *Mensamaria* Clark, 1946

二色桌片参
Mensamaria intercedens (Lampert, 1885)

同物异名： *Cucumaria bicolor* Bell, 1887；*Cucumaria striata* Joshua & Creed, 1915；*Pseudocucumis eurystichus* Clark, 1921；*Pseudocucumis intercedens* Lampert, 1885；*Pseudocucumis niger* Sluiter, 1914

标本采集地： 广东。

形态特征： 体呈纺锤形，长 3～12cm，直径为 1～3cm。口和肛门皆端位。身体表面光滑，管足仅限于 5 个步带；幼小个体，每个步带具管足 2 行，成年个体则具 4～6 行。间辐部裸出，无管足和疣足。触手 25～30 个，大小不等，排列为内外 2 圈。体壁较厚，骨片有桌形体和穿孔板。桌形体的形状比较特殊：它的底盘为不规则的圆形或卵圆形，周缘平滑，有 4 个大孔和 4 个或 4 个以上的周缘小孔；它的塔部由 2 个立柱和 2～4 个横梁构成，上部渐细，顶上通常有 2～3 齿。触手内有纤细的杆状体。管足内有和体壁内同样的桌形体，无杆状体。生活时颜色十分显著，全体为紫黑色，但 5 个步带的管足为红色。酒精标本管足为灰白色。

生态习性： 栖息于低潮区附近的沙底，少数生活于 30～67m 的泥沙底。

地理分布： 东海，南海；印度尼西亚和澳大利亚北部。

参考文献： 张凤瀛，1964；廖玉麟，1997。

瓜参科分属检索表

1. 触手 15～30 个 2
- 触手 10 个 3
2. 触手 20 个；体壁坚硬；背面间步带有疣足；骨片大部分是"8"字形体 ...... 辐瓜参属 *Actinocucumis*
- 触手约 30 个；体壁柔软；背面间步带无疣足；骨片为桌形体 .... 桌片参属 *Mensamaria*
3. 骨片仅为简单的穿孔板；管足仅限于腹面 3 个步带 .... 伪翼手参属 *Pseudocolochirus*
- 骨片包括复杂的穿孔板和网状球形体 4
4. 背面附属物为坚硬的管足；管足沿着 5 个步带成单行排列；身体细长而弯曲，横切面为五角形 .... 细五角瓜参属 *Leptopentacta*
- 背面附属物为疣足，疣足大而成瘤状突起；管足仅限于腹面，数目多，每个步带有 4～8 行 .... 翼手参属 *Colochirus*

图213　二色桌片参 *Mensamaria intercedens* (Lampert, 1885)

沙鸡子科 Phyllophoridae Östergren, 1907

囊皮参属 *Stolus* Selenka, 1867

黑囊皮参
Stolus buccalis (Stimpson, 1855)

同物异名：*Stereoderma murrayi* Bell, 1883；*Stolus sacellus* Selenka, 1867；*Thyone* (*Stolus*) *rigida* Semper, 1867；*Thyone buccalis* Stimpson, 1855；*Thyone buccalis bourdesae* Domantay, 1962；*Thyone buccalis* var. *pallida* Clark, 1938；*Thyone sacellus* (Selenka, 1867)

标本采集地：广西。

形态特征：中等大，体长一般为 70～90mm，直径为 25mm。体呈纺锤形，并向背面弯曲。触手 10 个，腹面 2 个显然较小。肛门周围有发育不全的小齿。管足遍布全身，常收缩；背面的管足变成低的疣足。石灰环很大，全部由马赛克小板镶嵌构成。各辐板前端有 1 突出部，后端有细长分叉后延部；各间辐板前端也有 1 尖的突出部。波里氏囊通常有 4 个；石管数目很多。体壁厚而粗，有皱纹；骨片非常丰富，形状为椭圆形，有穿孔 4 个，中央穿孔有 1 个垂直小环，四周约有 12 个瘤。触手内有花纹样体和细小杆状体；管足内的支持杆状体呈板状，形成穿孔板。动物生活时为黄褐色或紫褐色，触手为黑色。

生态习性：生活于低潮区附近的岩石或珊瑚礁下，有时水深 30～50m 的海底拖网也能采到。

地理分布：东海，南海；红海，东非，阿拉伯以南，菲律宾和日本南部等。

参考文献：廖玉麟，1997。

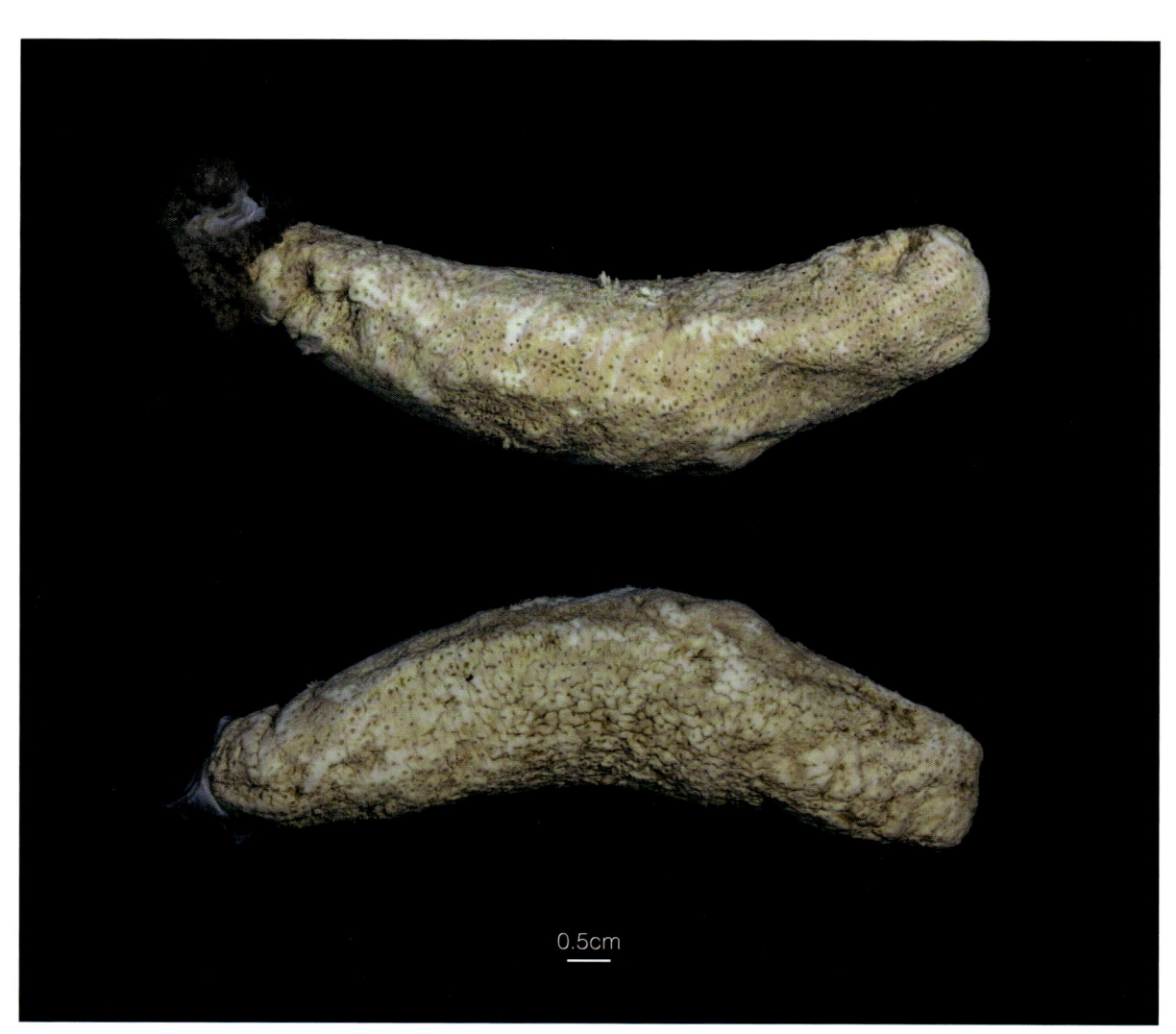

图 214　黑囊皮参 *Stolus buccalis* (Stimpson, 1855)

赛瓜参属 *Thyone* Oken, 1815

巴布赛瓜参
Thyone papuensis Théel, 1886

同物异名： *Holothuria dietrichii* Ludwig, 1875；*Thyone castanea* Lampert, 1889；*Thyone fusus* var. *papuensis* Théel, 1886

标本采集地： 广东。

形态特征： 体呈纺锤形，全体密布许多细小管足，排列无规则。体壁骨片稀疏，底盘为椭圆形，具大、小穿孔各 4 个，少数只具 4 个穿孔，塔部低，有 2 个立柱，稍微分开，顶端仅具少数齿。管足内有支持桌形体，底盘延长而弯曲，中央有 4 个穿孔，两端各有 3 个小穿孔；塔部构造和体壁内的桌形体相似。触手有杆状体。酒精标本多呈黄白色。

生态习性： 生活于水深 14～58m 的泥沙底。

地理分布： 黄渤海，东海，南海；托雷斯海峡，澳大利亚大堡礁，斯里兰卡。

参考文献： 廖玉麟，1997。

图 215　巴布赛瓜参 *Thyone papuensis* Théel, 1886

芋参目 Molpadiida
芋参科 Molpadiidae J. Müller, 1850
芋参属 *Molpadia* Cuvier, 1817

张氏芋参
Molpadia changi Pawson & Liao, 1992

标本采集地： 广西。

形态特征： 大型种，体长 80～120mm，直径 28～48mm。体为典型的芋参型，具细小的尾部，长约 20mm。触手 15 个，各有 1 对侧指。肛门周围有 5 组细疣。体壁薄，触感稍粗涩。石灰环表面有似雕刻状的凹痕，辐板有短而成对的后延部。波里氏囊和石管均为 1 个。体壁骨片全部为桌形体，底盘呈圆形或三角形，周缘呈波状，有穿孔 3～16 个，直径 100～160μm；塔部高，平均高约 160μm，由 3 个立柱和 5～6 个横梁构成，立柱在顶端愈合为单尖，各立柱外侧有 2～3 个细齿。少数桌形体比较纤细，底盘平均为 150μm，有 6 个穿孔。磷酸盐小体散布全体。尾部桌形体较小而低，具多数穿孔，塔部顶端带几个小齿。酒精标本为浅褐色，尾部白色。

生态习性： 生活在水深为 35～90m 的泥底。

地理分布： 黄海，东海，南海。

参考文献： 廖玉麟，1997。

图 216　张氏芋参 *Molpadia changi* Pawson & Liao, 1992

尻参科 Caudinidae Heding, 1931
海地瓜属 *Acaudina* Clark, 1908

海地瓜
Acaudina molpadioides (Semper, 1867)

同物异名：*Acaudina hualoeides* (Sluiter, 1880)；*Aphelodactyla delicata* H. L. Clark, 1938；*Haplodactyla andamanensis* Bell, 1887；*Haplodactyla australis* Semper, 1868；*Haplodactyla ecalcarea* Sluiter, 1901；*Haplodactyla hualoeides* Sluiter, 1880；*Haplodactyla molpadioides* Semper, 1867；*Haplodactyla molpadioides* var. *jagorii* Semper, 1868；*Haplodactyla molpadioides* var. *sinensis* Semper, 1867

标本采集地：广西。

形态特征：体略呈纺锤形，末端逐渐变细，但没有突然明显缩小的尾部，体长一般为 100mm，大者可达 200mm。触手 15 个，无分枝，但靠近顶端有 1 对小侧指。体壁十分光滑，稍透明。肛门周围有 5 组小疣，每组有 4～6 个疣。波里氏囊和石管均为 1 个。呼吸树发达。石灰环辐板各有 1 对短的后延部。体壁内骨片形态变化很大，但有一定的规律：体长 30～40mm 的小标本，体壁内一般都没有骨片；体长 70～80mm 的标本，体壁内出现的骨片以哑铃体为主，有的标本哑铃体粗短，有的标本哑铃体细长；体长 130～140mm 或更长的标本，体壁内出现较多的星形穿孔板，板面常有突起，还有环形体。体色变化大，小标本体色为白色，半透明；中等大小标本有细小的赭色斑点；老年个体，体色深，为暗紫色。

生态习性：穴居于潮间带到水深 80m 的软泥底，少数生活在泥沙或沙底。

地理分布：黄渤海，东海，南海；孟加拉湾，斯里兰卡，印度尼西亚，菲律宾，澳大利亚等地。

参考文献：廖玉麟，1997。

图 217　海地瓜 *Acaudina molpadioides* (Semper, 1867)

无足目 Apodida
锚参科 Synaptidae Burmeister, 1837
刺锚参属 Protankyra Östergren, 1898

伪指刺锚参
Protankyra pseudodigitata (Semper, 1867)

同物异名：*Synapta innominata* Ludwig, 1875；*Synapta pseudo digitata* Semper, 1867

标本采集地：广东。

形态特征：体呈蠕虫状，长约 100mm，直径约 15mm。体壁薄而粗涩，稍透明。触手 12 个，各有 2 对侧指和 1 个顶端突起。口盘有 12 个眼点，但常模糊不清。波里氏囊 4～6 个，常大小不同。体壁内骨片有 3 种，但每种都有大小的不同。大的锚形骨片仅见于身体后端间步带，锚长 620～650μm，宽 410～430μm。两臂各具锯齿 5～9 个。小的锚形骨片仅见于身体前端和后端步带，其臂光滑，或仅具 2～3 个锯齿，锚顶中央内凹，一般长约 225μm，宽约 170μm，最小的锚长约 150μm，宽约 90μm。大的锚板也仅见于身体后端间步带，长约 500μm，宽约 400μm，它的边缘不整齐，表面有少数突起和很多带锯齿的穿孔，靠近中央穿孔较大，常有不规则分枝。小形锚板常见于身体前端，略呈卵圆形，中央有几个带锯齿的穿孔，表面有许多突起，长约 180μm，宽约 210μm。酒精标本为白色，或稍带粉红色。

生态习性：穴居于水深 12～32m 的泥底。

地理分布：东海，南海。

参考文献：廖玉麟，1997。

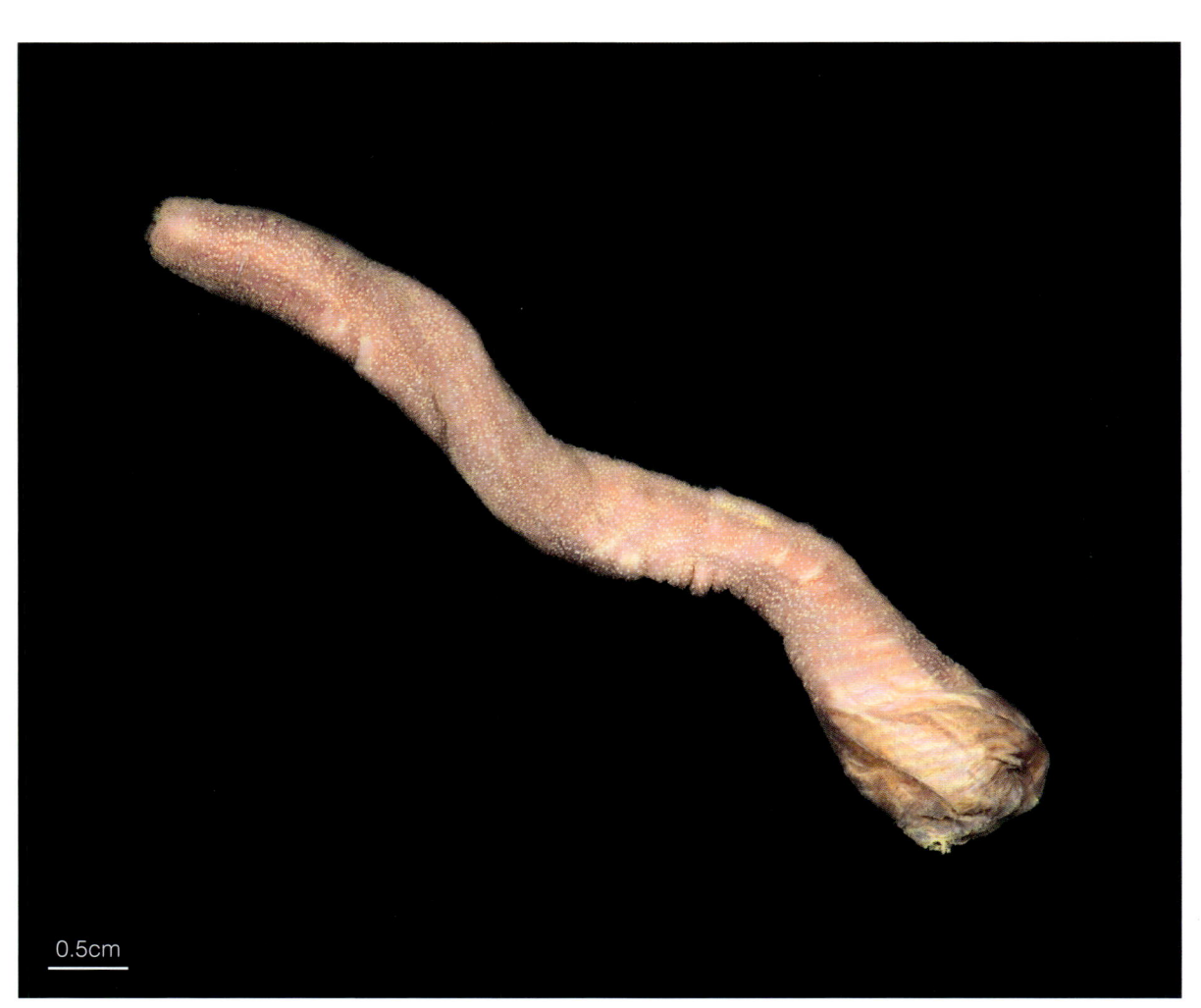

图 218　伪指刺锚参 *Protankyra pseudodigitata* (Semper, 1867)

苏氏刺锚参
Protankyra suensoni Heding, 1928

标本采集地： 广东。

形态特征： 触手 12 个，各具 2 对侧指，并有许多小的感觉杯布满触手口面。波里氏囊 6 个，大小几乎一样。石管 1 个，卷曲，末端筛板细小。纤毛漏斗细长，常连成簇状。锚形骨片锚长约 850μm，宽约 500μm，大者长 1000～1150μm，宽约 650μm。锚臂有许多细锯齿，锚柄也具细锯齿。锚板长 700～800μm，宽 650～700μm，形状很特殊，前端不规则，后关节末端呈方形，穿孔很多，并具锯齿，板中部及后端呈网目状。微小颗粒体卵圆形，遍布全体。酒精标本带黄色。

生态习性： 穴居于水深 28～90m 的泥底。

地理分布： 东海，南海。

参考文献： 廖玉麟，1997。

棘皮动物门参考文献

黄晖. 2018. 西沙群岛珊瑚礁生物图册. 北京：科学出版社.

廖玉麟. 1980. 西沙群岛的棘皮动物 IV. 海星纲. 海洋科学集刊, 17: 153-171.

廖玉麟. 1997. 中国动物志 棘皮动物门 海参纲. 北京：科学出版社.

廖玉麟. 2004. 中国动物志 棘皮动物门 蛇尾纲. 北京：科学出版社.

刘伟. 2006. 中国海砂海星科（棘皮动物门：海星纲）系统分类学研究. 中国科学院研究生院（海洋研究所）硕士学位论文.

魏建功, 曾晓起, 李洪武. 2020. 中国常见海洋生物原色图典 腔肠动物 棘皮动物. 青岛：中国海洋大学出版社.

肖宁. 2015. 黄渤海的棘皮动物. 北京：科学出版社.

张凤瀛. 1964. 中国动物图谱：棘皮动物. 北京：科学出版社.

图 219　苏氏刺锚参 *Protankyra suensoni* Heding, 1928

脊索动物门
Chordata

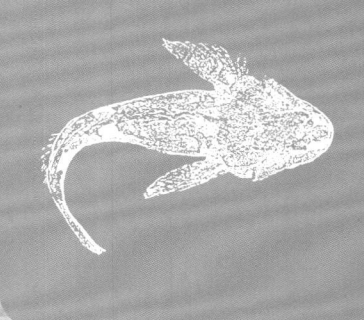

扁鳃目 Phlebobranchia
玻璃海鞘科 Cionidae Lahille, 1887
玻璃海鞘属 *Ciona* Fleming, 1822

玻璃海鞘
Ciona intestinalis (Linnaeus, 1767)

同物异名： *Ascidia canina* Mueller, 1776；*Ascidia corrugata* Mueller, 1776；*Ascidia diaphanea* Quoy & Gaimard, 1834；*Ascidia intestinalis* Linnaeus, 1767；*Ascidia membranosa* Renier, 1807；*Ascidia ocellata* Agassiz, 1850；*Ascidia pulchella* Alder, 1863；*Ascidia tenella* Stimpson, 1852；*Ascidia virens* Fabricius, 1779；*Ascidia virescens* Pennant, 1812；*Ascidia viridiscens* Brugière, 1792；*Ciona canina* (Mueller, 1776)；*Ciona diaphanea* (Quoy & Gaimard, 1834)；*Ciona ocellata* (Agassiz, 1850)；*Ciona pulchella* (Alder, 1863)；*Ciona sociabilis* (Gunnerus, 1765)；*Ciona tenella* (Stimpson, 1852)；*Phallusia intestinalis* (Linnaeus, 1767)；*Tethyum sociabile* Gunnerus, 1765

标本采集地： 南海北部。

形态特征： 个体背腹伸长，被囊非常柔软、半透明，高 30～70mm。出、入水管较长，位高者为入水孔，周围有 8 个裂瓣；位低者为出水孔，有 6 个裂瓣，瓣上有 1 红色斑点。幼体白色，成体淡黄色。

生态习性： 于潮间带和浅海附着于礁石等硬质物体上，在扇贝笼等海水养殖设施上常大量出现。

地理分布： 渤海，黄海，东海，南海；日本，新加坡，北极，北欧，英国，地中海，澳大利亚，北美。

经济意义： 发育生物学研究的实验动物；对扇贝等海洋动物的人工养殖危害较大。

参考文献： 张玺等，1963；杨德渐等，1996；黄修明，2008；曹善茂等，2017。

图 220　玻璃海鞘 *Ciona intestinalis* (Linnaeus, 1767)

复鳃目 Stolidobranchia
柄海鞘科 Styelidae Sluiter, 1895
菊海鞘属 *Botryllus* Gaertner, 1774

史氏菊海鞘
Botryllus schlosseri (Pallas, 1766)

同物异名：*Alcyonium borlasii* Turton, 1807；*Alcyonium schlosseri* Pallas, 1766；*Aplidium verrucosum* Dalyell, 1839；*Botryllus aurolineatus* Giard, 1872；*Botryllus badium* Alder & Hancock, 1912；*Botryllus badius* Alder & Hancock, 1912；*Botryllus bivittatus* Milne Edwards, 1841；*Botryllus calendula* Giard, 1872；*Botryllus calyculatus* Alder & Hancock, 1907；*Botryllus castaneus* Alder & Hancock, 1848；*Botryllus gascoi* Della Valle, 1877；*Botryllus gemmeus* Savigny, 1816；*Botryllus gouldii* Verrill, 1871；*Botryllus marionis* Giard, 1872；*Botryllus miniatus* Alder & Hancock, 1912；*Botryllus minutus* Savigny, 1816；*Botryllus morio* Giard, 1872；*Botryllus polycyclus* Savigny, 1816；*Botryllus pruinosus* Giard, 1872；*Botryllus rubens* Alder & Hancock, 1848；*Botryllus rubigo* Giard, 1872；*Botryllus smaragdus* Milne Edwards, 1841；*Botryllus stellatus* Gaertner, 1774；*Botryllus violaceus* Milne Edwards, 1841；*Botryllus violatinctus* Hartmeyer, 1909；*Botryllus virescens* Alder & Hancock, 1848

标本采集地：南海北部。

形态特征：群体小，体长1mm左右，常5～8个个体聚成星状群体，垂直排列于共生的外皮中。鳃囊具鳃孔6列，第2列鳃孔达背中线，背板线的鳃孔分布呈5-6、3、3、4-5的排列模式。触指简单，4大4小，相间排列。内柱沟状。胃具8个纵褶和1盲囊。肛门周缘平滑。

生态习性：固着于岩礁、石块、贝壳等物体表面。

地理分布：黄海，东海，南海；日本，澳大利亚，新西兰，挪威，英国，法国，地中海，非洲。

经济意义：污损生物。

参考文献：葛国昌和臧衍蓝，1983；杨德渐等，1996；曹善茂等，2017。

图 221　史氏菊海鞘 *Botryllus schlosseri* (Pallas, 1766)

文昌鱼科 Branchiostomatidae Bonaparte, 1846
文昌鱼属 Branchiostoma Costa, 1834

日本文昌鱼
Branchiostoma japonicum (Willey, 1897)

同物异名：*Amphioxus japonicus* Willey, 1897；*Branchiostoma belcheri japonicum* (Willey, 1897)；*Branchiostoma belcheri tsingtauense* Tchang-Shi & Koo, 1936；*Branchiostoma nakagawae* Jordan & Snyder, 1901

标本采集地：福建海域。

形态特征：身体侧扁，两端尖。体长 45～55mm，体高约为体长 1/10。头部不明显，腹面具 1 漏斗状凹陷，即口前庭，周围有口须 33～59 条。体背中线有 1 背鳍，腹面自口向后有 2 条平行、对称的腹褶，向后在腹孔（排泄腔的开孔）前汇合。体末端具尾鳍。体两侧肌节明显，65～69 节，以 67 节最常见。右侧生殖腺 25～30 个，左侧 23～27 个，右侧多于左侧。腹鳍条的数目为 51～73 条，平均 61 条。吻鳍则较为尖长，臀鳍前腔室较大且疏，尾鳍则较陡峭。

生态习性：栖息于低潮线以下底沙中。

地理分布：渤海，黄海，东海，南海；日本。

经济意义：国家二级保护动物，不允许进行任何形式的交易与商业性开发活动。

参考文献：张玺等，1963；杨德渐等，1996；徐凤山，2008。

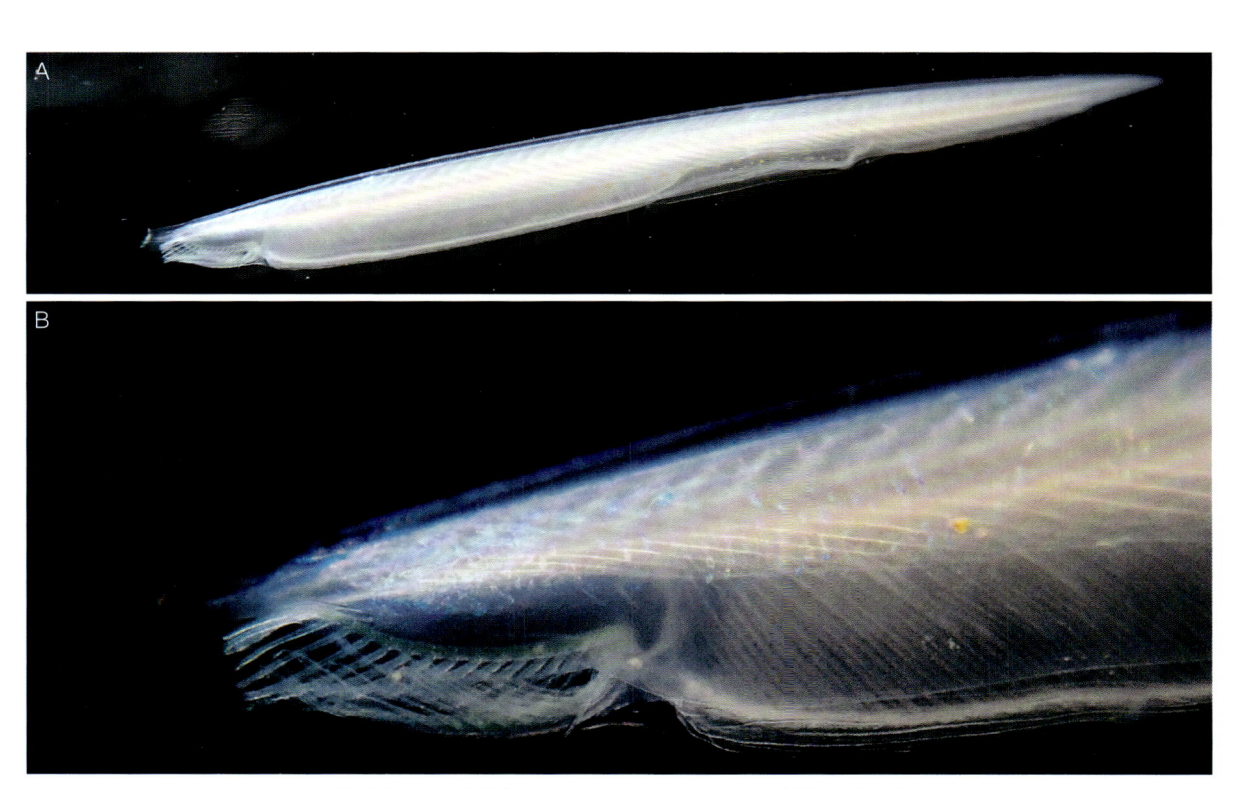

图 222　日本文昌鱼 *Branchiostoma japonicum* (Willey, 1897)
A. 整体侧面观；B. 头部侧面观

白氏文昌鱼
Branchiostoma belcheri (Gray, 1847)

同物异名： Amphioxus belcheri Gray, 1847；Branchiostoma lanceolatum belcheri Tattersall, 1903；Branchiostoma minucauda Whitley, 1932

标本采集地： 广西。

形态特征： 平均体长为 42～47mm，出水孔至前体长为 29.7mm，出水孔至肛门为 9.7mm，肛门以后为 3.4mm。肌节数目在个体间略有差异，平均为 65 节（63～66 节），其中出水孔前 38 节（36～39 节），出水孔后至肛门 17 节（16～18 节），肛门以后 10 节（9～11 节）。雌雄异体，雄性生殖腺呈白色，雌性生殖腺为柠檬黄色。生殖腺的数量平均为 52 个（45～57 个），其中右侧平均 25 个（22～28 个），左侧平均 27 个（23～29 个）。口笠触手左右对称，总数平均为 42 条（36～50 条）。鳍条分为背鳍和腹鳍，背鳍为单行，平均 313 个（262～393 个）；腹鳍为双行，总数为 72 个（36～90 个）。吻鳍较为圆钝，臀鳍腔室较小且密，尾鳍较平缓。

生态习性： 栖息深度从低潮线附近直至深达 16m 处。成鱼多生活于较粗的沙中。

地理分布： 东海，南海；印度 - 西太平洋。

经济意义： 国家二级保护动物，不允许进行任何形式的交易与商业性开发活动。

参考文献： 金德祥和郭仁强，1953。

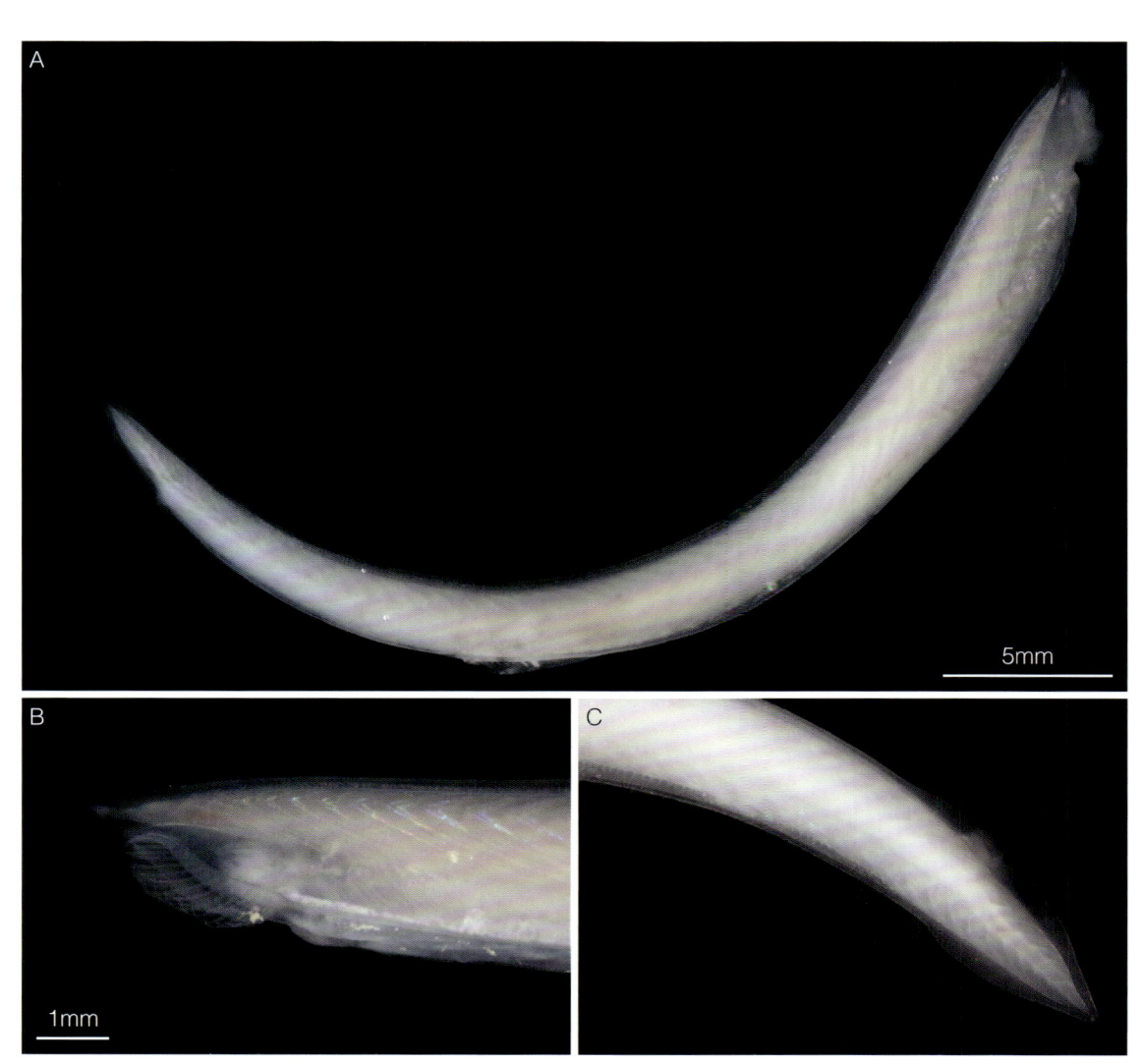

图 223 白氏文昌鱼 *Branchiostoma belcheri* (Gray, 1847)
A. 整体侧面观；B. 头部侧面观；C. 尾部侧面观

侧殖文昌鱼属 *Epigonichthys* Peters, 1876

短刀侧殖文昌鱼
Epigonichthys cultellus Peters, 1877

同物异名：*Bathyamphioxus franzi* Whitley, 1932；*Epigonichthys pulchellus* Gunther, 1880；*Heteropleuron hedleyi* Haswell, 1908

标本采集地：广东。

形态特征：体形较高，体高与体长的比例为 0.12，两端不细长，形状类似短刀。肌节数目变化范围为 48～55 节。肌节在三体区的排列方式多样，最常见的为"31+12+7""31+13+7""31+11+7"和"31+14+7"四种类型。腹褶不对称，左侧延伸至出水孔后方，右侧腹褶与腹鳍相连。背鳍条约 220 条，腹鳍条约 20 条。口笠触手数量为 22～28 条。生殖腺不对称，仅在腹面右侧排列，在生殖腺丰满的个体中，会占据部分左侧位置。生殖腺数量通常为 15～18 个。

生态习性：栖息于低潮线以下底沙中。

地理分布：东海，南海。

经济意义：国家二级保护动物，不允许进行任何形式的交易与商业性开发活动。

参考文献：张玺等，1963；杨德渐等，1996；徐凤山，2008。

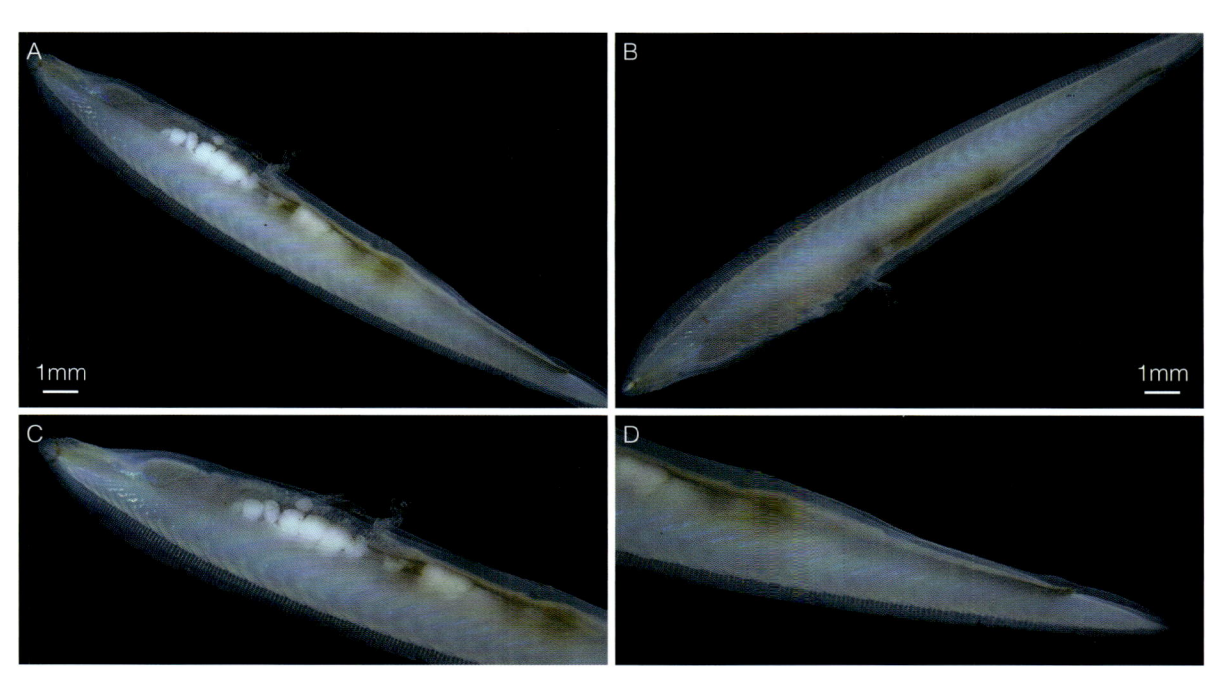

图 224　短刀侧殖文昌鱼 *Epigonichthys cultellus* Peters, 1877
A、B. 整体侧面观；C. 头部侧面观；D. 尾部侧面观

真鲨目 Carcharhiniformes
猫鲨科 Scyliorhinidae Gill, 1862
绒毛鲨属 *Cephaloscyllium* Gill, 1862

阴影绒毛鲨
Cephaloscyllium umbratile Jordan & Fowler, 1903

同物异名： *Cephaloscyllium formosanum* Teng, 1962

标本采集地： 福建。

形态特征： 体延长而粗壮；头宽扁，前端钝圆；眼端位，下眼睑上部分化成瞬褶；鼻孔大，近口部，前鼻瓣大型，呈宽三角形，向后伸至口裂部，无鼻须；口宽大，弧形，唇褶退化或消失；齿细小而多，多齿头型；鳃孔每侧5个；盾鳞细滑如绒毛，具3棘突3纵嵴；喷水孔很小，椭圆形，位于眼后角下方。背鳍2个，无硬棘，第2背鳍起点稍后于臀鳍起点；胸鳍宽大，呈圆钝形；臀鳍略小于第1背鳍，距尾鳍比距腹鳍近；尾鳍狭长，上叶发达，下叶前部圆形突出，中部与后部之间有1缺刻，后部三角形突出且与上叶相连。体黄褐色，成长过程中体侧斑纹变化大，幼体全身具很多大小不一的黑心白缘圆斑，在背面头后、胸鳍基底后部上方、第1背鳍基底下方、第2背鳍基底下方和尾鳍基底前方各具1暗色横纹；成体圆形斑点已消失，而暗色横纹却很显著。

生态习性： 近海底层中小型鲨鱼类。

地理分布： 黄海，东海，南海，台湾海域；日本北海道以南海域，朝鲜半岛西南海域，新西兰海域等。

经济意义： 食用鱼，可做鱼肝油或鲨鱼烟，另可饲养在水族馆中供欣赏。

参考文献： 林龙山等，2016。

图225 阴影绒毛鲨 *Cephaloscyllium umbratile* Jordan & Fowler, 1903

电鳐目 Torpediniformes
双鳍电鳐科 Narcinidae Gill, 1862
双鳍电鳐属 Narcine Henle, 1834

板鳃纲 Elasmobranchii

舌形双鳍电鳐
Narcine lingula Richardson, 1846

标本采集地： 广东湛江硇洲岛。

形态特征： 体盘宽大，圆形。眼小。喷水孔比眼稍大。口颇小，平横，能突出。唇较厚。齿细尖，铺石状排列。齿带可外翻。第1背鳍在腹鳍末端上方。体上黑斑大，黑斑外有网状纹。斑纹前亦有大斑。腹面白色。

生态习性： 暖水性底层鳐类。栖息于深水沙泥质海底。

地理分布： 东海，南海，台湾海域；印度-西太平洋。

参考文献： 朱元鼎和孟庆闻，2001；刘敏等，2013；陈大刚和张美昭，2015a。

3cm

图226　舌形双鳍电鳐 *Narcine lingula* Richardson, 1846

单鳍电鳐科 Narkidae Fowler, 1934

单鳍电鳐属 *Narke* Kaup, 1826

日本单鳍电鳐
Narke japonica (Temminck & Schlegel, 1850)

同物异名： *Torpedo japonica* Temminck & Schlegel, 1850

标本采集地： 广东汕头南澳岛。

形态特征： 体盘近圆形，宽略大于长。皮肤柔软。吻颇长，吻端广圆。前鼻瓣宽大，可伸达下唇。眼小，眼球突出。喷水孔小，椭圆形边缘隆起，紧邻眼后方外侧。口小，平横，能突出，口前具1深沟。齿细小，平扁，粒状。背鳍1个，中等大，后缘圆弧形，起始于腹鳍基底后上方。胸鳍宽大，后部广圆。腹鳍前角圆钝，不突出。尾宽短，侧褶很发达。尾鳍宽大，后缘圆弧形。体背灰褐色、沙黄色或赤褐色，时有不规则的暗斑散布。各鳍边缘白色。体盘外侧、腹鳍里缘及尾后部褐色。

生态习性： 暖温性近海小型底栖鳐类。主食底栖环节动物和甲壳类。栖息于大陆架水域。

地理分布： 黄海，东海，南海，台湾海域；日本南部，朝鲜半岛。

参考文献： 朱元鼎和孟庆闻，2001；刘敏等，2013；陈大刚和张美昭，2015a。

图 227　日本单鳍电鳐 *Narke japonica* (Temminck & Schlegel, 1850)
A. 背面观；B. 腹面观

鳐形目 Rajiformes
犁头鳐科 Rhinobatidae Bonaparte, 1835
犁头鳐属 *Rhinobatos* Linck, 1790

许氏犁头鳐
Rhinobatos schlegelii Müller & Henle, 1841

标本采集地： 南海。

形态特征： 体粗壮。吻长而钝尖，侧缘凹入，吻软骨颇狭，相互靠近。喷水孔椭圆形，后缘具 2 皮褶皱，外侧皮褶发达，里侧皮褶细小。鼻孔中大，前鼻瓣具 1 "人"字形突出，后鼻瓣前部外侧具 1 扁环形薄膜，内侧具 1 袜状突出，转入鼻腔内，后部具 1 宽扁圆形薄膜。口平横。齿细小而多。鳃孔每侧 5 个。背腹面具很细的鳞片，脊椎线上及眼眶上的结刺很小，不明显。背鳍 2 个，约同大同形，第 1 背鳍位于腹鳍后方。头侧与胸鳍间的区域无发电器。胸鳍狭长，基底前延，伸达吻侧后部。尾鳍下叶不突出。体背面纯褐色，无斑纹；吻侧和腹面浅淡；吻的前部腹面上具 1 黑色大斑。

生态习性： 为暖温性近海底层鱼类。一般体长约 1.0m，最大可达 2.0m。

地理分布： 中国沿海各海域；日本南部海域，朝鲜半岛海域，阿拉伯海。

经济意义： 可食用，肉质佳。

参考文献： 陈大刚和张美昭，2015a。

图 228　许氏犁头鳐 *Rhinobatos schlegelii* Müller & Henle, 1841

团扇鳐属 *Platyrhina* Müller & Henle, 1838

林氏团扇鳐
Platyrhina limboonkengi Tang, 1933

同物异名： *Platyrhina tangi* Iwatsuki, Zhang & Nakaya, 2011

标本采集地： 福建厦门。

形态特征： 体盘近圆形。眼近中央内侧。背中线及两侧具较大结刺。吻短，钝圆。尾部粗圆。腹侧具发达皮褶。尾鳍发达，上叶较大。体被细鳞。体棕褐色或灰褐色。体上各鳍刺基底橙黄色，腹面白色。胸鳍外缘、腹鳍缘及尾部常具灰色斑。

生态习性： 暖水性底栖鳐类。

地理分布： 东海，台湾海域，海南。

经济意义： 肉可供食用。

参考文献： 朱元鼎和孟庆闻，2001；刘敏等，2013；陈大刚和张美昭，2015a。

图229　林氏团扇鳐 *Platyrhina limboonkengi* Tang, 1933

鳐科 Rajidae de Blainville, 1816

瓮鳐属 *Okamejei* Ishiyama, 1958

何氏瓮鳐
Okamejei hollandi (Jordan & Richardson, 1909)

同物异名： *Raja hollandi* Jordan & Richardson, 1909

标本采集地： 海南琼海。

形态特征： 两背鳍间距大于第 1 背鳍基底长。体盘背面黄褐色，密布褐色或黑色小斑点，有时斑点集成不规则小群。胸鳍后角上方具 1 对多环层眼状大斑。尾具横纹 8～9 条，尾鳍上叶亦有横纹 2～4 条。腹面灰褐色，具许多暗斑。卵切面观呈扁长方形，褐色或黑褐色。

生态习性： 大陆架底栖鳐类。卵生，产卵期 1～4 月。主食甲壳类，兼食天竺鲷等小型鱼类和头足类。

地理分布： 黄海，东海，南海，台湾海域；日本，朝鲜半岛。

经济意义： 肉可供食用，底拖网渔业兼捕对象。

参考文献： 朱元鼎和孟庆闻，2001；刘敏等，2013。

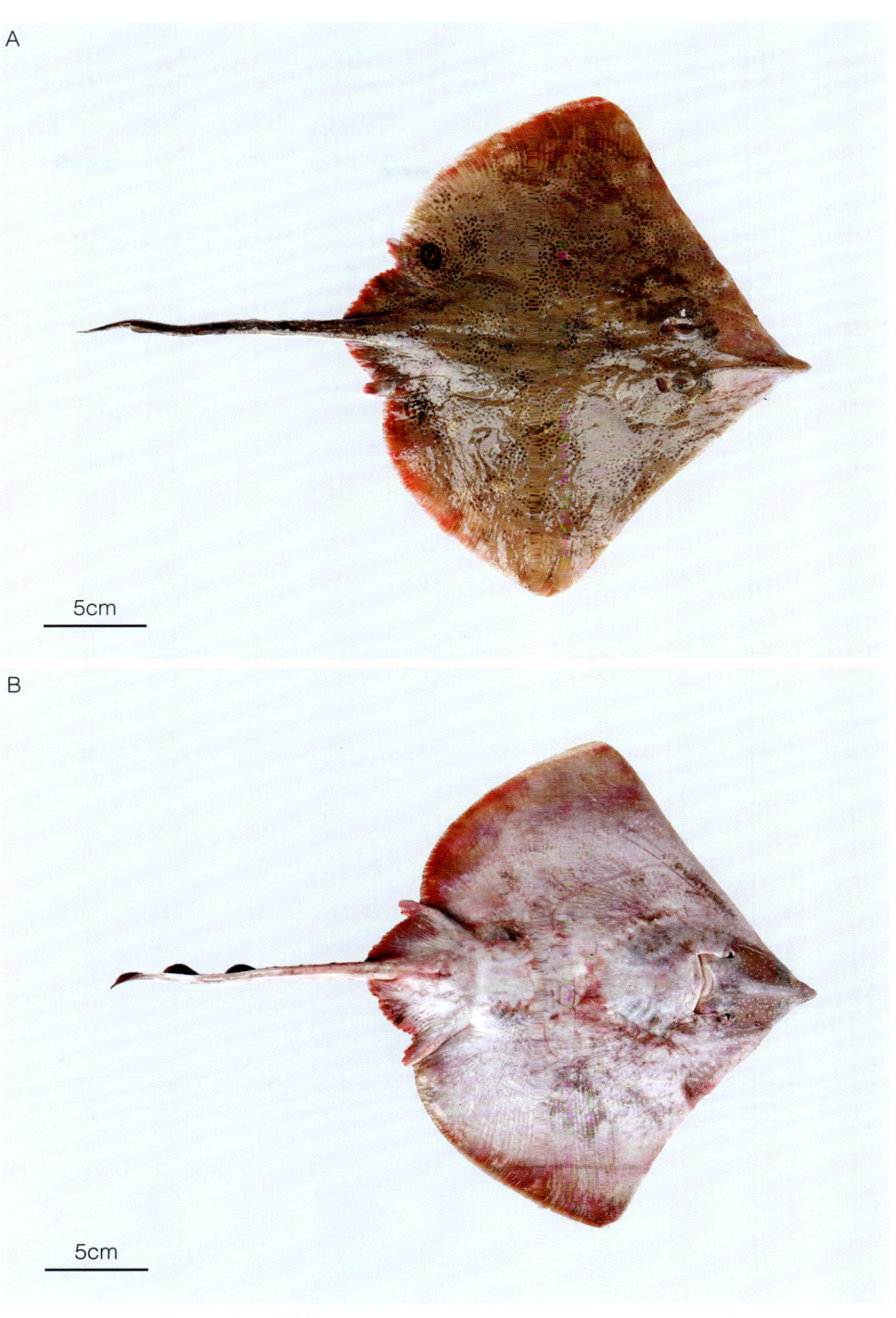

图 230 何氏瓮鳐 *Okamejei hollandi* (Jordan & Richardson, 1909)
A. 背面观；B. 腹面观

麦氏瓮鳐
Okamejei meerdervoortii (Bleeker, 1860)

同物异名： *Okamejei meerdervoorti* (Bleeker, 1860)；*Raja macrophthalma* Ishiyama, 1950；*Raja meerdervcortii* (Bleeker, 1860)；*Raja meerdervoorti* Bleeker, 1860；*Raja meerdervoortii* Bleeker, 1860

标本采集地： 福建厦门。

形态特征： 本种雄鱼尾部结刺 3 行，雌鱼尾部结刺 5 行。侧褶明显，几乎达整个尾部。吻中等长，吻端尖突，吻长为眼间距的 2.5 倍以上。眼大，眼间隔窄，眼径也比眼间距长。体盘背面具结刺和小刺，项部有 2～3 个较大结刺。腹面光滑或仅吻端有小刺。背鳍后部尾长等于第 2 背鳍基底长的 1.5 倍。体背褐色，吻部色浅而透明。体盘背面有许多小黄点，胸鳍后方中央有 1 对小白点。腹面除吻端和体盘边缘褐色外，近乎白色。

生态习性： 近海小型底栖鳐类。栖息水深 80～90m。

地理分布： 东海，南海，台湾海域；日本静冈以南海域。

经济意义： 肉可供食用。

参考文献： 朱元鼎和孟庆闻，2001；刘敏等，2013。

3cm

图 231　麦氏瓮鳐 *Okamejei meerdervoortii* (Bleeker, 1860)

鲼目 Myliobatiformes
魟科 Dasyatidae Jordan & Gilbert, 1879
魟属 *Hemitrygon* Müller & Henle, 1838

光魟
Hemitrygon laevigata (Chu, 1960)

同物异名： *Dasyatis laevigata* Chu, 1960；*Dasyatis laevigatus* Chu, 1960

标本采集地： 南海。

形态特征： 体盘亚斜方形，前缘斜直，与吻端约成 60°；前角和后角都为圆形。体盘宽比体盘长大 1.2～1.3 倍。吻中长，约为体盘长的 2/9，吻端尖突。眼大，约等于眼间隔的 2/3。前鼻瓣连合成 1 口盖，伸达下颌。口小，平横而波曲。口前吻长比口宽大 2.4～2.7 倍。口底中部具乳突 3 个。齿细小平扁，铺石状排列，喷水孔椭圆带斜方形，靠近眼后。鳃孔 5 个，狭小，腹鳍近长方形或方形。尾较短，尾长比体盘长大 1.4～1.8 倍，具上下皮膜，具尾刺。体完全光滑。背面灰褐带黄色，隐具不规则暗色斑纹。眼前、眼下及喷水孔上侧新鲜时黄色；腹中央白色，边缘灰褐带黄色；尾前部灰褐色，后部暗褐色，隐具浅色横纹，皮膜黑色。

生态习性： 冷温性近海底栖中小型次要经济鱼类。

地理分布： 黄海，东海和台湾。

经济意义： 肉可供食用。

参考文献： 陈大刚和张美昭，2015a。

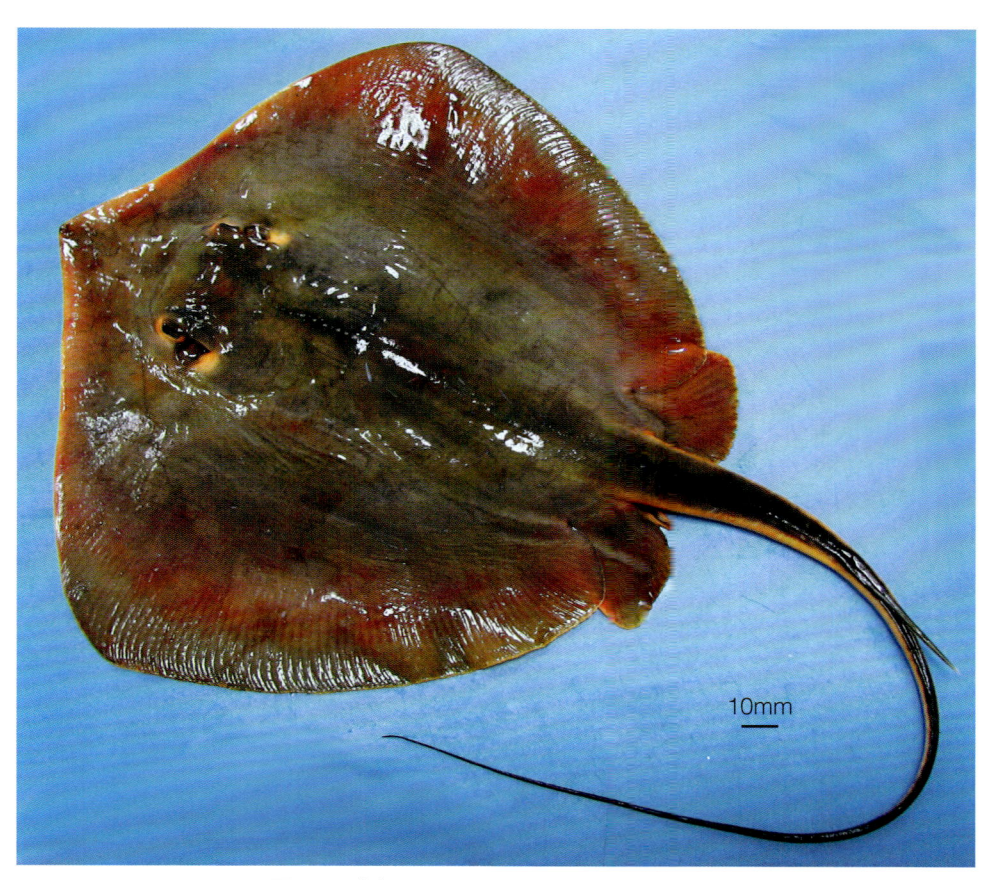

图 232　光魟 *Hemitrygon laevigata* (Chu, 1960)

扁魟科 Urolophidae Müller & Henle, 1841
扁魟属 *Urolophus* Müller & Henle, 1837

褐黄扁魟
Urolophus aurantiacus Müller & Henle, 1841

标本采集地： 南海。

形态特征： 体盘亚圆形，前角广圆，后角圆钝。眼大，突起；眼径几等于眼间隔或稍小，眼径大于喷水孔长径。鼻孔小，前鼻瓣连合为口盖，几伸达上颌，后缘微裂。齿细小，具三角形齿尖，两颌齿 28～30 行。无背鳍和臀鳍；尾鳍长椭圆形，最宽处几等于喷水孔长径。胸鳍广圆。腹鳍近长方形，宽而钝。体背黄褐色，腹面白色，具尾刺。

生态习性： 沿岸浅水底栖小型魟类。最大体盘长 40cm。栖息水深约 90m。卵胎生。

地理分布： 东海，南海，台湾海域；日本南部海域。

经济意义： 可食用，可饲养作为观赏鱼。

参考文献： 陈大刚和张美昭，2015a。

图 233　褐黄扁魟 *Urolophus aurantiacus* Müller & Henle, 1841

鳗鲡目 **Anguilliformes**
蛇鳗科 Ophichthidae Günther, 1870
蛇鳗属 *Ophichthus* Ahl, 1789

斑纹蛇鳗
Ophichthus erabo (Jordan & Snyder, 1901)

同物异名： *Microdonophis erabo* Jordan & Snyder, 1901；*Ophichthus retifer* Fowler, 1935

标本采集地： 南海。

形态特征： 体圆柱形。背鳍起始于胸鳍基底附近上方。胸鳍基底不宽。尾长小于头长和躯干长之和。齿小而尖锐。体黄褐色，有2纵行褐色大圆斑，有时其间尚不规则地散布有同色小斑纹。其头部斑纹小而密。

生态习性： 喜栖息于沿岸沙泥质海底或珊瑚礁区域，以小鱼、无脊椎动物为食。

地理分布： 东海，南海，台湾海域；日本冲绳海域，印度-太平洋。

经济意义： 不具食用价值。

参考文献： 陈大刚和张美昭，2015a。

图 234　斑纹蛇鳗 *Ophichthus erabo* (Jordan & Snyder, 1901)

海鳝科 Muraenidae Rafinesque, 1815
裸胸鳝属 *Gymnothorax* Bloch, 1795

雪花斑裸胸鳝
Gymnothorax niphostigmus Chen, Shao & Chen, 1996

标本采集地：南海。
形态特征：体延长，侧扁，头背稍微隆起。吻短，口端位，口裂大。上、下颌均单行，犬齿状。体和鳍均呈黑色，密布雪花状白色斑点。颅顶具白色小点。口角黑色。臀鳍具白缘，背鳍尾鳍色深。
生态习性：暖水性岩礁鳗类。栖息水深为 30～150m。
地理分布：南海，台湾海域。
经济意义：可食用。
参考文献：陈大刚和张美昭，2015a。

图 235　雪花斑裸胸鳝 *Gymnothorax niphostigmus* Chen, Shao & Chen, 1996

小裸胸鳝
Gymnothorax minor (Temminck & Schlegel, 1846)

标本采集地： 南海。

形态特征： 体延长，较侧扁。头中大，近锥形。吻短，眼小而圆。鼻孔每侧 2 个，前鼻孔短管状，近吻端，后鼻孔位于眼前缘上方。口大，口裂伸达眼后方，约为头长的 1/3。上、下颌约等长，各具尖锐牙 1 行。梨骨牙 1 行。舌附于口底。背鳍始于鳃孔前上方，臀鳍起点在肛门后方；背鳍、臀鳍和尾鳍相连续；无胸鳍和腹鳍。体无鳞，侧线孔不发达。体黄白色，由头部至尾端具有 15～22 条褐色横带，头部和体背侧横带之间密布不规则绿褐色斑点。

生态习性： 近海暖水性底层鱼类。栖息于沿岸岩礁间。

地理分布： 东海，南海，台湾海域；日本，印度尼西亚海域。

经济意义： 可食用。

参考文献： 陈大刚和张美昭，2015a。

图 236　小裸胸鳝 *Gymnothorax minor* (Temminck & Schlegel, 1846)

鳕形目 Gadiformes
深海鳕科 Moridae Moreau, 1881
小褐鳕属 Physiculus Kaup, 1858

灰小褐鳕
Physiculus nigrescens Smith & Radcliffe, 1912

同物异名： *Physiculus nigrescens* Smith & Radcliffe, 1912

标本采集地： 南海。

形态特征： 体延长而侧扁，前部稍肥大，尾柄细短。头略平扁，吻钝圆，眼中大，眼间隔小于眼径。口中大，亚端位，口裂较大，上下颌具锥状细牙，颏部具细短颏须1条。鳃裂较大，鳃盖条7个。体被易脱落小圆鳞，侧线明显。背鳍2个，第1背鳍短小，第1鳍棘无特别延长，具7～8鳍条；第2背鳍71～74鳍条；臀鳍与第2背鳍同形且相对，具75～76鳍条；腹鳍胸位，细长，5鳍条；尾鳍较小，截形，不与第2背鳍和臀鳍相连。体淡褐色，腹面色淡，正中具1黑色圆点发光器，背鳍和臀鳍边缘暗色。

生态习性： 暖水性底层中小型鱼类。

地理分布： 南海；日本九州海域，帕劳海岭。

经济意义： 可食用。

参考文献： 陈大刚和张美昭，2015a。

图 237　灰小褐鳕 *Physiculus nigrescens* Smith & Radcliffe, 1912

鮟鱇目 Lophiiformes
鮟鱇科 Lophiidae Rafinesque, 1810
黄鮟鱇属 Lophius Linnaeus, 1758

黄鮟鱇
Lophius litulon (Jordan, 1902)

同物异名： *Lophiomus litulon* Jordan, 1902

标本采集地： 台湾海峡。

形态特征： 体前端平扁，呈圆盘状，向后细尖，呈柱形。尾柄短。头大。吻宽阔，平扁，背面无大凹窝。眼较小，位于头背方。眼间隔很宽，稍凸。鼻孔突出。口宽大，下颌较长。上颌、下颌、犁骨、腭骨及舌上均有牙。鳃孔宽大，位于胸鳍基下缘后方。头部有不少棘突，顶骨棘长大。方骨具上、下2棘。间鳃盖骨具1棘。关节骨具1棘。肩棘不分叉，上有2或3小棘。体裸露无鳞。头、体上方、两颌周缘均有很多大小不等的皮质突起。有侧线。背鳍2个：第1背鳍具6鳍棘，相互分离，前3鳍棘细长，后3鳍棘细短；第2背鳍和臀鳍位于尾部。胸鳍很宽，侧位，圆形，2块辐状骨在鳍基形成臂状。腹鳍短小，喉位。尾鳍近截形。体背面紫褐色，腹面浅色。体背具有不规则的深棕色网纹。背鳍基底具1深色斑。臀鳍与尾鳍黑色。

生态习性： 暖水性底层鱼类。栖息于25～500m的泥沙底质海域。肉食性。

地理分布： 渤海，黄海，东海和台湾；日本，朝鲜半岛。

经济意义： 可食用经济鱼类。

参考文献： 陈大刚和张美昭，2015a。

图238　黄鮟鱇 *Lophius litulon* (Jordan, 1902)

黑鮟鱇属 *Lophiomus* Gill, 1883

黑鮟鱇
Lophiomus setigerus (Vahl, 1797)

同物异名：*Chirolophius laticeps* Ogilby, 1910；*Chirolophius malabaricus* Samuel, 1963；*Laphiomus setigerus* (Vahl, 1797)；*Lophiomus longicephalus* Tanaka, 1918；*Lophius indicus* Alcock, 1889；*Lophius setigerus* Vahl, 1797；*Lophius viviparus* Bloch & Schneider, 1801

标本采集地：南海。

形态特征：体平扁而柔软，头宽大而平扁，呈圆盘状，躯干部粗短，呈圆锥形。吻宽阔而平扁，不甚隆起，前侧各具 2～4 小骨棘。眼小，上位，眼间隔宽而凹入，眶上部及后部具骨棘。口大而宽阔，下颌突出，长于上颌。体光滑无鳞，头部周缘、体侧及尾柄部具发达分支状皮质突起，肩部各侧均具 1 突出大棘，其上具 2～7 小棘。背鳍 2 个，第 1 背鳍具 5 分离细长鳍棘，第 2 背鳍位于尾部，具 8～9 鳍棘；臀鳍位于第 2 背鳍下方，具 6 鳍条；腹鳍喉位；胸鳍发达，具 1 埋于皮下的长假臂；尾鳍截形。体背黑褐色，腹面浅白色，口底内前方具黑褐色斑纹，臀鳍白色。

生态习性：近海暖水性底层鱼类。栖息于水深 40～50m 的泥沙底质海区。

地理分布：东海，南海，台湾海域。

经济意义：可食用。

参考文献：陈大刚和张美昭，2015a。

图 239 黑鮟鱇 *Lophiomus setigerus* (Vahl, 1797)

鮟鱇科 Antennariidae Jarocki, 1822

躄鱼属 Antennarius Daudin, 1816

带纹躄鱼
Antennarius striatus (Shaw, 1794)

同物异名： *Antennarius atra* (Schultz, 1957)；*Antennarius cunninghami* Fowler, 1941；*Antennarius delaisi* Cadenat, 1959；*Antennarius fuliginosus* Smith, 1957；*Antennarius glauerti* Whitley, 1957；*Antennarius lacepedii* Bleeker, 1856；*Chironectes tricornis* Cloquet, 1817；*Chironectes tridens* Temminck & Schlegel, 1845；*Lophius tricornis* (Cloquet, 1817)；*Phrynelox atra* Schultz, 1957；*Phrynelox cunninghami* (Fowler, 1941)；*Phrynelox lochites* Schultz, 1964；*Phrynelox melas* (Bleeker, 1857)；*Phrynelox zebrinus* Schultz, 1957；*Saccarius lineatus* Günther, 1861；*Triantennatus zebrinus* (Schultz, 1957)；*Triantennaus zebrinus* (Schultz, 1957)

标本采集地： 南海。

形态特征： 体粗短而侧扁，长圆形，背缘弧形隆起，腹面突出。眼小，口大，口裂几近垂直状，下颌稍突出，上颌后端为皮肤所盖。体无鳞，皮肤粗糙，密被细绒毛状小棘，侧线不甚明显。背鳍2个，第1背鳍具3鳍棘，第1鳍棘形成吻触手，细竿状；臀鳍起点位于尾柄前端，具7分离鳍条；腹鳍短小，胸鳍位于体侧下方，具1埋于皮下的假臂；尾鳍圆形；胸鳍前方沿体侧至头腹面具稀疏肉质须状突起。体浅棕色，具不规则黑色斜带，腹部密具小黑斑，吻触手中央基部不呈黑色。

生态习性： 近海暖水性底层小型鱼类。栖息于沿岸浅水岩礁海区和沙泥质海底。

地理分布： 东海，南海，台湾海域。

经济意义： 可食用。

参考文献： 陈大刚和张美昭，2015a。

图 240　带纹躄鱼 *Antennarius striatus* (Shaw, 1794)

蝙蝠鱼科 Ogcocephalidae Gill, 1893
棘茄鱼属 *Halieutaea* Valenciennes, 1837

费氏棘茄鱼
Halieutaea fitzsimonsi (Gilchrist & Thompson, 1916)

同物异名： *Halieutaea liogaster* Regan, 1921；*Halieutea liogaster* Regan, 1921；*Halieutichthys fitzsimonsi* Gilchrist & Thompson, 1916

标本采集地： 南海。

形态特征： 体甚平扁，躯干部短小，尾尖短，头宽阔，呈圆盘状。吻前缘中部内凹，形成吻凹窝，吻触手位于吻凹窝内。眼中大，位于头盘中央，眼间隔具1凹窝。口大，前位。上颌突出，下颌微短，其下缘及口角具许多强棘。体无鳞，背面具星状强棘，棘间皮肤密被绒毛状小刺，头盘周缘及吻凹窝具强大硬棘，尾部密具强大硬棘，腹面密被绒毛状细棘，无侧线。具2背鳍，第1背鳍仅具1棘，形成棘状触手，位于吻凹窝内，端部具3叶状皮瓣；第2背鳍位于尾柄上部，具4～5鳍条，臀鳍与第2背鳍相对。胸鳍位于头盘后方，呈柄状。尾鳍发达，呈截形。体红色，背面具许多黑色斑点连成的网纹，腹面白色，各鳍边缘黑色。

生态习性： 暖水性深海底层鱼类。

地理分布： 南海，台湾海域；日本九州海域，帕劳海域。

经济意义： 经济价值低，一般以杂鱼处理。

参考文献： 陈大刚和张美昭，2015a。

图 241 费氏棘茄鱼 *Halieutaea fitzsimonsi* (Gilchrist & Thompson, 1916)

鲉形目 Scorpaeniformes
绒皮鲉科 Aploactinidae Jordan & Starks, 1904
虻鲉属 *Erisphex* Jordan & Starks, 1904

虻鲉
Erisphex pottii (Steindachner, 1896)

同物异名：*Cocotropus pottii* Steindachner, 1896；*Eisphex achrurus* Regan, 1905；*Erisphex potti* (Steindachner, 1896)

标本采集地：南海。

形态特征：头侧扁，中大；额棱低平，在眼部上方凸起，凸起前方有1深凹。眶上棱与额棱间凹入；眶前棘、眶上棘、眶后棘钝尖；眶前骨下缘具2棘。眼小，上侧位；眼间隔约等于眼径。口大；牙细小，上下颌、犁骨具绒毛状牙群；舌前端游离。鳃孔宽大，不与峡部相连。鳃盖条7，具假鳃。鳞退化，体被绒毛状细刺。侧线高位，背鳍具12鳍棘，12鳍条，始于瞳孔后缘上方，前4棘较粗，第4鳍棘处有1浅缺刻，鳍端深达尾基。臀鳍具2鳍棘，10～12鳍条。腹鳍短小，具I鳍棘，2鳍条。胸鳍低位。体灰黑色，腹部浅色，背侧面有时具不规则黑色斑块或小点；背鳍鳍条部、尾鳍、臀鳍、胸鳍黑色。

生态习性：暖温性底层鱼类。栖息于沙泥质海底。

地理分布：黄海，东海，南海；日本松岛湾海域，西北太平洋暖水域。

经济意义：经济价值较低。

参考文献：陈大刚和张美昭，2015a。

图242 虻鲉 *Erisphex pottii* (Steindachner, 1896)

鲉科 Sebastidae Kaup, 1873
短鳍蓑鲉属 *Dendrochirus* Swainson, 1839

美丽短鳍蓑鲉
Dendrochirus bellus (Jordan & Hubbs, 1925)

同物异名： *Brachirus bellus* Jordan & Hubbs, 1925
标本采集地： 南海。
形态特征： 体延长，侧扁，前部稍高。头部棘棱发达，具皮瓣。鼻棘、额棱无锯齿，其余棘棱均具细锯齿。眶前骨宽平，长方形，外侧面具锯齿状纵棱，下缘具2小棘。眼间隔深凹。口大，前位，斜裂。下颌突出，下颌骨腹面无纵行锯齿棱；上下颌及犁骨具绒毛状牙群，腭骨无牙。鳃盖骨具1棘。体被圆鳞或弱栉鳞，颌部、吻部及鳃盖膜无鳞。侧线完全，上侧位。背鳍13鳍棘9鳍条，鳍棘部与鳍条部间有1缺刻；鳍棘均尖长，鳍膜深裂；胸鳍长大，伸越臀鳍，不达尾鳍基；臀鳍3鳍棘5鳍条；尾鳍圆尖形。体红色，背侧具6条褐色横带；腹鳍具4条褐色横带；胸鳍具6～7条褐色横带；背鳍鳍条部、臀鳍和尾鳍具黑色小斑点。
生态习性： 暖水性鱼类。栖息于岩礁或珊瑚礁附近水域。
地理分布： 东海，南海；日本。
经济意义： 肉可食。
参考文献： 陈大刚和张美昭，2015a。

图243 美丽短鳍蓑鲉 *Dendrochirus bellus* (Jordan & Hubbs, 1925)

拟蓑鲉属 *Parapterois* Bleeker, 1876

拟蓑鲉
Parapterois heterura (Bleeker, 1856)

标本采集地： 南海。

形态特征： 体延长，侧扁，前部稍高。头部棘棱发达，具皮瓣。额棱无锯齿，下颌骨腹面无纵行锯齿棱，其余棘棱均具细锯齿。眶前骨各棱具锯齿状小棘，下缘具1长形皮瓣。眼间隔凹入，小于眼径。口大，前位，斜裂。下颌突出。鳃盖骨后具1软短棘。头及体均被栉鳞，上颌骨后部、吻部及头部腹面无鳞。侧线完全。背鳍13鳍棘9鳍条，鳍棘部与鳍条部间有1缺刻；鳍棘尖长，鳍膜深裂；胸鳍长大，伸越臀鳍，不达尾鳍基；臀鳍2鳍棘7鳍条；尾鳍截形，上下缘鳍条丝状延长。体褐红色，体侧有8～9行不明显暗色横纹；背鳍灰色，鳍棘部具3～4行暗褐色斑点，鳍条部具9～10行暗褐色斑点；臀鳍红色，具6～7行黑色斑点；腹鳍黑色；尾鳍灰色，上部具黑色斑点。

生态习性： 生活于沿岸海域，栖息于岩礁或珊瑚礁中。

地理分布： 台湾；印度-太平洋区，包括东非，日本，菲律宾，印度尼西亚，澳大利亚，密克罗尼西亚，马绍尔群岛，所罗门群岛等海域。

经济意义： 具观赏价值。

参考文献： 陈大刚和张美昭，2015b。

图244 拟蓑鲉 *Parapterois heterura* (Bleeker, 1856)

平鲉属 *Sebastes* Cuvier, 1829

许氏平鲉
Sebastes schlegelii Hilgendorf, 1880

同物异名： *Sebastes* (*Sebastichthys*) *schlegelii* (Hilgendorf, 1880)；*Sebastes* (*Sebastocles*) *schlegelii* Hilgendorf, 1880；*Sebastes schlegeli* Hilgendorf, 1880；*Sebastichthys schlegeli* (Hilgendorf, 1880)

标本采集地： 东海。

形态特征： 头顶棱较低，眼间隔宽平，约等于眼径。两颌、眶前和鳃盖上无鳞，眶前骨下缘有3钝棘。两颌及犁骨、腭骨均有绒齿带。体灰黑色，腹部白色，散布不规则黑斑；各鳍黑色或灰白色，常具小斑点，尾鳍后缘上、下有白边。

生态习性： 冷温性近海底层鱼类。栖息于近海岩礁和沙泥质海底。春季产卵，卵胎生。

地理分布： 渤海，黄海，东海，南海；日本，朝鲜半岛，太平洋中、北部。

经济意义： 肉可供食用，为海洋渔业、海水增养殖重要对象。

参考文献： 陈大刚和张美昭，2015b。

图 245　许氏平鲉 *Sebastes schlegelii* Hilgendorf, 1880

菖鲉属 *Sebastiscus* Jordan & Starks, 1904

褐菖鲉
Sebastiscus marmoratus (Cuvier, 1829)

同物异名： Sebastes marmoratus Cuvier, 1829； Sebasticus marmoratus (Cuvier, 1829)

标本采集地： 南海。

形态特征： 头背具棘棱，眼间隔有深凹，较窄，仅为眼径的 1/2。眶前骨下缘有 1 钝棘，上、下颌与犁骨、腭骨均有细齿带，但第 2 眶下骨无向后的小棘。胸鳍鳍条通常 18 条。体茶褐色或暗红色，有许多浅色斑。胸鳍基底中部有小斑点集成的大暗斑。体色有随水深增加而增红的趋势。

生态习性： 暖温性岩礁鱼类。栖息于沿岸岩礁藻场。卵胎生，秋、冬受精，冬、春产仔。

地理分布： 黄海，东海，南海；日本，朝鲜半岛，菲律宾，西北太平洋。

经济意义： 肉可供食用，为海水增养殖对象。

参考文献： 陈大刚和张美昭，2015b。

图 246　褐菖鲉 *Sebastiscus marmoratus* (Cuvier, 1829)

鲉科分属检索表

1. 胸鳍中大 ··· 2
 - 胸鳍长大，伸越臀鳍 ··· 3
2. 背鳍鳍棘 11~15 枚；第 2 眶下骨后端尖 ··· 平鲉属 *Sebastes*
 - 背鳍鳍棘 11~13 枚；第 2 眶下骨后端平截 ·· 菖鲉属 *Sebastiscus*
3. 尾鳍上下缘或上缘具丝状延长鳍条 ·· 拟蓑鲉属 *Parapterois*
 - 尾鳍上下缘无丝状延长鳍条 ·· 短鳍蓑鲉属 *Dendrochirus*

毒鲉科 Synanceiidae Gill, 1904
虎鲉属 Minous Cuvier, 1829

单指虎鲉
Minous monodactylus (Bloch & Schneider, 1801)

同物异名：Minous adamsii Richardson, 1848；Minous blochi Kaup, 1858；Minous echigonius Jordan & Starks, 1904；Minous oxycephalus Bleeker, 1876；Minous woora Cuvier, 1829；Scorpaena biaculeata Kuhl & van Hasselt, 1829；Scorpaena monodactyla Bloch & Schneider, 1801

标本采集地：南海。

形态特征：体小型，长约80mm；体中长，长椭圆形，前部粗大，后部稍侧扁，尾部向后渐狭小。眼中大，圆形，上侧位。口中大，亚端位。鼻棱三角形，分叉，位于前鼻孔里侧。鳃耙粗短，鳃丝长等于或稍短于眼径一半，假鳃发达。体光滑无鳞，侧线上侧位。背鳍起点位于鳃盖骨上棘前上方；臀鳍起点位于背鳍鳍条部前端下方，鳍条长约等于背鳍鳍条部；胸鳍颇长大，长圆形；腹鳍胸位；尾鳍后缘圆截形，等于或略短于胸鳍；各鳍鳍条均不分枝。体腔大，腹膜白色，体褐红色，腹面白色，背侧具数条不规则条纹。

生态习性：暖水性小型海洋鱼类。栖息于近海底层，以甲壳动物等为食，卵生，数量少。

地理分布：渤海，黄海，东海，南海；印度洋和西太平洋中、北部，大洋洲，印度，菲律宾和日本。

经济意义：肉可食用。

参考文献：金鑫波，2006；刘静，2008a；陈大刚和张美昭，2015b。

图247 单指虎鲉 *Minous monodactylus* (Bloch & Schneider, 1801)

鲉科 Platycephalidae Swainson, 1839
鳄鲬属 *Cociella* Whitley, 1940

鳄鲬
Cociella crocodilus (Cuvier, 1829)

同物异名：*Cociella crocodila* (Tilesius, 1814)；*Cociella crocodila* (Cuvier, 1829)；*Cociella crocodile* (Cuvier, 1829)；*Cociella crocodiles* (Cuvier, 1829)；*Cociella crocodilla* (Tilesius, 1814)；*Cociella crocodilus* (Tilesius, 1814)；*Cocius crocodila* (Tilesius, 1814)；*Cocius crocodilus* (Tilesius, 1814)；*Inegocia guttata* (Cuvier, 1829)；*Platycephalus crocodila* Tilesius, 1814；*Platycephalus crocodilus* Tilesius, 1814；*Platycephalus crocodilus* Cuvier, 1829；*Platycephalus guttatus* Cuvier, 1829；*Platycephalus inermis* Jordan & Evermann, 1902

标本采集地：南海。

形态特征：头宽，平扁，棘棱发达，眼下棱只有2棘。体表覆盖细小、易脱落的栉鳞。前鼻孔后缘各有1皮质突起。前鳃盖骨具2尖棘。左右犁骨齿带分离，呈八字形，腭骨齿带为细长纵行。腹鳍始于胸鳍后方；第2背鳍和臀鳍各有11鳍条。

生态习性：沙底栖性鱼类，以小鱼及甲壳类为食。主要栖息于沙泥质海底。

地理分布：台湾，南海；印度-西太平洋区，由红海、东非到所罗门群岛，北至日本南部，南至澳大利亚。

经济意义：可食用。

参考文献：陈大刚和张美昭，2015b。

图248　鳄鲬 *Cociella crocodilus* (Cuvier, 1829)

凹鳍鲬属 *Kumococius* Matsubara & Ochiai, 1955

凹鳍鲬
Kumococius rodericensis (Cuvier, 1829)

同物异名： *Insidiator detrusus* Jordan & Seale, 1905；*Kumococcius detrusus* (Jordan & Seale, 1905)；*Kumococius detrusus* (Jordan & Seale, 1905)；*Kumococius rodericiensis* (Cuvier, 1829)；*Kumocoius rodericensis* (Cuvier, 1829)；*Platycephalus bengalensis* Rao, 1966；*Platycephalus rodericensis* Cuvier, 1829；*Platycephalus sculptus* Günther, 1880；*Platycephalus timoriensis* Cuvier, 1829；*Suggrundus bengalensis* (Rao, 1966)；*Suggrundus rodericensis* (Cuvier, 1829)；*Suggrundus rodriconsis* (Cuvier, 1829)；*Suggrundus sculptus* (Günther, 1880)

标本采集地： 南海。

形态特征： 体延长，平扁，向后渐细尖，纵剖面略呈圆柱状。头部呈纵扁，眶间隔稍宽。口大，上端位，向后延伸未达眼睛前缘。眼中大，眼后无凹陷。眼上方不具附肢。间鳃盖骨具附肢，指状。颊部具2棱。眼下棱具3棘。前鳃盖骨上方具3棘，不具向前倒棘。眼眶前具1棘，眼眶上方不具棘。侧线鳞54～55。头部及身体上方灰黑色；下半部白色，伴有稀疏斑点；背部具有5个不明显暗斑。第1背鳍上缘具2个黑斑；胸鳍黑色，中间具有1淡色斑；腹鳍黑色，具有少数斑点；第2背鳍及臀鳍淡色；尾鳍后缘黑色。

生态习性： 暖水底层性鱼类。

地理分布： 南海；日本土佐湾海域，西北太平洋暖水域。

经济意义： 可食用。

参考文献： 陈大刚和张美昭，2015b。

图 249　凹鳍鲬 *Kumococius rodericensis* (Cuvier, 1829)

黄鲂鮄科 Peristediidae Jordan & Gilbert, 1883
红鲂鮄属 Satyrichthys Kaup, 1873

瑞氏红鲂鮄
Satyrichthys rieffeli (Kaup, 1859)

同物异名： *Peristethus rieffeli* Kaup, 1859
标本采集地： 南海。
形态特征： 体延长，前部粗大，后部渐细小。头宽平。头、体均被骨板。眼正中前方具 1 棘，中筛棱 1 对，交叉状。无鼻棘。吻长而宽扁，向前倾斜，前端凹入；吻突狭长。眼中大，上侧位。口中大，前腹位，马蹄形。上下颌、犁骨、腭骨均无牙。鳃孔大。前鳃盖骨具 1 长棘，向后伸达胸鳍。体被骨板，每侧 4 纵行，骨板上常具尖棘。胸鳍尖长，低位，下部 2 指状游离鳍条；腹鳍胸位，左右远离，与胸鳍等长；尾鳍短小，后缘略凹。体黄色，头侧和体侧及背鳍散布褐色斑点。
生态习性： 暖水性底栖鱼类。栖息于水深 70～130m 的泥沙海底。
地理分布： 东海，南海，台湾；印度-西太平洋区，包括日本，阿拉弗拉海等。
经济意义： 具观赏价值。
参考文献： 陈大刚和张美昭，2015b。

10mm

图 250　瑞氏红鲂鮄 *Satyrichthys rieffeli* (Kaup, 1859)

海龙目 Syngnathiformes
海龙科 Syngnathidae Bonaparte, 1831
海龙属 Syngnathus Linnaeus, 1758

舒氏海龙
Syngnathus schlegeli Kaup, 1856

同物异名： *Sygnathoides schlegeli* (Kaup, 1856); *Syngnathus acusimilis* Günther, 1873

标本采集地： 台湾海峡。

形态特征： 体细长，鞭状，尾部后方渐细；躯干部骨环七棱形，尾部骨环四棱形，腹部中央棱微凸出。头长而细尖。吻细长，管状，吻长大于眼后头长。眼较大，圆形，眼眶不凸出。眼间隔微凹，小于眼径。口小，前位。上、下颌短小，稍能伸缩。无牙。鳃盖隆起，于前方基部 1/3 处，具 1 直线形隆起脊，由此脊向后方有数条放射线纹。鳃孔很小，位于头侧背方。雄性尾部前方腹面具有育儿袋。体无鳞，完全由骨质环所包围。骨环数 19+38～42。体上棱脊很突出。躯干部与尾部上侧棱不连续，躯干部下侧棱与尾部下侧棱相连续。腹面中央棱终止于肛门前。背鳍较长，始于最末体环，止于第 9 尾环。臀鳍短小，紧位于肛门后方。胸鳍较高，扇形，位低。尾鳍长，后缘圆形。体背部绿黄色，腹部淡黄色，体侧具多条不规则暗色横带。背鳍、臀鳍、胸鳍淡色，尾鳍黑褐色。

生态习性： 温带和热带种。生活在沿岸藻类繁茂的海域中，常利用尾部缠在海藻枝上，并以小型浮游生物为饵料，也常食小型甲壳动物。雄海龙尾部腹面有由左右两片皮褶形成的育儿袋，交配时雌海龙产卵于雄海龙之"袋"中，卵在袋里受精孵化。

地理分布： 黄海，东海，南海，台湾；韩国，日本，西北太平洋。

经济意义： 可作药用。

参考文献： 刘静，2008b。

图 251　舒氏海龙 *Syngnathus schlegeli* Kaup, 1856

海马属 *Hippocampus* Rafinesque, 1810

日本海马
Hippocampus mohnikei Bleeker, 1853

同物异名： *Hippocampus japonicus* Kaup, 1856；*Hippocampus monckei* Bleeker, 1853；*Hippocampus monickei* Bleeker, 1853；*Hippocampus monikei* Bleeker, 1853

标本采集地： 海南。

形态特征： 躯干环 11 节。吻短，头长为吻长的 3 倍。头冠甚低，无棘。各体环棘刺亦低、钝。尾显著细长。体褐色或深褐色，布有不规则的带状斑。

生态习性： 暖温性沿岸鱼种。栖息于近岸内湾藻场海域。

地理分布： 渤海，黄海，东海，南海；日本，朝鲜半岛，越南，西太平洋。

经济意义： 是海马中的习见小型种，为北方药用养殖鱼类。

参考文献： 刘静，2008b。

图 252　日本海马 *Hippocampus mohnikei* Bleeker, 1853

鲈形目 Perciformes
䲢科 Uranoscopidae Bonaparte, 1831
䲢属 Uranoscopus Linnaeus, 1758

项鳞䲢
Uranoscopus tosae (Jordan & Hubbs, 1925)

同物异名： *Zalescopus tosae* Jordan & Hubbs, 1925

标本采集地： 南海。

形态特征： 体较粗短。头大，被骨板。下颌内侧有三角形宽皮瓣。前鳃盖骨下方有4～5个尖棘。肱棘2枚，后棘尖长。项背、侧线前上方无鳞。背鳍2个，第1背鳍有4～5个鳍棘。体背侧绿褐色。有虫斑或白色网状斑；腹侧灰黄色。第1背鳍黑色，尾鳍黄色。

生态习性： 暖温性底层鱼类。栖息于泥沙底质海区。

地理分布： 黄海，东海，南海，台湾海峡；西太平洋区。

经济意义： 肉可供食用。

参考文献： 陈大刚和张美昭，2015b。

图 253　项鳞䲢 *Uranoscopus tosae* (Jordan & Hubbs, 1925)

披肩䲢属 *Ichthyscopus* Swainson, 1839

披肩䲢
Ichthyscopus sannio Whitley, 1936

同物异名： *Ichthyscopus lebeck sannio* Whitley, 1936

标本采集地： 海南琼海。

形态特征： 体粗短，稍侧扁。头大，吻短。眼甚小，位于头背缘；眼间隔宽长。口较小，口缘具许多皮质突起。鳃盖骨后缘具1列小突起。项背有鳞。胸鳍基底上方有羽状皮瓣。背鳍1个。尾鳍后缘截形。体背褐色，有许多白色大斑点；腹侧灰白色。背鳍有1列白斑。

生态习性： 暖水性底层鱼类。栖息于沙泥质浅海中。

地理分布： 东海，南海，台湾海域；日本南部海域，澳大利亚海域。

参考文献： 刘静，2008b；陈大刚和张美昭，2015b。

图 254　披肩䲢 *Ichthyscopus sannio* Whitley, 1936

鲻科 Callionymidae Bonaparte, 1831
鲻属 *Callionymus* Linnaeus, 1758

斑鳍鲻
Callionymus octostigmatus Fricke, 1981

同物异名： *Repomucenus octostigmatus* (Fricke, 1981)

标本采集地： 福建厦门。

形态特征： 体延长，平扁。后头部有1对低骨质突起。鳃孔背位。前鳃盖骨棘末端弯曲，上缘具3～4个弯棘，基部有1个倒棘。雄鱼第1背鳍各鳍棘均呈丝状延长，尾鳍长大，其长度大于体长的1/3。雌鱼尾鳍稍短，后缘圆弧形。体背侧褐色，具许多镶黑缘的白点，体侧具1～2列深褐色斑点。

生态习性： 暖水性底层鱼类。栖息于沙泥质海底。

地理分布： 东海，南海，台湾；印度-西太平洋。

参考文献： 刘静，2008b；陈大刚和张美昭，2015b。

图 255 斑鳍鲻 *Callionymus octostigmatus* Fricke, 1981

虾虎鱼科 Gobiidae Cuvier, 1816
刺虾虎鱼属 Acanthogobius Gill, 1859

矛尾刺虾虎鱼
Acanthogobius hasta (Temminck & Schlegel, 1845)

同物异名：*Acanthogobius ommaturus* (Richardson, 1845)；*Gobius hasta* Temminck & Schlegel, 1845；*Synechogobius hasta* (Temminck & Schlegel, 1845)；*Synechogobius hastus* (Temminck & Schlegel, 1845)

标本采集地：南海。

形态特征：体延长，前部呈圆筒形，后部侧扁而细；尾柄粗短。头宽大，稍平扁，头部具3个感觉管孔。吻较长，圆钝；眼小，口大，向前斜裂。背鳍2个，分离；腹鳍小，左右腹鳍愈合成1圆形吸盘；尾鳍尖长。体呈淡黄褐色，中小个体体侧常有数个黑斑；体背侧淡褐色；头部有不规则暗色斑纹；胸鳍和腹鳍基部有1个暗色斑块，大个体暗斑不明显。

生态习性：暖温性近岸底层中大型虾虎鱼类。生活于沿海、港湾及河口咸、淡水交混处，也进入淡水。喜栖息于底质为淤泥或泥沙的水域。多穴居。

地理分布：渤海，黄海，东海，南海；朝鲜半岛，日本。

经济意义：可食用经济鱼类。

参考文献：伍汉霖和钟俊生，2008。

图 256 矛尾刺虾虎鱼 *Acanthogobius hasta* (Temminck & Schlegel, 1845)

细棘虾虎鱼属 *Acentrogobius* Bleeker, 1874

普氏细棘虾虎鱼
Acentrogobius pflaumii (Bleeker, 1853)

同物异名： *Acanthogobius pflaumi* (Bleeker, 1853)；*Acentrogobius pflaumi* (Bleeker, 1853)；*Amoya pflaumi* (Bleeker, 1853)；*Amoya pflaumii* (Bleeker, 1853)；*Gobius pflaumii* Bleeker, 1853；*Rhinogobius pflaumi* (Bleeker, 1853)

标本采集地： 台湾海峡。

形态特征： 体长60～70mm，体延长，前部亚圆筒状，后部略侧扁，背缘稍平直，腹缘浅弧形；尾柄较高。头较大，背面圆凸，具6个感觉管孔。眼中大，上侧位，位于头的前半部。口中大，前位，斜裂。鳃盖条5根，具假鳃，鳃耙短钝。体背鳍2个，分离；臀鳍与第2背鳍同形；胸鳍尖圆，下侧位，上部鳍条不游离；腹鳍愈合成吸盘，起点在胸鳍基部下方；尾鳍尖圆。体被大型栉鳞，颊部、鳃盖部裸露无鳞，无侧线。液浸标本头、体为灰褐色，体背部及体侧鳞片具暗色边缘，体侧具2～3条褐色点线状纵带，并夹杂4～5个黑斑，鳃盖部下部具1个小黑斑。

生态习性： 暖温性沿岸小型鱼类。生活于河口咸水水域、淡水水域、红树林、砂岸及沿海砂泥地中。

地理分布： 黄海，东海，南海；朝鲜半岛，日本，印度洋尼科巴群岛。

经济意义： 可食用鱼类。

参考文献： 刘静，2008b；伍汉霖和钟俊生，2008；陈大刚和张美昭，2015c。

图257 普氏细棘虾虎鱼 *Acentrogobius pflaumii* (Bleeker, 1853)

矛尾虾虎鱼属 *Chaeturichthys* Richardson, 1844

矛尾虾虎鱼
Chaeturichthys stigmatias Richardson, 1844

标本采集地： 台湾海峡。

形态特征： 体长 180～220mm，体颇延长，前部亚圆筒形，后部侧扁，背缘、腹缘较平直。头宽扁，具 3 个感觉管孔。吻中长，圆钝。眼间隔宽，和眼径等长。眼小，上侧位。口宽大，前位，斜裂。下颌稍突出，牙细尖，两颌各具牙 2 行。颊部常具短小触须 3 对，鳃盖条 5 根，具假鳃，鳃耙细长，长针状。体被圆鳞，后部者较大；颊部、鳃盖及项部均被细小圆鳞，项部鳞片伸达眼后缘，吻部无鳞。背鳍 2 个，分离，第 2 背鳍基部长；臀鳍基底长，起点在第 2 背鳍第 3 鳍条基下方，平放时不伸达尾鳍基；胸鳍宽圆，肩带内缘具 3 较小舌形肉质乳突；左右腹鳍愈合成 1 吸盘；尾鳍尖长，大于头长。体黄褐色，体背具不规则暗色斑块；第 1 背鳍第 5～8 鳍棘间具 1 大黑斑；第 2 背鳍和尾鳍均具褐色斑纹。液浸标本体呈灰褐色，头部和背部有不规则暗色斑纹。

生态习性： 暖温性近岸小型底栖鱼类。栖息于河口咸、淡水滩涂淤泥底质、砂泥底质海区，也进入江河下游淡水水体中。

地理分布： 渤海，黄海，东海，南海；朝鲜半岛，日本。

经济意义： 可食用经济鱼类。

参考文献： 刘静，2008b；伍汉霖和钟俊生，2008；陈大刚和张美昭，2015c。

图 258　矛尾虾虎鱼 *Chaeturichthys stigmatias* Richardson, 1844

缟虾虎鱼属 *Tridentiger* Gill, 1859

髭缟虾虎鱼
Tridentiger barbatus (Günther, 1861)

同物异名： *Triaenophorichthys barbatus* Günther, 1861； *Triaenopogen barbatus* (Günther, 1861)； *Triaenopogon barbatus* (Günther, 1861)

标本采集地： 台湾海峡。

形态特征： 体粗壮。头背具3个感觉管孔；颊部具3～4条水平感觉乳突线。吻短宽，广弧形。口宽大，上、下颌等长。头部具许多触须，呈穗状排列。吻缘有须1行，下颌腹面有须2行，鳃盖上部尚有小须2群。体被中等大栉鳞，项部被小圆鳞。第1背鳍以第2、第3鳍棘最长。头、体黄褐色，腹部色浅，体侧常有5条黑色宽横带。背鳍、尾鳍也有暗带纹。

生态习性： 暖温性底层鱼类。栖息于河口或近岸海域。

地理分布： 渤海，黄海，东海，南海；日本，朝鲜半岛。

参考文献： 刘静，2008b；伍汉霖和钟俊生，2008；陈大刚和张美昭，2015c。

图259 髭缟虾虎鱼 *Tridentiger barbatus* (Günther, 1861)

纹缟虾虎鱼
Tridentiger trigonocephalus (Gill, 1859)

同物异名： *Triaenophorus trigonocephalus* Gill, 1859

标本采集地： 台湾海峡。

形态特征： 体长 80～110mm，大者可达 130mm，体延长，很粗壮，前部圆筒形，后部略侧扁，背缘、腹缘浅弧形隆起。头中大，略扁平，具6个感觉管孔。眼小，位于头的前半部。口中大，前位，稍斜裂。鳃耙短而钝尖。体被中大栉鳞，前部鳞较小，后部鳞较大，头部无鳞，无侧线。背鳍2个，分离；臀鳍与第2背鳍相对，同形，等高或稍低，起点位于第2背鳍第3鳍条的下方，平放时不伸达尾鳍基；胸鳍宽圆，下侧位；腹鳍中大，左右腹鳍愈合成1吸盘；尾鳍后缘圆形。液浸标本的体呈灰褐色或浅褐色，腹部浅色，体侧常具2条黑褐色纵带，体侧有时还具不规则横带6～7条，有时仅具横带，或者仅有云状斑纹。

生态习性： 暖温性近岸底层小型鱼类。栖息于河口咸、淡水水域及近岸浅水处，也进入江河下游淡水中。

地理分布： 渤海，黄海，东海，南海；朝鲜半岛，日本。

经济意义： 可食用鱼类。

参考文献： 刘静，2008b；伍汉霖和钟俊生，2008；陈大刚和张美昭，2015c。

图 260　纹缟虾虎鱼 *Tridentiger trigonocephalus* (Gill, 1859)

竿虾虎鱼属 *Luciogobius* Gill, 1859

竿虾虎鱼
Luciogobius guttatus Gill, 1859

同物异名： *Luciogobius martellii* Di Caporiacco, 1948

标本采集地： 台湾海峡。

形态特征： 个体小，体长 40～60mm，大者达 80mm。体细长，竿状；前部圆筒形，后部侧扁，背缘浅弧形，腹缘稍平直，尾柄颇高，长大于体高。头中大，圆钝，前部宽而平扁，背部稍隆起，无感觉管孔。眼较小，圆形，背侧位，位于头的前半部，无游离眼睑。口中大，前位，斜裂。具假鳃，鳃耙短小。体完全裸露无鳞，无侧线。背鳍1个，第1背鳍消失，第2背鳍颇低；臀鳍与背鳍相对，同形，起点约与第2背鳍起点相对，前部鳍条较长；腹鳍很小，圆形，短于胸鳍，左右愈合成1吸盘；尾鳍长圆形，短于头长。液浸标本的头、体呈淡褐色，密布微细的小黑点，头部及体侧有较大浅色圆斑。

生态习性： 暖温性沿岸及河口小型底栖鱼类。退潮后在沙滩或岩石间残存的水体中常可见。以桡足类、轮虫等浮游动物为食，生长缓慢，冬季产卵。

地理分布： 渤海，黄海，东海，南海；朝鲜半岛，日本。

经济意义： 可食用鱼类。

参考文献： 刘静，2008b；伍汉霖和钟俊生，2008；陈大刚和张美昭，2015c。

图 261　竿虾虎鱼 *Luciogobius guttatus* Gil, 1859

大弹涂鱼属 *Boleophthalmus* Valenciennes, 1837

大弹涂鱼
Boleophthalmus pectinirostris (Linnaeus, 1758)

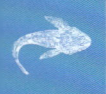

同物异名： *Apocryptes chinensis* Osbeck, 1757； *Boleophthalmus pectinirostri* (Linnaeus, 1758)； *Gobius pectinirostris* Linnaeus, 1758

标本采集地： 台湾海峡。

形态特征： 体延长，前部亚圆筒形，后部侧扁。头大，稍侧扁，具2个感觉管孔。眼小，位高，互相靠拢，突出于头顶之上，下眼睑发达。口大，前位，平裂，略斜，两颌等长，两颌各有牙1行，上颌牙呈锥状，前方每侧3个牙呈犬牙状；下颌牙斜向外方，呈平卧状。体及头部被圆鳞，前部鳞细小，后部鳞较大，无侧线。背鳍2个，分离；臀鳍基底长，与第2背鳍同形；胸鳍尖圆，基部具臂状肌柄；左右腹鳍愈合成1吸盘，后缘完善；尾鳍尖圆，下缘斜截形。体背青褐色，腹部浅色。

生态习性： 暖水性近岸小型鱼类。生活于近海沿岸及河口的低潮区滩涂，适温、适盐性广，水陆两栖。通常在白天退潮时依靠发达的胸鳍肌柄在泥涂上爬行、摄食、跳跃，夜间穴居。

地理分布： 渤海，黄海，东海，南海；朝鲜半岛，日本。

经济意义： 可食用经济鱼类。

参考文献： 刘静，2008b；伍汉霖和钟俊生，2008；陈大刚和张美昭，2015c。

图 262　大弹涂鱼 *Boleophthalmus pectinirostris* (Linnaeus, 1758)

弹涂鱼属 *Periophthalmus* Bloch & Schneider, 1801

大鳍弹涂鱼
Periophthalmus magnuspinnatus Lee, Choi & Ryu, 1995

标本采集地： 广东。

形态特征： 体延长，侧扁；背缘平直，腹缘浅弧形；尾柄较长。头宽大，略侧扁。吻短而圆钝，斜直隆起。眼中大，位于头的前半部，突出于头的背面。背鳍 2 个，分离，较接近；第 1 背鳍高耸，略呈大三角形，起点在胸鳍基后上方，边缘圆弧形；第 2 背鳍基部长，稍小于或等于头长，上缘白色，其内侧具 1 条黑色较宽纵带，此带下缘还另具 1 白色纵带。

生态习性： 暖温性近岸小型鱼类。栖息于底质为淤泥、泥沙的高潮区或半咸、淡水的河口及沿海岛屿、港湾的滩涂及红树林，亦进入淡水。

地理分布： 渤海，黄海，东海，南海，海南，台湾；朝鲜半岛，日本。

经济意义： 可食用经济鱼类。

参考文献： 刘静，2008b；伍汉霖和钟俊生，2008；陈大刚和张美昭，2015c。

图 263　大鳍弹涂鱼 *Periophthalmus magnuspinnatus* Lee, Choi & Ryu, 1995

蜂巢虾虎鱼属 *Favonigobius* Whitley, 1930

裸项蜂巢虾虎鱼
Favonigobius gymnauchen (Bleeker, 1860)

同物异名： *Gobius gymnauchen* Bleeker, 1860

标本采集地： 广东。

形态特征： 体延长。头中等大，较尖。头背有6个感觉管孔（B'、C、D、E、F、G），眼下有1条感觉乳突线，颊部有3条乳突线。吻短，突出，吻长约等于眼径。眼中等大，背侧位。口中等大，前位。下颌长于上颌。齿尖细，上、下颌后部各有2行齿。舌宽，游离，前端截形或微凹。前鳃盖后缘具3个感觉管孔。体被中等大弱栉鳞。吻部、颊部、项部、鳃盖无鳞。第1背鳍以第1、第2鳍棘最长，雄鱼呈丝状延长；胸鳍宽大；腹鳍愈合成吸盘。头、体黄褐色，腹部色浅。体侧具4～5对暗斑。尾鳍具多行黑色斑纹，尾鳍基有1分枝状暗斑。

生态习性： 暖水性底层鱼类。栖息于近岸浅滩、砾石、岩礁海区和珊瑚礁海区。

地理分布： 渤海，黄海，东海，南海；日本，朝鲜半岛。

参考文献： 刘静，2008b；伍汉霖和钟俊生，2008；陈大刚和张美昭，2015c。

图264 裸项蜂巢虾虎鱼 *Favonigobius gymnauchen* (Bleeker, 1860)

狼牙虾虎鱼属 *Odontamblyopus* Bleeker, 1874

拉氏狼牙虾虎鱼
Odontamblyopus lacepedii (Temminck & Schlegel, 1845)

同物异名： *Amblyopus lacepedii* Temminck & Schlegel, 1845；*Amblyopus sieboldi* Steindachner, 1867；*Gobioides petersenii* Steindachner, 1893；*Nudagobioides nankaii* Shaw, 1929；*Sericagobioides lighti* Herre, 1927；*Taenioides abbotti* Jordan & Starks, 1906；*Taenicides limboonkengi* Wu, 1931；*Taenioides petschiliensis* Rendahl, 1924

标本采集地： 广东。

形态特征： 体颇延长，略呈鳗状。头中等大。头部无感觉管孔，但散布有许多不规则排列的感觉乳突。吻短，宽。眼极小，退化，埋于皮下。口大，前位，下颌突出。颌齿2～3行；外行齿均扩大，每侧有4～6个弯曲犬齿，露出唇外。下颌缝合处有1对犬齿。头部无小须，鳃盖上方无凹陷。鳃盖条5个。头、体光滑无鳞。背鳍、臀鳍、尾鳍相连。胸鳍尖形。腹鳍愈合成尖长吸盘。尾鳍尖。体淡红色或灰紫色，奇鳍黑褐色。

生态习性： 暖温性底层鱼类。栖息于河口及近岸滩涂海区。

地理分布： 渤海，黄海，东海，南海；日本明海、八代海，朝鲜半岛海域。

参考文献： 刘静，2008b；伍汉霖和钟俊生，2008；陈大刚和张美昭，2015c。

图265　拉氏狼牙虾虎鱼 *Odontamblyopus lacepedii* (Temminck & Schlegel, 1845)

虾虎鱼科分属检索表

1. 体光滑无鳞 2
 - 体被圆鳞或栉鳞 3
2. 个体小,体细长,竿状;背鳍 1 个 .... 竿虾虎鱼属 *Luciogobius*
 - 体颇延长,呈鳗形,背鳍与尾鳍、臀鳍相连 .... 狼牙虾虎鱼属 *Odontamblyopus*
3. 体被圆鳞 4
 - 体被栉鳞,圆鳞若有仅出现在胸部和腹部 5
4. 尾鳍尖长,大于头长 .... 矛尾虾虎鱼属 *Chaeturichthys*
 - 尾鳍尖圆,不大于头长 6
5. 体被细弱栉鳞,仅胸、腹部被圆鳞;背鳍 2 个,明显分离;背和尾鳍浅褐色,具节状黑色斑 ......
   .... 刺虾虎鱼属 *Acanthogobius*
 - 体被中等大或大型栉鳞 7
6. 尾鳍下缘斜截形;眼小,位高,互相靠拢,突出于头顶之上 .... 大弹涂鱼属 *Boleophthalmus*
 - 第 1 背鳍高耸,略呈大三角形;眼中大,位于头的前半部 .... 弹涂鱼属 *Periophthalmus*
7. 体被大型栉鳞,颊部、鳃盖无鳞;体背部及体侧鳞片具暗色边缘,体侧具 2～3 条褐色点线状纵带
   .... 细棘虾虎鱼属 *Acentrogobius*
 - 体被中等大栉鳞 8
8. 吻部、颊部有鳞,项部被圆鳞;第 1 背鳍以第 2、第 3 鳍棘最长 .... 缟虾虎鱼属 *Tridentiger*
 - 吻部、颊部、项部、鳃盖无鳞;第 1 背鳍以第 1、第 2 鳍棘最长,雄鱼呈丝状延长 ....
   .... 蜂巢虾虎鱼属 *Favonigobius*

鲽形目 Pleuronectiformes
棘鲆科 Citharidae de Buen, 1935
拟棘鲆属 Citharoides Hubbs, 1915

大鳞拟棘鲆
Citharoides macrolepidotus Hubbs, 1915

同物异名：*Brachypleurops axillaris* Fowler, 1934；*Citharoides axillaris* (Fowler, 1934)

标本采集地：南海。

形态特征：体长椭圆形。头大，双眼同位于体左侧。头部稍凸。吻具小缺刻。眼大；眼间隔狭窄。口大，倾斜，两侧不对称，上颌达下眼中央下方。上下颌齿呈绒毛带状。鳃耙细长。有眼侧被栉鳞，无眼侧被圆鳞；胸鳍上方侧线呈弧形。背鳍起点在后鼻孔后方，鳍条由前往后渐长，具64～68鳍条；胸鳍短，眼侧胸鳍鳍条分枝；腹鳍1鳍棘5鳍条；尾鳍鳍条分枝。体于眼侧呈淡黄褐色，背、臀鳍基部末端有黑色斑点。

生态习性：中小型暖水性底层海鱼。在低纬度海区栖息地水较深，在东海区水较浅。

地理分布：东海，南海；南非，朝鲜，日本。

经济意义：可食用。

参考文献：陈大刚，2015；林龙山等，2016。

图266 大鳞拟棘鲆 *Citharoides macrolepidotus* Hubbs, 1915

牙鲆科 Paralichthyidae Regan, 1910

斑鲆属 Pseudorhombus Bleeker, 1862

桂皮斑鲆
Pseudorhombus cinnamoneus (Temminck & Schlegel, 1846)

同物异名： *Rhombus cinnamoneus* Temminck & Schlegel, 1846

标本采集地： 广东汕头南澳岛。

形态特征： 体扁，呈长卵圆形；尾柄短高。头中大。吻部略短钝。两眼略小，稍突起，位于头部左侧，眼间隔小，上眼不接近头部背缘。鼻孔每侧 2 个。口大，前位，斜裂。上颌骨后端伸达下眼瞳孔下方。牙小尖锐，上、下颌各具牙 1 行。鳃孔狭长。鳃盖膜不与颊部相连。鳃耙扁，短于鳃丝，内缘有小刺。肛门偏于无眼侧。有眼侧被栉鳞，无眼侧被圆鳞。奇鳍均被小鳞。左右侧线均发达，侧线前部在胸鳍上方形成 1 弓状弯曲部，有颞上支。背鳍起点约在无眼侧鼻孔上方，后端少数鳍条分枝，最后鳍条最短小。臀鳍与背鳍相对，起点约在胸鳍基底后缘下方。胸鳍不等大，有眼侧略大，左胸鳍尖刀形，中央 7～8 鳍条分枝，右胸鳍圆形，鳍条不分枝。左右腹鳍对称。尾鳍后缘钝尖。有眼侧为暗褐色，具若干暗色圆斑。奇鳍上具黑褐色小斑点。无眼侧白色。

生态习性： 暖温带中等大底层海鱼。

地理分布： 渤海，黄海，东海，南海北部沿海，台湾；日本，朝鲜半岛等海域。

经济意义： 可食用经济鱼类。

参考文献： 李思忠和王惠民，1995；刘静，2008b；陈大刚和张美昭，2015c。

图 267　桂皮斑鲆 *Pseudorhombus cinnamoneus* (Temminck & Schlegel, 1846)

高体斑鲆
Pseudorhombus elevatus Ogilby, 1912

同物异名： *Pseudorhombus affinis* Weber, 1913；*Pseudorhombus elevates* Ogilby, 1912

标本采集地： 海南三亚。

形态特征： 体呈卵圆形，侧扁而高，体长为体高的 1.8～1.9 倍。吻钝短，口前位。齿尖小，右下颌齿 30～38 个。头、体左侧被栉鳞，右侧被圆鳞。头、体左侧淡灰褐色。侧线直线部前端偏上方有 1 与眼约等大的黑褐色斑，而侧线中央及尾柄前端各有 1 较小的黑斑。侧线上、下各有 2 纵行 4～7 个环状或圆弧状暗褐色纹。鳍淡黄色，尾鳍上、下各有 1 暗斑。头、体右侧乳白色。

生态习性： 暖水性底层鱼类。栖息于水深 13～200m 的沙泥质海底。

地理分布： 台湾，东海，南海；印度 - 太平洋区。

参考文献： 李思忠和王惠民，1995；林龙山等，2016；陈大刚和张美昭，2015c。

图 268　高体斑鲆 *Pseudorhombus elevatus* Ogilby, 1912

鲆科 Bothidae Smitt, 1892
鲆属 *Bothus* Rafinesque, 1810

凹吻鲆
Bothus mancus (Broussonet, 1782)

同物异名： Crossorhombus macroptera (Quoy & Gaimard, 1824); Platophrys mancus (Broussonet, 1782); Pleuronectes barffi Curtiss, 1944; Pleuronectes mancus Broussonet, 1782; Rhombus macropterus Quoy & Gaimard, 1824

标本采集地： 海南西沙群岛。

形态特征： 体呈长椭圆形，体长为体高的 1.9～2.1 倍。眼间隔宽，中部稍凹。上眼始于下眼的后上方，眼后部常有毛状皮突。口裂大，上颌后端越过下眼前缘下方。头、体左侧被弱栉鳞，右侧被圆鳞。体左侧淡褐色，密布淡蓝色且具褐色缘的环状、弧状斑和针尖状黑褐色点。侧线直线部的前部、中部各有 1 大黑斑。胸鳍有多条黑褐色横纹。体右侧淡黄白色，头部有灰褐色小斑点。

生态习性： 暖水性底层鱼类。栖息于潮间带、潟湖。

地理分布： 南海，台湾海域；日本，印度 - 太平洋水域。

参考文献： 李思忠和王惠民，1995；林龙山等，2016；陈大刚和张美昭，2015。

图 269　凹吻鲆 *Bothus mancus* (Broussonet, 1782)

鲽科 Pleuronectidae Rafinesque, 1815

瓦鲽属 Poecilopsetta Günther, 1880

双斑瓦鲽
Poecilopsetta plinthus (Jordan & Starks, 1904)

同物异名： *Alaeops plinthus* Jordan & Starks, 1904；*Poecilopsetta megalepis* Fowler, 1934

标本采集地： 南海。

形态特征： 体卵圆形或稍延长，甚侧扁，两眼位于头部右侧，两眼间隔甚窄；口较小，近于对称。背鳍鳍条数 64～70；臀鳍鳍条数 52～56。腹鳍基底短，稍不对称，有眼侧腹鳍接近正中线，鳍条不延长，有眼侧被弱栉鳞或圆鳞，无眼侧被圆鳞。有眼侧侧线甚发达，伸及尾鳍，在胸鳍上方有1弓状弯曲部，无颞上支，无眼侧无侧线或侧线痕迹状。背鳍和臀鳍各有1纵行黑斑，有眼侧胸鳍鳍条全不分枝，有眼侧体后部无大黑斑。

生态习性： 暖水性底层鱼类。

地理分布： 东海，南海；日本，菲律宾。

经济意义： 可食用。

参考文献： 林龙山等，2016。

图 270 双斑瓦鲽 *Poecilopsetta plinthus* (Jordan & Starks, 1904)

冠蝶科 Samaridae Jordan & Goss, 1889
沙蝶属 *Samariscus* Gilbert, 1905

长臂沙蝶
Samariscus longimanus Norman, 1927

同物异名： *Somariscus longimanus* Norman, 1927
标本采集地： 南海。
形态特征： 体椭圆形，背、臀缘呈弧形。两眼均在右侧。头小，圆钝，腹缘圆滑，背缘较凹；吻稍长于眼径，眼间距小且具鳞片。口小，倾斜，对称。上颌达眼前缘。两侧被栉鳞。侧线直线状，侧线鳞数 55～60。背鳍鳍条数 66～71；臀鳍鳍条数 50～54；胸鳍第 1 鳍条呈丝状，鳍条数 5；尾鳍尖圆形。体灰褐色，沿背、腹缘及侧线上下有许多暗色点，尾鳍前部有 2 个黑斑，胸鳍淡黑色；盲侧体色为白色或灰白色。
生态习性： 暖水性底层鱼类。
地理分布： 台湾南部海区；印度洋北部等。
经济意义： 可食用。
参考文献： 林龙山等，2016。

图 271　长臂沙蝶 *Samariscus longimanus* Norman, 1927

鳎科 Soleidae Bonaparte, 1833
豹鳎属 *Pardachirus* Günther, 1862

眼斑豹鳎
Pardachirus pavoninus (Lacepède, 1802)

同物异名： *Achirus pavoninus* Lacepède, 1802；*Aseraggodes ocellatus* Weed, 1961；*Aseraggodes persimilis* (Günther, 1909)；*Paradachirus pavonimus* (Lacepède, 1802)；*Paradachirus pavoninus* (Lacepède, 1802)；*Pardachirus parvonimus* (Lacepède, 1802)；*Pardachirus povaninus* (Lacepède, 1802)；*Pordachirus pavorinus* (Lacepède, 1802)；*Solea persimilis* Günther, 1909

标本采集地： 海南三亚。

形态特征： 体长圆形，很侧扁。头短高。吻钝圆，向下稍弯曲而不呈钩状。两眼位于头右侧。口稍小，歪形，亚前位；右口裂较长，向后略伸过下眼前缘。两颌仅左侧有小绒毛状牙，牙群窄带状。肛门位于腹鳍之间，微偏左侧，与左腹鳍略相连。头体两侧被弱栉鳞，头前下缘及前部左侧鳞绒毛状，背、臀鳍无鳞。背鳍始于吻前端背缘；鳍条分枝，基端后缘左右各有1小孔，倒数第14～15背鳍条最长，最后鳍条略不连尾鳍。臀鳍始于鳃孔后端稍前下方，形似背鳍。无胸鳍。右腹鳍始于鳃峡后端，第3鳍条最长，第5鳍条前半部有膜连生殖突起。尾鳍圆形，中央16鳍条分枝。鲜鱼头、体右侧淡黄褐色，有许多大小不等的棕黑色细环纹，环纹内较淡且常有1～4个棕褐色小点；鳍与体色相似，奇鳍仅有环纹。体左侧淡黄白色。

生态习性： 暖水性稍小型底层海鱼。喜生活于珊瑚礁区。

地理分布： 东海，南海，台湾；西达红海，南达昆士兰，东到萨摩亚，北到日本南部。

经济意义： 可食用经济鱼类。

参考文献： 林龙山等，2016；陈大刚和张美昭，2015a。

图 272　眼斑豹鳎 *Pardachirus pavoninus* (Lacepède, 1802)

舌鳎科 Cynoglossidae Jordan, 1888
须鳎属 *Paraplagusia* Bleeker, 1865

短钩须鳎
Paraplagusia blochii (Bleeker, 1851)

同物异名： *Paraplagusia blochi* (Bleeker, 1851)；*Plagusia blochii* Bleeker, 1851

标本采集地： 广东湛江硇洲岛。

形态特征： 体长舌状，很侧扁，向后较尖。头长微大于头高。吻钩发达，约达下眼后缘下方。两眼位于头左侧中央，上眼后缘约位于下眼瞳孔前缘正上方。眼间隔微凹，宽较眼径小，有鳞。左鼻孔呈 1 粗管状，位于下眼前方和上唇中部上缘附近。右鼻孔位于上颌前半部上方附近；前鼻孔粗大管状；后孔斜裂缝状，周缘微凹。口小，下位，口角约达下眼后缘下方。左侧上下唇各有 1 行须状皮突，下唇须突较长且有小叉枝；右侧唇无须突而有横褶纹。仅右侧有小绒毛状窄牙群。鳃孔稍短，侧下位。无鳃耙。背鳍始于吻前端稍后上方，后端鳍条最长，完全连尾鳍。臀鳍始于鳃孔后端稍后下方，形似背鳍。无胸鳍。腹鳍仅有左腹鳍，始于鳃峡后端，第 3 鳍条最长，第 4 鳍条以膜连臀鳍。尾鳍尖形。

生态习性： 暖水性浅海底层中小型鱼。体长可达 230mm。喜生活于多泥沙海底地区。

地理分布： 东海，南海，台湾；日本，印度尼西亚，菲律宾，印度，东非。

参考文献： 李思忠和王惠民，1995；刘静，2008b；陈大刚和张美昭，2015c。

图 273 短钩须鳎 *Paraplagusia blochii* (Bleeker, 1851)

舌鳎属 *Cynoglossus* Hamilton, 1822

斑头舌鳎
Cynoglossus puncticeps (Richardson, 1846)

同物异名：*Arelia brachyrhynchos* (Bleeker, 1851)；*Arelia javanica* (Bleeker, 1851)；*Cynoglossus aurolimbatus* (Richardson, 1846)；*Cynoglossus aurolineatus* (Richardson, 1846)；*Cynoglossus brachyrhynchus* (Bleeker, 1851)；*Cynoglossus brevis* Günther, 1862；*Cynoglossus nigrolabeculatus* (Richardson, 1846)；*Cynoglossus puncticeps immaculata* Pellegrin & Chevey, 1940；*Cynoglossus punticeps* (Richardson, 1846)；*Plagiusa aurolimbata* Richardson, 1846；*Plagiusa nigrolabeculata* Richardson, 1846；*Plagusia aurolimbata* Richardson, 1846；*Plagusia brachyrhynchos* Bleeker, 1851；*Plagusia javanica* Bleeker, 1851；*Plagusia nigrolabeculata* Richardson, 1846；*Plagusia puncticeps* Richardson, 1846；*Plagusia punticeps* Richardson, 1846

标本采集地：广东汕头南澳岛。

形态特征：体长舌状，很侧扁，前端较钝，后部渐尖。头钝短，高大于长。吻短，前端软，吻长较上眼距背鳍基稍短，吻钩略不达左侧前鼻孔下方。两眼位于头左侧中部，上眼较下眼略前。眼间隔很窄，凹形，有鳞。口下位，歪小；左口裂较平直，达下眼后缘稍前方，距鳃孔后端约等于吻长加眼径。唇光滑。两颌仅右侧有绒毛状牙，牙群窄带状。背鳍始于吻端稍后上方，后端鳍条最长，与尾鳍上缘完全相连。臀鳍始于鳃孔稍后下方，形似背鳍。腹鳍仅有左腹鳍，始于鳃峡后端，第4鳍条最长，有膜连臀鳍。尾鳍窄长。头体左侧淡黄褐色，有许多不规则黑褐色横斑；鳍淡黄色，奇鳍每2～6鳍条间有1鳍条为黑褐色细纹状。右侧淡色，鳍色亦较淡。

生态习性：暖水性浅海稍小型底层鱼。

地理分布：福建，台湾，广西，广东和海南；巴基斯坦，印度尼西亚，菲律宾。

经济意义：可食用经济鱼类。

参考文献：李思忠和王惠民，1995；刘静，2008b；陈大刚和张美昭，2015c。

图 274　斑头舌鳎 Cynoglossus puncticeps (Richardson, 1846)

短吻红舌鳎
Cynoglossus joyneri Günther, 1878

同物异名： *Areliscus joyneri* (Günther, 1878)

标本采集地： 南海。

形态特征： 体呈长舌状，体长为体高的 3.6～4.4 倍。头稍钝短，体长为头长的 4.2～4.9 倍，头长等于或小于头高。吻钝短，较眼后头长为短。吻钩几乎达眼前缘下方。口歪，下位，口角达下眼后下方。眼位于头左侧，眼小，头长为眼径的 9.8～15.2 倍。眼间隔宽等于瞳孔长，稍凹，有鳞。头、体两侧被栉鳞。有眼侧侧线 3 条，无眼前枝；上、下侧线外侧鳞各 4～5 行，上、中侧线间鳞 12～13 纵行。体左侧淡红褐色，各纵列鳞中央具暗纵纹。腹鳍黄色。背鳍、臀鳍前半部黄色，向后渐变成褐色。体右侧及鳍白色。

生态习性： 暖温性底层鱼类。栖息于水深 20～70m 的沙泥质海底。

地理分布： 渤海，黄海，东海，南海；日本，朝鲜半岛，西北太平洋。

参考文献： 李思忠和王惠民，1995；刘静，2008b；陈大刚和张美昭，2015c。

图 275　短吻红舌鳎 *Cynoglossus joyneri* Günther, 1878

脊索动物门参考文献

曹善茂，印明昊，姜玉声，等．2017．大连近海无脊椎动物．沈阳：辽宁科学技术出版社．
陈大刚，张美昭．2015a．中国海洋鱼类（上卷）．青岛：中国海洋大学出版社：111-740．
陈大刚，张美昭．2015b．中国海洋鱼类（中卷）．青岛：中国海洋大学出版社：745-845．
陈大刚，张美昭．2015c．中国海洋鱼类（下卷）．青岛：中国海洋大学出版社：1543-2010．
葛国昌，臧衍蓝．1983．胶州湾海鞘类的调查 1. 菊海鞘科．山东海洋学院学报，13(2): 93-100．
黄修明．2008．海鞘纲 Ascidiacea Blaninville, 1824// 刘瑞玉．中国海洋生物名录．北京：科学出版社：882-885．
金鑫波．2006．中国动物志 硬骨鱼纲 鲉形目．北京：科学出版社：438-617．
李思忠，王惠民．1995．中国动物志 硬骨鱼纲 鲽形目．北京：科学出版社：99-377．
林龙山，李渊，张静，等．2016．南海中南部和北部湾口海域游泳动物调查研究与鱼类图鉴．厦门：厦门大学出版社．
刘静．2008a．软骨鱼纲 Class CHONDRICHTHYES// 刘瑞玉．中国海洋生物名录．北京：科学出版社：898-900．
刘静．2008b．硬骨鱼纲 Class OSTEICHTHYES// 刘瑞玉．中国海洋生物名录．北京：科学出版社：949-1057．
刘敏，陈骁，杨圣云．2013．中国福建南部海洋鱼类图鉴．北京：海洋出版社：40-68．
金德祥，郭仁强．1953．厦门的文昌鱼．动物学报，5(1): 65-78．
王义权，单锦城，黄宗国．2012．头索动物亚门 Cephalochordata// 黄宗国，林茂．中国海洋物种和图集．上卷．中国海洋物种多样性．北京：海洋出版社：1-918．
伍汉霖，钟俊生．2008．中国动物志 硬骨鱼纲 鲈形目（五）虾虎鱼亚目．北京：科学出版社：196-751．
徐凤山．2008．头索动物亚门 Subphylum Cephalochordata Owen, 1846// 刘瑞玉．中国海洋生物名录．北京：科学出版社：1-886．
杨德渐，王永良，等．1996．中国北部海洋无脊椎动物．北京：高等教育出版社．
张玺，张凤瀛，吴宝铃，等．1963．中国经济动物志·环节（多毛纲）、棘皮、原索动物．北京：科学出版社．
朱元鼎，孟庆闻．2001．中国动物志 圆口纲 软骨鱼纲．北京：科学出版社：329-439．
Li Y, Zhang L, Zhao L, et al. 2018. New Identification of the Moray Eel *Gymnothorax minor* (Temminck & Schlegel, 1846) in China (Anguilliformes, Muraenidae). ZooKeys, 752: 149-161.

中文名索引

A
阿氏强蟹 214
艾德华鼓虾 64
艾勒鼓虾 66
爱洁蟹属 286
安波托虾 106
鮟鱇科 459
凹裂星海胆 402
凹鳍鲬 474
凹鳍鲬属 474
凹吻鲆 497

B
巴布赛瓜参 422
白背长臂虾 132
白尼参属 404
白氏文昌鱼 438
斑点江瑶虾 116
斑节对虾 56
斑瘤蛇尾 372
斑鲆属 494
斑鳍鲉 481
斑砂海星 330
斑头舌鳎 504
斑纹蛇鳗 455
板茗荷属 5
板蛇尾属 374
包氏拟钩岩虾 122
豹鳚属 500
暴蟹属 230
贝隐虾属 108
倍棘蛇尾属 350
䲁鱼科 462
䲁鱼属 462
蝙蝠鱼科 464
鞭腕虾科 102

鞭腕虾属 102
扁魟科 454
扁魟属 454
别藻苔虫属 312
柄海鞘科 434
饼干海胆科 396
饼干海胆属 396
饼海胆属 398
波纹龙虾 142
波纹蟹属 274
玻璃海鞘 432
玻璃海鞘科 432
玻璃海鞘属 432
玻璃虾科 136

C
草苔虫科 314
草苔虫属 314
侧殖文昌鱼属 440
蝉虾科 144
蝉虾科 146
铲形深额虾 94
菖鲉属 470
长臂沙蝶 499
长臂虾科 108
长臂虾属 126
长海胆科 393
长棘海星 344
长棘海星科 344
长棘海星属 344
长脚蟹科 218
长毛对虾 58
长趾股窗蟹 292
朝鲜刺蛇尾 378
齿指虾蛄科 16
齿指虾蛄属 16

赤虾属 48
船形虾属 100
瓷蟹科 148
次新合鼓虾 86
刺冠海胆 390
刺锚参属 426
刺蛇尾科 368
刺蛇尾属 376
刺虾虎鱼属 482
刺足掘沙蟹 220
翠条珊瑚虾 118

D
大刺蛇尾属 368
大弹涂鱼 488
大弹涂鱼属 488
大额蟹属 300
大管鞭虾 61
大鳞拟棘鲆 493
大鳍弹涂鱼 489
大室别藻苔虫 312
大眼蟹科 294
带纹䲗鱼 462
袋胞苔虫科 310
袋腹珊隐蟹 290
单齿细小钩虾 41
单棘械海星 334
单鳍电鳐科 444
单鳍电鳐属 444
单梭蟹属 238
单指虎鲉 472
德汉劳绵蟹 196
德曼贝隐虾 110
等齿沼虾 124
雕刻厚螯瓷蟹 150
䲗科 498

509

南海底栖动物常见种形态分类图谱（下册）

东方外浪漂水虱	45	**G**		海豆芽属	320
斗蟹属	280	盖鳃水虱科	46	海龙科	477
豆瓷蟹属	158	盖氏蟹属	270	海龙属	477
毒鲉科	472	竿虾虎鱼	487	海马属	478
独特海参	406	竿虾虎鱼属	487	海鳝科	456
短刀侧殖文昌鱼	440	高脊赤虾	50	海参科	404
短钩须鳎	502	高脊管鞭虾	60	海参属	405
短桨蟹属	258	高睑盖氏蟹	270	海氏拟猛钩虾	43
短鳍蓑鲉属	467	高体斑鲆	496	海羊齿科	328
短腕弯隐虾	114	缟虾虎鱼属	485	海羊齿属	328
短吻红舌鳎	506	戈氏豆瓷蟹	160	海蟑螂	47
短指和尚蟹	296	弓背易玉蟹	222	海蟑螂科	47
对虾科	48	沟额湿尖头钩虾	42	海蟑螂属	47
对虾属	52	股窗蟹属	292	合鼓虾属	82
钝齿短桨蟹	258	鼓虾科	62	何氏瓮鳐	448
盾牌蟹属	302	鼓虾属	62	和尚蟹科	296
多齿船形虾	100	瓜参科	408	和尚蟹属	296
多刺猬虾	140	关公蟹科	202	褐菖鲉	470
多脊虾蛄	20	关公蟹属	202	褐点珊瑚虾	120
多室草苔虫	314	管鞭虾科	60	褐黄扁魟	454
		管鞭虾属	60	褐藻虾	90
E		管须蟹科	164	黑鮟鱇	460
鳄鲻	473	管须蟹属	164	黑鮟鱇属	460
鳄鲻属	473	管招潮属	298	黑斑沃氏虾蛄	38
二色桌片参	418	冠蝶科	499	黑海参	405
		冠海胆科	390	黑囊皮参	420
F		冠海胆属	390	黑尾猛虾蛄	30
方蟹科	300	冠掌合鼓虾	84	黑指波纹蟹	274
方柱翼手参	408	光螯硬壳寄居蟹	168	黑指绿蟹	272
仿关公蟹属	204	光魟	452	红斑斗蟹	280
仿银杏蟹属	268	光滑倍棘蛇尾	352	红鲂鮄属	476
费氏棘茄鱼	464	光滑异装蟹	236	红条鞭腕虾	102
分离愚苔虫	310	桂皮斑鲆	494	红星梭子蟹	242
蜂巢虾虎鱼属	490			魟科	452
辐瓜参属	416	**H**		魟属	452
辐蛇尾	366	哈氏岩瓷蟹	154	厚螯瓷蟹属	150
辐蛇尾科	364	海齿花属	326	鲎科	2
辐蛇尾属	364	海地瓜	424	鲎属	2
斧板茗荷	5	海地瓜属	424	弧边管招潮	298
		海豆芽科	320	葫芦贝隐虾	108

中文名索引

虎鲉属	472	菊海鞘属	434	粒皮海星	338
花瓣蟹属	276	巨指长臂虾	126	粒皮海星属	338
花茗荷科	5	锯齿长臂虾	130	裂星海胆科	402
花纹爱洁蟹	286	锯羽丽海羊齿	328	裂星海胆属	402
华美拟扇蟹	284	掘沙蟹科	220	林氏团扇鳐	447
滑虾蛄属	32	掘沙蟹属	220	鳞笠藤壶	12
环纹金沙蟹	212			鳞突斜纹蟹	304
环状隐足蟹	226	**K**		鳞鸭岩瓷蟹	152
黄鮟鱇	459	尻参科	424	菱蟹科	226
黄鮟鱇属	459	颗粒拟关公蟹	206	瘤海星科	336
黄鲂鮄科	476	可疑翼手参	410	瘤蛇尾属	372
灰小褐鳕	458	刻肋海胆科	392	瘤掌合鼓虾	88
活额寄居蟹科	166	刻肋海胆属	392	龙虾科	142
活额寄居蟹属	182	孔盾海胆科	400	龙虾属	142
火红皱蟹	278	孔盾海胆属	400	隆背蟹属	218
		口虾蛄	36	隆线强蟹	216
J		口虾蛄属	36	卵蟹属	200
棘海星科	346	库氏寄居蟹	192	裸项蜂巢虾虎鱼	490
棘海星属	346	快马鼓虾	70	裸胸鳝属	456
棘鲆科	493	宽背蟹科	214	吕宋棘海星	346
棘茄鱼属	464	宽带活额寄居蟹	184	绿虾蛄属	22
脊条褶虾蛄	34	宽额大额蟹	300	绿蟹属	272
脊虾蛄属	20	盔蟹科	200		
寄居蟹科	188			**M**	
寄居蟹属	188	**L**		马岛拟托虾	104
尖头钩虾科	42	拉氏狼牙虾虎鱼	491	麦氏瓮鳐	450
剑梭蟹属	246	拉氏绿虾蛄	22	脉花瓣蟹	276
江瑶虾属	116	拉氏原大眼蟹	294	馒头蟹科	198
金沙蟹属	212	兰绿细螯寄居蟹	178	馒头蟹属	198
金氏真蛇尾	386	蓝螯鼓虾	80	曼氏孔盾海胆	400
近辐蛇尾	364	蓝指海星	342	猫鲨科	442
近亲蟳	248	狼牙虾虎鱼属	491	毛刺蟹科	234
近似拟棒鞭水虱	46	浪漂水虱科	44	毛带蟹科	292
近虾蛄属	18	劳绵蟹属	196	毛缘扇虾	144
晶莹蟳	252	雷氏饼海胆	398	毛掌活额寄居蟹	186
精致硬壳寄居蟹	166	犁头鳐科	446	矛尾刺虾虎鱼	482
颈链血苔虫	316	犁头鳐属	446	矛尾虾虎鱼	484
静蟹科	230	俪虾科	138	矛尾虾虎鱼属	484
静蟹属	232	笠藤壶科	12	矛形剑梭蟹	246
九齿扇虾	146	笠藤壶属	12	锚参科	426

511

美丽短鳍蓑鲉	467	鲆科	497	沙鸡子科	420
美丽硬壳寄居蟹	172	鲆属	497	沙蟹科	298
虻鲉	466	普氏细棘虾虎鱼	483	砂海星	332
虻鲉属	466			砂海星科	330
猛虾蛄属	30	**Q**		砂海星属	330
米尔斯贝隐虾	112	企氏外浪漂水虱	44	厦门蜒蛇尾	382
幂河合鼓虾	82	槭海星科	334	珊瑚鼓虾	74
绵蟹科	196	槭海星属	334	珊瑚虾属	118
面包海星	340	强蟹属	214	珊隐蟹属	290
面包海星属	340	强壮微肢猬虾	138	扇虾属	144
茗荷	4	强壮武装紧握蟹	228	扇蟹科	268
茗荷科	4	琴虾蛄科	14	善泳蟳	254
茗荷属	4	琴虾蛄属	14	舌鳎科	502
模式辐瓜参	416	酋蟹科	208	舌鳎属	504
膜孔苔虫科	312	酋蟹属	208	舌形双鳍电鳐	443
				蛇海星科	342
N		**R**		蛇鳗科	455
囊皮参属	420	日本齿指虾蛄	16	蛇鳗属	455
拟棒鞭水虱属	46	日本单鳍电鳐	444	蛇目白尼参	404
拟长臂虾属	134	日本对虾	54	深额虾属	92
拟豆瓷蟹属	148	日本海马	478	深海鳕科	458
拟钩岩虾属	122	日本文昌鱼	436	湿尖头钩虾属	42
拟关公蟹属	206	日本岩瓷蟹	156	十角饼干海胆	396
拟棘鲆属	493	绒毛仿银杏蟹	268	十三齿琴虾蛄	14
拟绿虾蛄属	24	绒毛鲨属	442	石笔海胆	394
拟猛钩虾属	43	绒皮鲉科	466	石笔海胆属	394
拟扇蟹属	282	绒球蟹属	224	石扇蟹属	210
拟蓑鲉	468	乳斑扫帚虾	96	史氏菊海鞘	434
拟蓑鲉属	468	芮氏刻肋海胆	392	舒氏海龙	477
拟托虾属	104	瑞氏红鲂鮄	476	疏毛杨梅蟹	234
女神蛇尾	360			双凹鼓虾	62
女神蛇尾属	360	**S**		双斑瓦鲽	498
		赛瓜参属	422	双齿梯形蟹	262
P		三齿蛇尾属	348	双刺静蟹	232
盘棘蛇尾属	358	三角藤壶	10	双额短桨蟹	260
披肩螣	480	三叶小瓷蟹	162	双角卵蟹	200
披肩螣属	480	三疣梭子蟹	244	双鳍电鳐科	443
平额石扇蟹	210	梭子蟹属	240	双鳍电鳐属	443
平虾蛄属	28	扫帚虾属	96	水母深额虾	92
平鲉属	469	沙鲽属	499	司氏酋妇蟹	208

512

中文名索引

四齿关公蟹	202	猬虾属	140	小褐鳕属	458
四齿蛇尾	362	文昌鱼科	436	小棘真蛇尾	388
四齿蛇尾属	362	文昌鱼属	436	小卷海齿花	326
苏氏刺锚参	428	纹缟虾虎鱼	486	小裸胸鳝	457
梭子蟹科	238	纹藤壶	6	小形寄居蟹	194
		纹藤壶属	6	蝎形拟绿虾蛄	24
T		纹虾蛄属	26	斜纹蟹科	302
鳎科	500	瓮鳐属	448	斜纹蟹属	304
太平长臂虾	128	窝纹虾蛄	26	锈斑蟳	250
太平鼓虾	76	沃氏虾蛄属	38	须赤虾	48
滩栖阳遂足	356	卧蜘蛛蟹科	224	须鳎属	502
弹涂鱼属	489	蜈蚣栉蛇尾	380	许氏犁头鳐	446
藤壶科	6	五角暴蟹	230	许氏平鲉	469
藤壶属	10	五角海星属	336	许氏栉羽星	324
䲢科	479	伍氏平虾蛄	28	雪花斑裸胸鳝	456
䲢属	479	武装紧握蟹属	228	血苔虫科	316
梯形蟹科	262			血苔虫属	316
梯形蟹属	262	**X**		蟳属	248
条尾近虾蛄	18	细螯寄居蟹属	176		
条纹大刺蛇尾	370	细螯虾	136	**Y**	
同形寄居蟹	190	细螯虾属	136	鸭嘴海豆芽	320
兔足真寄居蟹	180	细板三齿蛇尾	348	牙鲆科	494
团扇蟹科	210	细大刺蛇尾	368	亚氏海豆芽	321
团扇鳐属	447	细棘虾虎鱼属	483	岩瓷蟹属	152
托虾科	104	细角鼓虾	78	蜓蛇尾	384
托虾属	106	细身钩虾科	41	蜓蛇尾科	382
		细五角瓜参	412	蜓蛇尾属	382
W		细五角瓜参属	412	眼斑豹鳎	500
洼颚倍棘蛇尾	350	细小钩虾属	41	羊毛绒球蟹	224
瓦鲽属	498	虾蛄科	18	阳遂足科	348
瓦氏硬壳寄居蟹	174	虾虎鱼科	482	阳遂足属	356
外浪漂水虱属	44	下齿细螯寄居蟹	176	杨梅蟹属	234
弯螯活额寄居蟹	182	纤细鼓虾	68	鳐科	448
弯隐虾属	114	鲯科	481	叶齿鼓虾	72
网纹纹藤壶	8	鲯属	481	异常盘棘蛇尾	358
微肢猬虾属	138	显赫拟扇蟹	282	异形豆瓷蟹	158
伪翼手参属	414	项鳞䲢	479	异装蟹属	236
伪指刺锚参	426	逍遥馒头蟹	198	易玉蟹属	222
伪装仿关公蟹	204	小瓷蟹属	162	翼手参属	408
猬虾科	140	小刺蛇尾	376	阴影绒毛鲨	442

513

隐螯蟹科	290	远海梭子蟹	240	栉蛇尾科	380
隐白硬壳寄居蟹	170			栉蛇尾属	380
隐密扫帚虾	98	**Z**		栉羽星属	324
隐匿管须蟹	164	藻虾科	90	栉羽枝科	324
隐足蟹属	226	藻虾属	90	中国鲎	2
印度对虾	52	窄额滑虾蛄	32	中华倍棘蛇尾	354
硬壳寄居蟹属	166	窄小寄居蟹	188	中华盾牌蟹	302
拥剑单梭蟹	238	张氏芋参	423	中华隆背蟹	218
鲬科	473	沼虾属	124	中华五角海星	336
幽暗梯形蟹	266	褶虾蛄属	34	皱蟹属	278
鲉科	467	真寄居蟹属	180	装饰拟豆瓷蟹	148
愚苔虫属	310	真蛇尾科	386	桌片参属	418
玉蟹科	222	真蛇尾属	386	髭缟虾虎鱼	485
芋参科	423	正直爱洁蟹	288	紫海胆	393
芋参属	423	直额蟳	256	紫海胆属	393
原大眼蟹属	294	指海星属	342	紫伪翼手参	414
圆掌拟长臂虾	134	指梯形蟹	264	棕板蛇尾	374

拉丁名索引

A

Acanthaster	344
Acanthaster planci	344
Acanthasteridae	344
Acanthogobius	482
Acanthogobius hasta	482
Acaudina	424
Acaudina molpadioides	424
Acentrogobius	483
Acentrogobius pflaumii	483
Actaeodes	268
Actaeodes tomentosus	268
Actinocucumis	416
Actinocucumis typica	416
Actumnus	234
Actumnus setifer	234
Albunea	164
Albunea occulta	164
Albuneidae	164
Alpheidae	62
Alpheus	62
Alpheus bisincisus	62
Alpheus edwardsii	64
Alpheus ehlersii	66
Alpheus gracilis	68
Alpheus hippothoe	70
Alpheus lobidens	72
Alpheus lottini	74
Alpheus pacificus	76
Alpheus parvirostris	78
Alpheus serenei	80
Amathia	310
Amathia distans	310
Amphibalanus	6
Amphibalanus amphitrite amphitrite	6
Amphibalanus reticulatus	8
Amphiodia	348
Amphiodia (Amphispina) microplax	348
Amphioplus	350
Amphioplus (Lymanella) depressus	350
Amphioplus (Lymanella) laevis	352
Amphioplus sinicus	354
Amphiura	356
Amphiura (Fellaria) vadicola	356
Amphiuridae	348
Anchisquilla	18
Anchisquilla fasciata	18
Anchistus	108
Anchistus custos	108
Anchistus demani	110
Anchistus miersi	112
Ancylocaris	114
Ancylocaris brevicarpalis	114
Antedon	328
Antedon serrata	328
Antedonidae	328
Antennariidae	462
Antennarius	462
Antennarius striatus	462
Anthenea	336
Anthenea pentagonula	336
Aploactinidae	466
Astriclypeidae	400
Astriclyenus	400
Astriclypeus mannii	400
Astropecten	334
Astropecten monacanthus	334
Astropectinidae	334
Atergatis	286
Atergatis fioridus	286
Atergatis integerrimus	288

B

Balanidae	6
Balanus	10
Balanus trigonus	10
Biflustra	312
Biflustra grandicella	312
Bohadschia	404
Bohadschia argus	404
Boleophthalmus	488
Boleophthalmus pectinirostris	488
Bothidae	497
Bothus	497
Bothus mancus	497
Botryllus	434
Botryllus schlosseri	434
Branchiostoma	436
Branchiostoma belcheri	438
Branchiostoma japonicum	436
Branchiostomatidae	436
Bugula	314
Bugula neritina	314
Bugulidae	314

C

Calappa	198
Calappa philargius	198
Calappidae	198
Calcinus	166
Calcinus gaimardii	166
Calcinus laevimanus	168
Calcinus latens	170

Calcinus pulcher	172	*Clibanarius virescens*	178	*Dendrochirus*	467
Calcinus vachoni	174	*Clorida*	22	*Dendrochirus bellus*	467
Callionymidae	481	*Clorida latreillei*	22	*Diadema*	390
Callionymus	481	*Cloridopsis*	24	*Diadema setosum*	390
Callionymus octostigmatus	481	*Cloridopsis scorpio*	24	Diadematidae	390
Carcinoplax	218	*Cociella*	473	*Dictyosquilla*	26
Carcinoplax sinica	218	*Cociella crocodilus*	473	*Dictyosquilla foveolata*	26
Carinosquilla	20	*Coleusia*	222	*Diogenes*	182
Carinosquilla multicarinata	20	*Coleusia urania*	222	*Diogenes deflectomanus*	182
Caudinidae	424	*Colochirus*	408	*Diogenes fasciatus*	184
Cephaloscyllium	442	*Colochirus anceps*	410	*Diogenes penicillatus*	186
Cephaloscyllium umbratile	442	*Colochirus quadrangularis*	408	Diogenidae	166
Chaeturichthys	484	*Comanthus*	326	*Doclea*	224
Chaeturichthys stigmatias	484	*Comanthus parvicirrus*	326	*Doclea ovis*	224
Charybdis	248	*Comaster*	324	*Dorippe*	202
Charybdis (*Archias*) *truncata*	256	*Comaster schlegelii*	324	*Dorippe quadridens*	202
Charybdis (*Charybdis*) *affinis*	248	Comatulidae	324	Dorippidae	202
Charybdis (*Charybdis*) *feriata*	250	*Conchodytes*	116	*Dorippoides*	204
Charybdis (*Charybdis*) *lucifera*	252	*Conchodytes meleagrinae*	116	*Dorippoides facchino*	204
Charybdis (*Charybdis*) *natato*	254	*Coralliocaris*	118	Dotillidae	292
Chlorodiella	272	*Coralliocaris graminea*	118	Dromiidae	196
Chlorodiella nigra	272	*Coralliocaris superba*	120		
Choriaster	338	Corystidae	200	**E**	
Choriaster granulatus	338	Cryptochiridae	290	*Echinaster*	346
Ciona	432	*Cryptopodia*	226	*Echinaster luzonicus*	346
Ciona intestinalis	432	*Cryptopodia fornicata*	226	Echinasteridae	346
Cionidae	432	Cucumariidae	408	Echinometridae	393
Cirolanidae	44	*Culcita*	340	*Enoplolambrus*	228
Citharidae	493	*Culcita novaeguineae*	340	*Enoplolambrus validus*	228
Citharoides	493	*Cymo*	274	*Enosteoides*	148
Citharoides macrolepidotus	493	*Cymo melanodactylus*	274	*Enosteoides ornatus*	148
Cleantiella	46	Cynoglossidae	502	Epialtidae	224
Cleantiella isopus	46	*Cynoglossus*	504	*Epigonichthys*	440
Clibanarius	176	*Cynoglossus joyneri*	506	*Epigonichthys cultellus*	440
Clibanarius infraspinatus	176	*Cynoglossus puncticeps*	504	*Epixanthus*	210
				Epixanthus frontalis	210
		D		*Eriphia*	208
		Dardanus	180	*Eriphia smithii*	208
		Dardanus lagopodes	180	Eriphiidae	208
		Dasyatidae	452	*Erisphex*	466

拉丁名索引

Erisphex pottii	466	Harpiniopsis hayashisanae	43	Latreutes mucronatus	94
Erugosquilla	28	Harpiosquilla	30	Lauridromia	196
Erugosquilla woodmasoni	28	Harpiosquilla melanoura	30	Lauridromia dehaani	196
Eucrate	214	Heliocidaris	393	Lenisquilla	32
Eucrate alcocki	214	Heliocidaris crassispina	393	Lenisquilla lata	32
Eucrate crenata	216	Hemitrygon	452	Lepadidae	4
Euryplacidae	214	Hemitrygon laevigata	452	Lepas	4
Excirolana	44	Heterocentrotus	394	Lepas (Anatifa) anatifera	4
Excirolana chiltoni	44	Heterocentrotus mamillatus	394	Leptochela	136
Excirolana orientalis	45	Heteropanope	236	Leptochela gracilis	136
		Heteropanope glabra	236	Leptodius	278
F		Hippocampus	478	Leptodius exaratus	278
Favonigobius	490	Hippocampus mohnikei	478	Leptopentacta	412
Favonigobius gymnauchen	490	Hippolyte	90	Leptopentacta imbricata	412
		Hippolyte ventricosa	90	Leucosiidae	222
G		Hippolytidae	90	Liagore	280
Gaillardiellus	270	Holothuria	405	Liagore rubromaculata	280
Gaillardiellus superciliaris	270	Holothuria (Halodeima) atra	405	Ligia	47
Galene	232	Holothuria (Lessonothuria)		Ligia (Megaligia) exotica	47
Galene bispinosa	232	insignis	406	Ligiidae	47
Galenidae	230	Holothuriidae	404	Limulidae	2
Gobiidae	482			Linckia	342
Gomeza	200	**I**		Linckia laevigata	342
Gomeza bicornis	200	Ibacus	144	Lingula	320
Goneplacidae	218	Ibacus ciliatus	144	Lingula adamsi	321
Grapsidae	300	Ibacus novemdentatus	146	Lingula anatina	320
Gymnothorax	456	Ichthyscopus	480	Lingulidae	320
Gymnothorax minor	457	Ichthyscopus sannio	480	Liomera	276
Gymnothorax niphostigmus	456	Idoteidae	46	Liomera venosa	276
				Lophiidae	459
H		**K**		Lophiomus	460
Halieutaea	464	Kumococius	474	Lophiomus setigerus	460
Halieutaea fitzsimonsi	464	Kumococius rodericensis	474	Lophius	459
Halimede	230			Lophius litulon	459
Halimede ochtodes	230	**L**		Lophosquilla	34
Hapalocarcinus	290	Laganidae	396	Lophosquilla costata	34
Hapalocarcinus marsupialis	290	Laganum	396	Luciogobius	487
Harpiliopsis	122	Laganum decagonale	396	Luciogobius guttatus	487
Harpiliopsis beaupresii	122	Latreutes	92	Luidia	330
Harpiniopsis	43	Latreutes anoplonyx	92	Luidia maculata	330

517

Luidia quinaria	332	*Molpadia changi*	423	*Ophiocoma*	380
Luidiidae	330	Molpadiidae	423	*Ophiocoma scolopendrina*	380
Lydia	212	*Monomia*	238	Ophiocomidae	380
Lydia annulipes	212	*Monomia gladiator*	238	*Ophiomaza*	374
Lysiosquilla	14	Moridae	458	*Ophiomaza cacaotica*	374
Lysiosquilla tredecimdentata	14	Muraenidae	456	*Ophionephthys*	360
Lysiosquillidae	14			*Ophionephthys difficilis*	360
Lysmata	102	**N**		Ophionereididae	382
Lysmata vittata	102	*Narcine*	443	*Ophionereis*	382
Lysmatidae	102	*Narcine lingula*	443	*Ophionereis dubia amoyensis*	382
		Narcinidae	443		
M		*Narke*	444	*Ophionereis dubia dubia*	384
Macrobrachium	124	*Narke japonica*	444	*Ophiothrix*	376
Macrobrachium equidens	124	Narkidae	444	*Ophiothrix* (*Ophiothrix*) *exigua*	376
Macrophiothrix	368				
Macrophiothrix lorioli	368	**O**		*Ophiothrix* (*Ophiothrix*) *koreana*	378
Macrophiothrix striolata	370	*Octolasmis*	5		
Macrophthalmidae	294	*Octolasmis warwickii*	5	Ophiotrichidae	368
Maeridae	41	Ocypodidae	298	*Ophiura*	386
Mallacoota	41	*Odontamblyopus*	491	*Ophiura kinbergi*	386
Mallacoota unidentata	41	*Odontamblyopus lacepedii*	491	*Ophiura micracantha*	388
Mandibulophoxus	42	Odontodactylidae	16	Ophiuridae	386
Mandibulophoxus uncirostratus	42	*Odontodactylus*	16	*Oratosquilla*	36
		Odontodactylus japonicus	16	*Oratosquilla oratoria*	36
Membraniporidae	312	Ogcocephalidae	464	Oreasteridae	336
Mensamaria	418	*Okamejei*	448	Oziidae	210
Mensamaria intercedens	418	*Okamejei hollandi*	448		
Metapenaeopsis	48	*Okamejei meerdervoortii*	450	**P**	
Metapenaeopsis barbata	48	Ophiactidae	364	*Pachycheles*	150
Metapenaeopsis lamellata	50	*Ophiactis*	364	*Pachycheles sculptus*	150
Metopograpsus	300	*Ophiactis affinis*	364	Paguridae	188
Metopograpsus frontalis	300	*Ophiactis savignyi*	366	*Pagurus*	188
Microprosthema	138	Ophichthidae	455	*Pagurus angustus*	188
Microprosthema validum	138	*Ophichthus*	455	*Pagurus conformis*	190
Mictyridae	296	*Ophichthus erabo*	455	*Pagurus kulkarnii*	192
Mictyris	296	Ophidiasteridae	342	*Pagurus minutus*	194
Mictyris longicarpus	296	*Ophiocentrus*	358	*Palaemon*	126
Minous	472	*Ophiocentrus anomalus*	358	*Palaemon macrodactylus*	126
Minous monodactylus	472	*Ophiocnemis*	372	*Palaemon pacificus*	128
Molpadia	423	*Ophiocnemis marmorata*	372	*Palaemon serrifer*	130

518

拉丁名索引

Palaemon sewelli	132	*Petrolisthes haswelli*	154	Rhinobatidae	446
Palaemonella	134	*Petrolisthes japonicus*	156	*Rhinobatos*	446
Palaemonella rotumana	134	Phoxocephalidae	42	*Rhinobatos schlegelii*	446
Palaemonidae	108	Phyllophoridae	420		
Palinuridae	142	*Physiculus*	458	**S**	
Panulirus	142	*Physiculus nigrescens*	458	Samaridae	499
Panulirus homarus	142	Pilumnidae	234	*Samariscus*	499
Paradorippe	206	*Pisidia*	158	*Samariscus longimanus*	499
Paradorippe granulata	206	*Pisidia dispar*	158	*Saron*	96
Paralichthyidae	494	*Pisidia gordoni*	160	*Saron marmoratus*	96
Paramphichondrius	362	*Plagusia*	304	*Saron neglectus*	98
Paramphichondrius tetradontus		*Plagusia squamosa*	304	*Satyrichthys*	476
	362	Plagusiidae	302	*Satyrichthys rieffeli*	476
Paraplagusia	502	Platycephalidae	473	*Scalopidia*	220
Paraplagusia blochii	502	*Platyrhina*	447	*Scalopidia spinosipes*	220
Parapterois	468	*Platyrhina limboonkengi*	447	Scalopidiidae	220
Parapterois heterura	468	Pleuronectidae	498	*Schizaster*	402
Paraxanthias	282	Poecilasmatidae	5	*Schizaster lacunosus*	402
Paraxanthias elegans	284	*Poecilopsetta*	498	Schizasteridae	402
Paraxanthias notatus	282	*Poecilopsetta plinthus*	498	*Scopimera*	292
Pardachirus	500	*Porcellanella*	162	*Scopimera iongidactyla*	292
Pardachirus pavoninus	500	*Porcellanella triloba*	162	Scyliorhinidae	442
Parthenopidae	226	Porcellanidae	148	Scyllaridae	144
Pasiphaeidae	136	Portunidae	238	*Sebastes*	469
Penaeidae	48	*Portunus*	240	*Sebastes schlegelii*	469
Penaeus	52	*Portunus pelagicus*	240	Sebastidae	467
Penaeus indicus	52	*Portunus sanguinolentus*	242	*Sebastiscus*	470
Penaeus japonicus	54	*Portunus trituberculatus*	244	*Sebastiscus marmoratus*	470
Penaeus monodon	56	*Protankyra*	426	Soleidae	500
Penaeus penicillatus	58	*Protankyra pseudodigitata*	428	*Solenocera*	60
Percnon	302	*Protankyra suensoni*	428	*Solenocera alticarinata*	60
Percnon sinense	302	*Pseudocolochirus*	414	*Solenocera melantho*	61
Periophthalmus	489	*Pseudocolochirus violaceus*	414	Solenoceridae	60
Periophthalmus magnuspinnatus		*Pseudorhombus*	494	Spongicolidae	138
	489	*Pseudorhombus cinnamoneus*		Squillidae	18
Peristediidae	476		494	Stenopodidae	140
Peronella	398	*Pseudorhombus elevatus*	496	*Stenopus*	140
Peronella lesueuri	398			*Stenopus hispidus*	140
Petrolisthes	152	**R**		*Stolus*	420
Petrolisthes boscii	152	Rajidae	448	*Stolus buccalis*	420

519

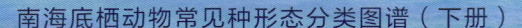

Styelidae	434	Thalamita sima	260	Uranoscopus	479
Synalpheus	82	Thinora	104	Uranoscopus tosae	479
Synalpheus charon	82	Thinora maldivensis	104	Urolophidae	454
Synalpheus lophodactylus	84	Thor	106	Urolophus	454
Synalpheus paraneomeris	86	Thor amboinensis	106	Urolophus aurantiacus	454
Synalpheus tumidomanus	88	Thoridae	104		
Synanceiidae	472	Thyone	422	**V**	
Synaptidae	426	Thyone papuensis	422	Venitus	294
Syngnathidae	477	Tozeuma	100	Venitus latreillei	294
Syngnathus	477	Tozeuma lanceolatum	100	Vesiculariidae	310
Syngnathus schlegeli	477	Trapezia	262	Vossquilla	38
		Trapezia bidentata	262	Vossquilla kempi	38
T		Trapezia digitalis	264		
Tachypleus	2	Trapezia septata	266	**W**	
Tachypleus tridentatus	2	Trapeziidae	262	Watersipora	316
Temnopleuridae	392	Tridentiger	485	Watersipora subtorquata	316
Temnopleurus	392	Tridentiger barbatus	485	Watersiporidae	316
Temnopleurus reevesii	392	Tridentiger trigonocephalus	486		
Tetraclita	12	Tubuca	298	**X**	
Tetraclita squamosa	12	Tubuca arcuata	298	Xanthidae	268
Tetraclitidae	12			Xiphonectes	246
Thalamita	258	**U**		Xiphonectes hastatoides	246
Thalamita crenata	258	Uranoscopidae	479		